高等学校新工科应用型人才培养系列教材

本书获中国通信学会"2020 年信息通信教材精品教材"称号

U0169910

RFID 技术原理与应用

山东中兴教育咨询有限公司　组编

陈彦彬　主编

西安电子科技大学出版社

内 容 简 介

本书先从 RFID 的发展历史入手，介绍 RFID 的基本工作原理及相关技术；然后通过 RFID 的系统架构，详细介绍 RFID 的标签、天线和读写器的构成、分类及工作原理。全书共八章，主要介绍 RFID 的各种标准，展现出 RFID 在物联网技术领域中的重要地位；通过 RFID 中间件设计、防碰撞算法和 RFID 读写器设计，完善了整个 RFID 技术体系的内容；最后通过 RFID 的若干实际应用案例，让读者更加深入地理解 RFID 技术及其应用。

本书内容综合了 RFID 的基础知识和实际应用，由浅入深、循序渐进，涉及面广，实用性强。本书可作为应用型本科及高职高专院校物联网工程技术专业、信息管理及相关专业的教材或参考书，还可供相关领域的工程技术人员参考。

图书在版编目(CIP)数据

RFID 技术原理与应用/陈彦彬主编. —西安：西安电子科技大学出版社，2020.5(2022.4 重印)
ISBN 978-7-5606-5613-7

Ⅰ. ① R… Ⅱ. ① 陈… Ⅲ. ① 无线电信号—射频—信号识别—高等学校—教材
Ⅳ. ① TN911.23

中国版本图书馆 CIP 数据核字(2020)第 042883 号

策划编辑 李惠萍
责任编辑 李惠萍
出版发行 西安电子科技大学出版社(西安市太白南路 2 号)
电　　话 (029)88202421　88201467　　邮　　编　710071
网　　址 www.xduph.com　　电子邮箱　xdupfxb001@163.com
经　　销 新华书店
印刷单位 陕西天意印务有限责任公司
版　　次 2020 年 5 月第 1 版　2022 年 4 月第 2 次印刷
开　　本 787 毫米×1092 毫米　1/16　印　张　16
字　　数 374 千字
印　　数 3001～5000 册
定　　价 38.00 元

ISBN 978-7-5606-5613-7 / TN

XDUP 5915001-2

如有印装问题可调换

《RFID 技术原理与应用》
编委会名单

前　　言

随着互联网的高速发展，物联网技术得到了突飞猛进的进步。物联网被称为继计算机、互联网之后世界信息产业的第三次浪潮，已上升为国家战略，成为 IT 产业的新兴热点。在物联网时代，人类在信息与通信的世界中将获得一个新的沟通维度，通过智能感知、识别技术与泛在网络的融合应用，实现任何时间、任何地点人与物、物与物之间的沟通和连接。

射频识别技术，又称无线射频识别，是一种通信技术，可通过无线电信号识别特定目标并读写相关数据，而无需在识别系统与特定目标之间建立机械或光学接触。射频通信一般使用微波技术，频率范围为 1 GHz~100 GHz，适用于短距离识别通信。射频识别技术可以识别高速运动的物体，可以同时识别多个目标，实现远程读取，并可工作于各种恶劣环境。射频识别技术无需与被识别物品直接接触，即可完成信息的输入和处理，能快速、实时、准确地采集和处理信息，是 21 世纪十大重要技术之一。目前射频识别技术应用很广，如用于图书馆、门禁系统、食品安全溯源等领域。

射频识别技术是实现物联网的关键技术。射频识别技术与互联网、移动通信等技术相结合，可以实现全球范围内物品的跟踪与信息的共享，从而给物体赋予智能，实现人与物体以及物体与物体的沟通和对话，最终构成联通万事万物的物联网。

射频识别技术将无所不在并深远地影响到一个国家的经济、社会、政治、军事、安全等诸多方面，目前已经渗透到人们日常生活和工作的各个方面，如票务、身份证、门禁、电子钱包、物流、动物识别等，给人们的社会活动、生产活动、行为方法和思维观念带来了巨大的变革。本书正是为了适应形势发展的迫切需要，为关注射频识别技术发展的读者及高校物联网专业而写。本书介绍了射频识别技术的历史发展、工作原理、关键部件、涉及的协议、实现的标准、应用系统等内容，重点在于通过由浅入深的介绍，使读者能够系统地掌握射频识别技术。

本书有以下几个特点:

一是以理论作为基础,按照由浅入深的顺序介绍射频识别技术,重点介绍它的工作原理,对于重要专业理论进行了详细的理论推导。

二是理论与实践相结合,在介绍射频识别技术的基础之上,还对射频识别应用系统的构建与测试、中间件进行了详细介绍,努力做到理论深刻而又浅显易懂。读写器的设计详细全面,使读者不但能够掌握射频识别技术,而且能够设计和搭建实际的射频识别应用系统。

三是内容全面,逻辑清晰。射频识别技术涉及电路、数字通信原理、微波技术、密码学等多学科专业知识,本书对相关内容的介绍详略得当,力求做到由浅入深、由简到繁、叙述准确,各章既自成体系,又前后有所兼顾,避免重复。

四是为了适合教学需要,各章后面均附有习题,书后附有主要的参考文献,方便读者查阅相关内容。

本书共 8 章,第一章简单介绍射频识别技术及其工作原理,第二章介绍射频识别设计系统的基本架构,第三章介绍射频识别的分类及标准体系,第四章介绍射频识别的编码与调制,第五章介绍射频识别系统中的数据校验和防碰撞技术,第六章介绍软件系统和中间件,第七章介绍读写器的设计,第八章介绍射频识别的典型应用案例。

本书依据物联网工程专业教学大纲编写,对应课时数约为 50 学时。通过本课程的讲授,主要使学生掌握射频识别技术设计与开发的基本技术,为今后从事射频识别技术的设计开发工作打下良好的基础。

本书在编写过程中参考了大量文献和资料,在此对被参考文献的原作者深表谢意。射频识别技术发展非常快,目前正处在迅速发展时期,新思想、新技术、新观点不断被提出。本书力求比较全面地介绍射频识别技术的主要内容与关键技术,由于编者水平所限,书中内容难免存在不足之处,恳请广大读者批评指正。

编 者
2020 年 3 月

目 录

第一章 RFID 概论 1
1.1 射频识别的概念及发展进程 1
1.1.1 射频识别的概念 1
1.1.2 射频识别的发展进程 2
1.2 物联网的概念及发展进程 3
1.2.1 物联网的概念 3
1.2.2 物联网的发展进程 3
1.3 射频识别的基本原理 4
1.3.1 射频识别系统的结构 4
1.3.2 射频识别系统的特点 6
1.3.3 射频识别技术的工作原理 7
1.3.4 射频技术产品的分类 8
1.3.5 射频识别技术的优势 8
1.4 物联网与射频识别的关系 9
1.4.1 物联网的技术框架 9
1.4.2 物联网与射频识别技术 10
1.5 物联网与射频识别的发展前景 10
1.5.1 物联网的发展前景 10
1.5.2 射频识别的应用现状 11
1.5.3 射频识别的发展前景 13
本章小结 15
习题 1 15
第二章 RFID 系统架构 17
2.1 RFID 系统组成 17
2.2 电子标签 19
2.2.1 电子标签概述 19
2.2.2 电子标签的分类 19
2.2.3 电子标签的组成 23
2.2.4 电子标签的工作原理 25
2.2.5 电子标签的制作工艺 26
2.2.6 电子标签的发展趋势与拓展方向 .. 32
2.3 RFID 读写器 32
2.3.1 RFID 读写器概述 33
2.3.2 RFID 读写器的分类 34
2.3.3 RFID 读写器的组成 35

2.3.4 RFID 读写器工作原理 44
2.4 RFID 系统中的天线 47
2.4.1 RFID 系统天线的类别 47
2.4.2 RFID 标签天线的设计要求 48
2.4.3 RFID 标签天线的类别和
研究现状 48
2.5 RFID 中间件 50
2.5.1 RFID 中间件概述 50
2.5.2 RFID 中间件的分类 51
2.5.3 RFID 中间件结构和标准 52
2.6 应用软件 53
2.6.1 应用软件总体架构的设计 53
2.6.2 界面显示软件设计 55
2.6.3 数据处理软件设计 60
2.6.4 通信函数接口设计 61
2.6.5 应用软件接口函数的设计 62
2.6.6 应用软件平台设计 63
本章小结 63
习题 2 63
第三章 RFID 分类及标准体系 65
3.1 RFID 频率分类 65
3.1.1 低频 RFID 65
3.1.2 高频 RFID 67
3.1.3 超高频 RIFD 68
3.1.4 微波 RFID 70
3.2 RFID 多种标准并存 72
3.2.1 ISO/IEC 制定的 RFID 标准体系 73
3.2.2 EPCglobal 制定的 RFID 标准体系 81
3.2.3 日本 UID 制定的 RFID 标准体系 86
3.2.4 RFID 三大国际标准的区别 89
本章小结 90
习题 3 90
第四章 编码与调制 91
4.1 通信与通信系统 91
4.1.1 信号 91

4.1.2　通信系统模型 92

4.2　RFID 常用的编码方式 94

 4.2.1　编码与解码的概念 94

 4.2.2　编码基础 95

 4.2.3　RFID 常用编码 97

 4.2.4　调制与解调 102

 4.2.5　RFID 常用的调制方法 103

4.3　RFID 的数据安全设计 108

 4.3.1　RFID 数据的差错控制 108

 4.3.2　RFID 编码方式的选择 108

 4.3.3　RFID 数据的完整性实施及
安全设计 109

 4.3.4　RFID 的安全设计 110

本章小结 112

习题 4 113

第五章　RFID 系统中的数据校验和
防碰撞技术 114

5.1　防碰撞概述 114

 5.1.1　背景介绍 114

 5.1.2　解决方法 116

 5.1.3　碰撞检测 120

5.2　防碰撞算法 121

 5.2.1　概率性算法 122

 5.2.2　确定性算法 131

 5.2.3　混合算法 140

 5.2.4　ISO/IEC 14443 标准中的
防碰撞协议 141

 5.2.5　多标签防碰撞管理设计实例 146

5.3　数据传输的完整性 149

 5.3.1　数据传输差错 149

 5.3.2　数据差错控制 150

 5.3.3　数据校验方法 153

 5.3.4　检错/纠错码的处理实例 157

本章小结 159

习题 5 160

第六章　RFID 中间件 161

6.1　RFID 中间件概述 161

 6.1.1　RFID 中间件的基本概念 161

 6.1.2　RFID 中间件的特点 162

6.1.3　RFID 中间件的功能要求与
工作过程 164

6.2　典型 RFID 中间件的研究 169

 6.2.1　Savant 基本原理 171

 6.2.2　ALE 规范 173

 6.2.3　RFID 中间件的关键技术 174

6.3　RFID 中间件软件架构及核心
技术手段 177

 6.3.1　基于 JMX 的组件开发 179

 6.3.2　基于 JMS 的消息传递开发 180

 6.3.3　基于 RMI 的通信模块开发 181

 6.3.4　基于 Web Services 的应用程序
接口开发 181

6.4　读写器管理服务模型 182

6.5　标签信息服务模型 184

6.6　RFID 中间件安全服务 185

本章小结 187

习题 6 187

第七章　RFID 读写器设计 189

7.1　读写器概述 189

 7.1.1　读写器的工作特点 189

 7.1.2　读写器的技术参数 190

 7.1.3　读写器的组成 191

 7.1.4　读写器的设计要求 192

7.2　读写器芯片介绍 193

 7.2.1　低频 RFID 读写芯片 193

 7.2.2　高频 RFID 读写芯片 194

 7.2.3　超高频 RFID 读写芯片 197

 7.2.4　微波 RFID 读写芯片 198

7.3　读写器的设计 200

 7.3.1　读写器的设计方案 200

 7.3.2　读写器的硬件设计 200

 7.3.3　读写器的软件设计 207

本章小结 216

习题 7 216

第八章　RFID 的应用案例 218

8.1　RFID 门禁控制系统 218

 8.1.1　门禁控制系统发展背景 218

 8.1.2　RFID 门禁控制系统的设计 220

8.1.3　RFID 门禁系统的组成 222

8.2　RFID 技术在溯源系统中的应用 225

8.2.1　RFID 技术在动物饲养中的应用 225

8.2.2　食品溯源系统应用案例 230

8.2.3　植物培育系统应用案例 232

8.3　RFID 技术在物流仓储系统中的应用 233

8.3.1　物流的社会背景及发展状态 233

8.3.2　仓储物流概述 234

8.3.3　RFID 仓储管理系统 237

8.3.4　沃尔玛案例 238

8.3.5　仓储物流管理的改善 240

本章小结 241

习题 8 241

附录　中英文缩写对照表 243

参考文献 246

第一章　RFID 概论

RFID(Radio Frequency Identification，无线射频识别，即射频识别技术)，是自动识别技术的一种，通过无线射频方式进行非接触双向数据通信，利用无线射频方式对记录媒体(电子标签或射频卡)进行读写，从而达到识别目标和数据交换的目的，其被认为是 21 世纪最具发展潜力的信息技术之一。本章介绍了 RFID 的概念、系统结构、发展进程、系统特点、工作原理、产品分类、RFID 技术优势及应用和发展等，重点阐述 RFID 的基本概念。

1.1　射频识别的概念及发展进程

1.1.1　射频识别的概念

RFID 是一种通信技术，可通过无线电信号识别特定目标并读写相关数据，而无需在识别系统与特定目标之间建立机械或光学接触。射频通信一般使用微波技术，频率范围为 1~100 GHz，适用于短距离识别通信。RFID 读写器分移动式和固定式两种，目前 RFID 技术应用很广，如在图书馆、门禁系统、食品安全溯源等方面均有使用。

射频标签是产品电子代码的物理载体，附着于可跟踪的物品上，可全球流通并对其进行识别和读写。RFID 技术作为构建"物联网"的关键技术近年来受到人们的关注。RFID 技术最早起源于英国，应用于第二次世界大战中辨别敌我飞机身份，20 世纪 60 年代开始商用。RFID 技术是一种自动识别技术，美国国防部规定 2005 年 1 月 1 日以后，所有军需物资都要使用 RFID 标签；美国食品与药品管理局(FDA)建议制药商从 2006 年起利用 RFID 跟踪常被造假的药品。Walmart、Metro 零售业应用 RFID 技术等一系列行动更是推动了 RFID 在全世界的应用热潮。2000 年时，每个 RFID 标签的价格是 1 美元。许多研究者认为 RFID 标签非常昂贵，只有降低成本才能大规模应用。2005 年时，每个 RFID 标签的价格是 12 美分左右，现在超高频 RFID 的价格是 10 美分左右。RFID 要大规模应用，一方面是要降低 RFID 标签价格，另一方面要看应用 RFID 之后能否带来增值服务。欧盟统计办公室的统计数据表明，2010 年，欧盟有 3%的公司应用 RFID 技术，应用分布在身份证件和门禁控制、供应链和库存跟踪、汽车收费、防盗、生产控制、资产管理等多个领域。

RFID 作为一种无线通信技术，可以通过无线电信号识别特定目标并读写相关数据，而无需在识别系统与特定目标之间建立机械或者光学接触。

无线电的信号通过调成无线电频率的电磁场传输,把数据从附着在物品上的标签内传送出去,以自动辨识与追踪该物品。某些标签在识别时从识别器发出的电磁场中就可以得到能量,并不需要电池;也有标签本身拥有电源,并可以主动发出无线电波(调成无线电频率的电磁场)。标签包含了电子存储的信息,数米之内都可以识别。与条形码不同的是,射频标签不需要处在识别器视线之内,只需嵌入被追踪物体之内即可。

许多行业都运用了射频识别技术:将标签附着在一辆正在生产中的汽车上,可以追踪此车在生产线上的进度;仓库可以追踪药品的所在;射频标签也可以附于牲畜与宠物上,方便对牲畜与宠物的积极识别(积极识别意思是防止数只牲畜使用同一个身份);射频识别的身份识别卡可以使员工得以进入建筑物被锁住的部分;汽车上的射频读写器也可以用来征收收费路段与停车场的费用;某些射频标签还可以附在衣物、个人财物上,甚至植入人体之内。由于这项技术可能会在未经本人许可的情况下读取个人信息,所以这项技术也会有侵犯个人隐私的忧患。

从概念上来讲,RFID 类似于条码扫描,对于条码技术而言,它是将已编码的条形码附着于目标物并使用专用的扫描读写器利用光信号将信息由条形码传送到扫描读写器;而 RFID 则使用专用的 RFID 读写器及专门的可附着于目标物的 RFID 标签,利用射频信号将信息由 RFID 标签传送至 RFID 读写器。

1.1.2 射频识别的发展进程

从信息传递的基本原理来说,射频识别技术在低频段基于变压器耦合模型(初级与次级之间的能量传递及信号传递),在高频段基于雷达探测目标的空间耦合模型(雷达发射电磁波信号碰到目标后携带目标信息返回雷达接收机)。1948 年哈里·斯托克曼发表的《利用反射功率的通信》一文奠定了射频识别技术的理论基础。

射频识别技术的发展可按十年期划分如下:

1940—1950 年:雷达的改进和应用催生了射频识别技术,1948 年奠定了射频识别技术的理论基础。

1950—1960 年:早期射频识别技术的探索阶段,主要在实验室进行实验研究。

1960—1970 年:射频识别技术的理论得到了发展,开始了一些应用尝试。

1970—1980 年:射频识别技术与产品研发处于一个大发展时期,各种射频识别技术测试加速进行,出现了一些最早的射频识别应用。

1980—1990 年:射频识别技术及产品进入商业应用阶段,各种规模的应用开始出现。

1990—2000 年:射频识别技术标准化问题日趋得到重视,射频识别产品广泛应用。

2000 年后,标准化问题日益为人们所重视,射频识别产品种类更加丰富,有源电子标签、无源电子标签及半无源电子标签均得到发展,电子标签成本不断降低,规模应用行业扩大。

现如今,射频识别技术的理论不断丰富和完善,单芯片电子标签、多电子标签识读、无线可读可写、无源电子标签的远距离识别和适应高速移动物体的射频识别技术与产品正在成为现实并走向应用。

1.2　物联网的概念及发展进程

1.2.1　物联网的概念

物联网是新一代信息技术的重要组成部分。其英文名称是"The Internet of things"，顾名思义，"物联网就是物物相连的互联网"。这有两层意思：第一，物联网的核心和基础仍然是互联网，是在互联网基础上延伸和扩展的网络；第二，其用户端延伸和扩展到了任何物品，可在物品与物品之间进行信息交换和通信。因此，物联网更具体的定义是：通过射频识别(RFID)、红外感应器、全球定位系统、激光扫描器等信息传感设备，按约定的协议，把任何物品与互联网相连接，进行信息交换和通信，以实现对物品的智能化识别、定位、跟踪、监控和管理。

1.2.2　物联网的发展进程

物联网概念的问世，打破了之前的传统思维。过去的思路一直是将物理基础设施和 IT 基础设施分开：一方面是机场、公路、建筑物，而另一方面是数据中心、个人电脑、宽带等。在物联网时代，钢筋混凝土、电缆将与芯片、宽带整合为统一的基础设施，在此意义上，基础设施更像是一块新的地球工地，世界就在它上面运转，其中包括经济管理、生产运行、社会管理乃至个人生活。

物联网可以提高经济效益，大大降低成本。物联网将广泛用于智能交通、地防入侵、环境保护、政府工作、公共安全、智能电网、智能家居、智能消防、工业监测、老人护理、个人健康等多个领域。预计物联网是继计算机、互联网与移动通信网之后的又一次信息产业浪潮。有专家预测 10 年内物联网就可能大规模普及，这一技术将会发展成为一个上万亿元规模的高科技市场。

北京着手规划物联网用于公共安全、食品安全等领域。政府将围绕公共安全、城市交通、生态环境，对物、事、资源、人等对象进行信息采集、传输、处理、分析，实现全时段、全方位覆盖的可控运行管理。同时，还会在医疗卫生、教育文化、水电气热等公共服务领域和社区农村基层服务领域开展智能医疗、电子交费、智能校园、智能社区、智能家居等建设，实行个性化服务。

中国移动原总裁王建宙多次提及，物联网将会成为中国移动未来的发展重点。在中国通信业发展高层论坛上，王建宙表示：物联网商机无限，中国移动将以开放的姿态与各方竭诚合作。《国家中长期科学与技术发展规划(2006—2020 年)》和"新一代宽带移动无线通信网"重大专项中均将物联网列入重点研究领域。

业内预测物联网终端用户将为手机等移动通信终端用户数量的 10 倍，终端企业市场潜力巨大。不过，也有观点认为，物联网迅速普及的可能性有多大，尚难以轻言判定。毕竟 RFID 早已为市场所熟知，对物联网的普及速度存在着较大的分歧。但可以肯定的是，在国家大力推动工业化与信息化两化融合的大背景下，物联网会是工业乃至更多行业信息化过程中一个比较现实的突破口。而且,RFID 技术在多个领域多个行业可进行一些闭环应用。在这些先行的成功案例中,物品的信息已经被自动采集并上网,管理效率大幅提升,有些物联网的梦想已经部分实现。所以,物联网的雏形就像互联网早期的形态——局域网一样,虽然发挥的作用有限,但昭示的远大前景已不容置疑。我国的物联网技术已逐步从实验室理论研究基础阶段迈入实践生活应用,在国家电网、环境监测等领域已出现物联网的身影,海尔集团目前也对其生产的所有家电产品安装了传感器,成都无线龙环境监测系统就采用了无线网络传感技术。

物联网在中国如此迅速崛起得益于我国在物联网方面的几大优势。首先,我国在 1999 年就已经开始对物联网核心——传感网技术方面进行研究,研发水平居世界前列;其次,我国走在世界传感网领域的前列,与德国、美国、英国等一起成为物联网国际标准制定的主导国,专利拥有量高,是目前能够实现物联网完整产业链的国家之一;再次,政府领导指示要抓好物联网发展的机遇,提供战略上对新兴产业的扶持,物联网技术发展已被列入中国国家级重大科技专项,我国经济实力也已十分雄厚,无线通信和宽带网络覆盖率比较高,政策和经济基础设施上的双重有利条件为物联网事业的发展提供了强有力的保障。

1.3 射频识别的基本原理

1.3.1 射频识别系统的结构

从结构上讲 RFID 是一种简单的无线系统,只有两个基本器件:询问器和应答器,系统由一个询问器和很多应答器组成,用于控制、检测和跟踪物体。RFID 系统一般包括射频标签、读写器和计算机三部分,其工作原理如图 1-1 所示。

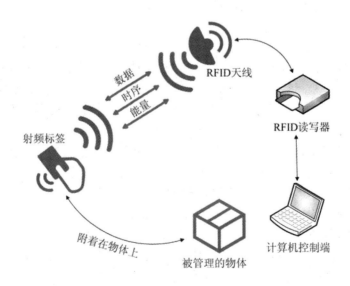

图 1-1　RFID 系统的工作原理

1. 射频标签

射频标签是射频识别系统的数据载体，安装在被识别对象上，由芯片和内置天线组成，芯片内保存一定格式的电子数据，作为待识别物品的标示性信息。芯片随着应用的不同而有所差异，主要控制标签的操作频率、数据传输速率、信号调制、加密解密、数据的读写机制等。芯片在得到工作所需要的能量后，会将存储区的数据以调制信号的方式发送给天线，再传输给读写器，或者将读写器发送过来的信号解调后更新存储区内的数据。天线电路用来感应读写器所发射出来的射频能量，完成数据的更新，还用来以射频信号的方式将信号回传给读写器。标签内的数据信息、标签天线的大小和能量是影响系统阅读距离的主要因素。

按照标签内电池的有无，亦即按照能量供应方式分类，可以将标签分为无源标签和有源标签。在无源系统中，标签没有自己的电源，它所需要的工作能量全部从读写器发出的射频波束中获取，经过整流、存储后提供电子标签所需要的电流。与有源系统相比，其具有成本低、寿命长等特点；其缺点是读写器需要发射大功率的射频电波，识别距离较近。

在有源系统中，有源标签通常都内装有电池，为电子标签的工作提供全部或者部分能量。虽然电池会带来额外的成本，并且有寿命限制，但如果能做好标签的低功耗设计，其在阅读距离和适应物体运动速度方面的优势则是无源标签不可比拟的，其应用范围也比无源系统大得多。

2. RFID 读写器

读写器是利用射频技术从标签中读取射频识别标签信息或将信息写入标签的电子设备。读写器读出的标签信息通过计算机及网络系统进行管理和信息传输，对对象标识信息进行解码，并将标识信息以及一些相关的信息输入计算机进行处理。读写器可设计为手持式或固定式，并且可以通过通信网络将采集到的标签 ID 和数据报给计算机通信网络，还可以接收计算机的命令对标签进行操作。典型的读写器包含有高频模块(发送器和接收器)、控制单元以及读写器天线。以微处理器为核心部件的控制系统主要执行以下三种任务：与计算机通信网络进行通信，将标签数据上报给应用系统，并执行从应用系统发来的动作指令；控制与射频电子标签的通信过程，系统按照防冲突算法对标签进行识别，在标签识别以后和标签进行数据交换；对信号进行编码和解码。

通过读写器实现对标签数据的无线接触或从读写器向标签写入信息都要送回到计算机通信系统，这就形成了射频标签读写器与计算机通信系统之间的 API(Application Program Interface，应用程序接口)。对此，要求读写器能接收来自计算机系统的指令，并按照约定的协议做出相应的响应。另外，高频接口由接收器和发射器组成，其主要任务是：在无源系统中，产生高频发射能量，激活射频电子标签并为其提供能量，接收并解调来自射频电子标签的射频信号。射频识别系统中，读写器与电子标签中的信息交换需要通过一种可靠的方式来实现，在这里数据编码和信号调制被用作读写器与电子标签信号传输的方式。

3. 计算机系统

计算机通信网络在射频系统中的主要作用是对读写器上报的标签数据进行管理，针对应用需要，发送指令给读写器以实现对标签的操作。在通信过程中，必须保证整体射频系统的通畅，正确和迅速地采集数据，确保数据读取内容的可靠性，以及有效地将数据传送到后端系统。传统的数据采集系统中数据采集与后端应用程序之间的数据分发是通过中间件架构解决的，并发展出各种应用服务器软件。

1.3.2　射频识别系统的特点

射频识别系统最重要的优点是非接触识别，它能穿透雪、雾、冰、涂料、尘垢等条形码无法使用的恶劣环境阅读标签，并且阅读速度极快，大多数情况下不到 100 毫秒。有源式射频识别系统的速写能力也是重要的优点，可用于流程跟踪和维修跟踪等交互式业务。

制约射频识别系统发展的主要问题是不兼容的标准。射频识别系统的主要厂商提供的都是专用系统，导致不同的应用和不同的行业采用不同厂商的频率和协议标准，这种混乱和割据的状况已经制约了整个射频识别行业的增长。许多欧美组织正在着手解决这个问题，并已经取得了一些成绩。标准化必将刺激射频识别技术的大幅度发展和广泛应用。

物流管理的本质是通过对物流全过程的管理，实现降低成本和提高服务水平两个目的。如何以正确的成本和正确的条件，去保证正确的客户在正确的时间和正确的地点，得到正确的产品，成为物流企业追求的最高目标。一般来说，企业存货的价值要占企业资产总额的 25%左右，占企业流动资产的 50%以上。所以物流管理工作的核心就是对供应链中存货的管理。

在运输管理方面采用射频识别技术，只需要在货物的外包装上安装电子标签，在运输检查站或中转站设置读写器，就可以实现资产的可视化管理。与此同时，货主可以根据权限，访问在途可视化网页，了解货物的具体位置，这对提高物流企业的服务水平有着重要意义。

除了射频识别系统外，常用的识别系统还有条形码，条形码是一种信息的图形化表示方法，可以把信息制作成条形码，然后用相应的扫描设备把其中的信息输入到计算机中。当前比较常见的是一维码和二维码。

一维码只是在一个方向(一般是水平方向)表达相关的信息而在垂直方向则不表达任何信息，通常为了便于读写器的对准会有一定的高度。其特点是信息录入快，录入出错率低，但数据容量较小，条形码遭到损坏后便不能阅读。

二维码在水平和垂直方向的二维空间存储信息，是用某种特定的几何形体按一定规律在平面上分布(黑白相间)的图形来记录信息的应用技术，可分为堆叠式/行排式二维码和矩阵式二维码。其中，堆叠式/行排式二维码形态上是由多行一维码堆叠而成；矩阵式二维码以矩阵的形式组成，在矩阵相应元素位置上用"点"表示二进制"1"，用"空"表示二进制"0"，并由"点"和"空"的排列组成代码。

二维码弥补了一维码的不足，特点是信息密度高、容量大，不仅能防止错误而且能纠正错误，即使条形码部分损坏也能将正确的信息还原出来，还适用于用多种阅读设备进行阅读。

与传统条形码相比，射频系统具备以下性能特点：

1. 快速扫描

对于条形码，一次只能有一个条形码被扫描；RFID 辨识器可同时辨识读取数个 RFID

标签。

2. 体积小型化、形状多样化

RFID在读取上并不受尺寸大小与形状的限制，不需为了读取精确度而配合纸张的固定尺寸和印刷品质。此外，RFID标签更可往小型化与多样形态发展，以便应用于不同产品。

3. 抗污染能力和耐久性

传统条形码的载体是纸张，因此容易受到污染，但RFID对水、油和化学药品等物质具有很强的抵抗性。此外，由于条形码是附于塑料袋或外包装纸箱上的，所以特别容易受到折损；RFID卷标是将数据存在芯片中，因此可以免受污损。

4. 可重复使用

现今的条形码印刷上去之后就无法更改，RFID标签则可以重复地新增、修改、删除RFID卷标内储存的数据，方便信息的更新。

5. 穿透性和无屏障阅读

在被覆盖的情况下，RFID能够穿透纸张、木材和塑料等非金属或非透明的材质，并能够进行穿透性通信。而条形码扫描机必须在近距离而且没有物体阻挡的情况下才可以辨读条形码。

6. 数据的记忆容量大

一维条形码的容量是50 B(Byte，字节)，二维条形码最大的容量可储存2至3000个字符，RFID最大的容量则有数兆个字符。随着记忆载体的发展，数据容量也有不断扩大的趋势。未来物品所需携带的信息量会越来越大，对卷标所能扩充容量的需求也相应增加。

7. 安全性

由于RFID承载的是电子式信息，其数据内容可经由密码保护，使其内容不易被伪造及变造。

RFID因其所具备的远距离读取、高储存量等特性而备受瞩目。它不仅可以帮助一个企业大幅提高货物、信息管理的效率，还可以让销售企业和制造企业互联，从而更加准确地接收反馈信息，控制需求信息，优化整个供应链。

1.3.3 射频识别技术的工作原理

RFID技术的基本工作原理并不复杂：标签进入磁场后，接收解读器发出的射频信号，凭借感应电流所获得的能量发送出存储在芯片中的产品信息(无源标签或被动标签)，或者由标签主动发送某一频率的信号AT(Active Tag，有源标签或主动标签)，解读器读取信息并解码后，送至中央信息系统进行有关数据处理。

一套完整的RFID系统，是由电子标签、读写器、天线、中间件和应用软件组成，也就是说是由应答器及应用软件系统两大部分所组成的，其工作原理是读写器发射一特定频率的无线电波能量，用以驱动电路并将内部的数据送出，此时读写器便依序接收解读数据，送给应用程序做相应的处理。

以 RFID 卡片读写器及电子标签之间的通信及能量感应方式来看,RFID 大致上可以分成感应耦合以及反向散射耦合两种。一般低频的 RFID 大都采用第一种方式,而较高频的 RFID 大多采用第二种方式。

读写器根据使用的结构和技术不同可以是读或读/写装置,是 RFID 系统信息控制和处理的中心。读写器通常由耦合模块、收发模块、控制模块和接口单元组成。读写器和应答器之间一般采用半双工通信方式进行信息交换,同时读写器通过耦合给无源应答器提供能量和时序。在实际应用中,可进一步通过 Ethernet(以太网)或 WLAN(Wireless Local Area Networks,无线局域网络)等实现对物体识别信息的采集、处理及远程传送等管理功能。应答器是 RFID 系统的信息载体,应答器大多是由耦合元件(线圈、微带天线等)和微芯片组成的无源单元。

1.3.4　射频技术产品的分类

RFID 技术所衍生的产品大概有三大类:无源 RFID 产品、有源 RFID 产品、半有源 RFID 产品。无源 RFID 产品发展最早,也最成熟,是市场应用最广的产品,比如公交卡、食堂餐卡、银行卡、宾馆门禁卡、二代身份证等,这些 RFID 产品在我们的日常生活中随处可见,属于近距离接触式识别类。其产品的主要工作频率有低频(125 kHz)、高频(13.56 MHz)、超高频(433 MHz)、超高频(915 MHz)。

有源 RFID 产品是最近几年慢慢发展起来的,其远距离自动识别的特性决定了其巨大的应用空间和市场潜质,在远距离自动识别领域,如智能监狱、智能医院、智能停车场、智能交通、智慧城市、智慧地球及物联网等有重大应用。有源 RFID 在这个领域异军突起,属于远距离自动识别类。其相应产品的主要工作频率有超高频(433 MHz)、微波(2.45 GHz 和 5.8 GHz)等。

有源 RFID 产品和无源 RFID 产品,其不同的特性决定了不同的应用领域和不同的应用模式,也有各自的优势所在。此外还有介于有源 RFID 和无源 RFID 之间的半有源 RFID 产品,该产品集有源 RFID 和无源 RFID 的优势于一体,在门禁进出管理、人员精确定位、区域定位管理、周界管理、电子围栏及安防报警等领域有着很大的优势。

半有源 RFID 产品结合有源 RFID 产品及无源 RFID 产品的优势,在低频(125 kHz)频率的触发下,让微波(2.45 GHz)发挥优势。半有源 RFID 技术也可以叫做低频激活触发技术,利用低频近距离精确定位,微波远距离识别和上传数据,来解决单纯的有源 RFID 和无源 RFID 没有办法实现的功能。简单地说,就是近距离激活定位,远距离识别及上传数据。

1.3.5　射频识别技术的优势

RFID 是一项易于操控、简单实用且特别适合用于自动化控制的灵活性应用技术。可自由工作在各种恶劣环境下:短距离射频产品不怕油渍、灰尘污染等恶劣的环境,可以替代条码,例如用在工厂的流水线上跟踪物体;长距离射频产品多用于交通上,识别距离可达几十米,如自动收费或识别车辆身份等。射频识别系统主要有以下几个方面的优势:

1. 读取方便快捷

数据的读取无需光源等辅助设备，甚至可以透过外包装来进行。有效识别距离更大，采用自带电池的主动标签时，有效识别距离可达到 30 米以上。

2. 识别速度快

标签一旦进入磁场，解读器就可以即时读取其中的信息，而且能够同时处理多个标签，实现批量识别。

3. 数据容量大

数据容量最大的二维条形码(PDF417)最多也只能存储 2725 个数字，若包含字母，存储量则会更少；RFID 标签则可以根据用户的需要扩充到数千个字符。

4. 使用寿命长，应用范围广

RFID 标签的无线电通信方式，使其可以应用于粉尘、油污等高污染环境和放射性环境，而且封闭式包装使得其寿命大大超过印刷的条形码。

5. 标签数据可动态更改

利用编程器可以向标签写入数据，从而赋予 RFID 标签交互式便携数据文件的功能，而且写入时间相比打印条形码所需时间更短。

6. 更好的安全性

RFID 标签不仅可以嵌入或附着在不同形状、类型的产品上，而且可以为标签数据的读写设置密码保护，从而具有更高的安全性。

7. 动态实时通信

RFID 标签以每秒 50～100 次的频率与解读器进行通信，所以只要 RFID 标签所附着的物体出现在解读器的有效识别范围内，就可以对其位置进行动态追踪和监控。

1.4　物联网与射频识别的关系

1.4.1　物联网的技术框架

从技术架构上来看，如图 1-2 所示，物联网可分为三层：感知层、网络层和应用层。感知层由各种传感器以及传感器网关构成，包括二氧化碳浓度传感器、温度传感器、湿度传感器、二维码标签、RFID 标签和读写器、摄像头、GPS 等感知终端。感知层的作用相当于人的眼耳鼻喉和皮肤等神经末梢，它是物联网识别物体、采集信息的来源，即其主要功能就是识别物体、采集信息。网络层由各种私有网络、互联网、有线和无线通信网、网络管理系统和云计算平台等组成，相当于人的神经中枢和大脑，负责传递和处理感知层获取的信息。应用层是物联网和用户(包括人、组织和其他系统)的接口，它与行业需求结合，实现物联网的智能应用。物联网的行业特性主要体现在其应用领域内，目前绿色农业、工业监控、公共安全、城市管理、远程医疗、智能家居、智能交通和环境监测等各个行业均有物联网应用的尝试，某些行业已经积累了一些成功的案例。

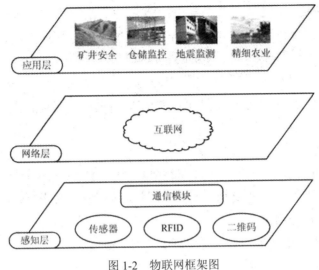

图 1-2　物联网框架图

1.4.2　物联网与射频识别技术

　　物联网是物与物、人与物之间的信息传递与控制的桥梁。物联网技术涉及嵌入式技术、通信技术、计算机技术等多种专业知识，其中实现终端事物与物联网连接所需要的技术显得尤为重要。

　　目前能够实现物与网络"连接"功能的技术有红外技术、地磁感应技术、射频识别技术(RFID 技术)、条码识别技术、视频识别技术、无线传感器网络等，可以将物以信息形式连接到互联网中。而所有这些技术中，RFID 相较于其他识别技术，在准确率、感应距离、信息容量等方面具有非常明显的优势。

　　使用无线电波来识别物体的 RFID 技术是物联网的中枢之一，RFID 技术可以实现从几毫米到几百米远的无接触识别。物品通过标签技术代码化之后，即可方便地将物品虚拟化、再网络化并可实现代码与实物的连接。

　　实现物联网的技术有很多，但是目前来看 RFID 技术是相当重要而且关键的。RFID 技术应用范围非常广泛，如电子不停车收费管理(ETC)、物流与供应链管理、集装箱管理、车辆管理、人员管理、图书管理、生产管理、金融押运管理、资产管理、钢铁行业、烟草行业、国家公共安全、证件防伪、食品安全、动物管理等多个领域。这些应用中有物联网的范畴，也有其他行业的需求。总体来看，物联网与射频识别技术(RFID)关系紧密，RFID技术是物联网发展的关键部分。

1.5　物联网与射频识别的发展前景

1.5.1　物联网的发展前景

　　随着科学技术的发展，物联网技术未来必定蓬勃发展，目前可以预期以下四个发展趋势。

• **趋势一**：中国物联网产业的发展是以应用为先导，存在着从公共管理和服务市场，到企业、行业应用市场，再到个人家庭市场逐步发展成熟的细分市场递进趋势。目前，物联网产业在中国还处于前期的概念导入期和产业链逐步形成阶段，没有成熟的技术标准和完善的技术体系，整体产业处于酝酿阶段。此前，RFID 市场一直期望在物流零售等领域取得突破，但是由于涉及的产业链过长，产业组织过于复杂，交易成本过高，产业规模有限，成本难以降低等问题使得整体市场成长较为缓慢。物联网概念提出以后，面向具有迫切需求的公共管理和服务领域，以政府应用示范项目带动物联网市场的启动将是必要之举。随着公共管理和服务市场应用解决方案的不断成熟，企业集聚、企业技术的不断整合和提升，已逐步形成比较完整的物联网产业链，从而将可以带动各行业大型企业的应用市场。各个行业的应用逐渐成熟后，将带动各项服务的完善、流程的改进，个人应用市场也会随之发展起来。

• **趋势二**：物联网标准体系是一个渐进发展成熟的过程，将呈现从成熟应用方案提炼形成行业标准，以行业标准带动关键技术标准，逐步演进形成标准体系的趋势。物联网概念涵盖众多技术、众多行业、众多领域，试图制定一套普适性的统一标准几乎是不可能的。物联网产业的标准将是一个涵盖面很广的标准体系，将随着市场的逐渐发展而发展和成熟。在物联网产业发展过程中，单一技术的先进性并不一定能保证其标准具有活力和生命力，标准的开放性和所面对的市场的大小是其持续下去的关键和核心问题。随着物联网应用的逐步扩展和市场的成熟，哪一个应用占有的市场份额更大，该应用所衍生出来的相关标准将更有可能成为被广泛接受的事实标准。

• **趋势三**：随着行业应用的逐渐成熟，新的通用性强的物联网技术平台将出现。物联网的创新是应用集成性的创新，一个单独的企业是无法完全独立完成一个完整的解决方案的，一个技术成熟、服务完善、产品类型众多、应用界面友好的应用，将是由设备提供商、技术方案商、运营商、服务商协同合作的结果。随着产业的成熟，支持不同设备接口、不同互联协议、可集成多种服务的共性技术平台将是物联网产业发展成熟的结果。物联网时代，移动设备、嵌入式设备、互联网服务平台将成为主流。随着行业应用的逐渐成熟，将会有大的公共平台、共性技术平台出现。无论终端生产商、网络运营商、软件制造商、系统集成商或是应用服务商，都需要在新一轮的竞争中重新寻找各自的定位。

• **趋势四**：针对物联网领域的商业模式创新将是把技术与人的行为模式充分结合的结果。物联网将机器、人、社会的行动都互联在一起，新的商业模式出现将是把物联网相关技术与人的行为模式充分结合的结果。中国具有领先世界的制造能力和产业基础，具有五千年的悠久文化，中国人具有逻辑理性和艺术灵活性兼具的个性行为特质，物联网领域在中国一定可以产生领先于世界的新的商业模式。

1.5.2 射频识别的应用现状

RFID 技术广泛应用在各个行业，如图 1-3 所示。除此之外，该技术与其他技术相结合使其得到了更加广泛的推广。

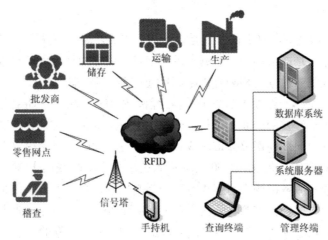

图 1-3　RFID 典型的应用

1. RFID 技术与无线传感器技术

RFID 与 WSN(Wireless Sensor Network，无线传感器网络)的结合，使 RFID 技术的发展向前迈进了一大步，因为在电子标签和无线传感器之间没有一个自组织网络进行数据传递，电子标签结合无线传感器网络，能够及时地传递电子标签的详细信息。

RFID 技术和无线传感器技术结合，在 CM(Collaborative Multilateral，协作式多边定位算法)的基础上，融入网络节点簇集的思想和迭代循环的思想，利用多个节点的定位信息来对未知节点进行定位。参与定位的节点越多，定位的精确度越高，同时应用迭代循环求精的方法可进一步提高定位的精确度。

传感器网络一般不关心节点的位置，因此对节点一般都不采用全局标识，而 RFID 技术对节点的标识有着得天独厚的优势，将二者结合共同组成网络可以相互弥补对方的缺陷，既可以将网络的主要精力集中到数据上，当需要具体考虑某个节点的信息时，也可以利用 RFID 的标识功能轻松地找到节点的位置。

2. RFID 技术和 NFC

NFC(Near Field Communication，近距离无线通信技术)是由 Philips 公司发起的，由 Nokia、SONY 等公司联合推出的一项新的无线通信技术。起初，这项技术只是将 RFID 技术与网络技术简单地合并，但是现在已经演变成为一种短距离无线通信技术，其发展相当迅速。NFC 工作在 13.56 MHz 频率上，数据速率为 106、212、424 kb/s。最大通信距离为 20 cm，传输速率取决于传输距离。NFC 符合 ISO 18092 和 ECMA 340 定义的标准，而且兼容 ISO 14443 以及 NXP 公司的 MIFARE 标准和 Sony 公司的 FliCa 标准。

RFID 技术针对物流、交通、零售等多种行业，而 NFC 专门针对消费类电子产品，也可以说 NFC 是 RFID 技术的一种，是更加专门化的 RFID 技术，二者是密不可分的，NFC 技术的普及需要 RFID 技术的支持。NFC 技术支持移动支付业务，手机与 NFC 模块结合，使得手机也具有支付功能，手机还可以兼容多种功能，比如城市一卡通。空中下载 (Over-The-Air，OTA)技术是通过移动通信的空中接口对手机卡上的数据和业务进行远程管理。使用内置 NFC 功能的手机可以乘坐公交、购物、就餐、充当电子钱包等，使日常生活更加方便快捷，2006 年 Nokia 与厦门移动公司和 Philips 公司合作启动了全国首个 NFC

支付试点测试，同年Nokia与银联商务公司在上海启动了第二个NFC测试点。NFC技术可以很好地解决实时和现场支付等问题，使用更加方便、快捷，所以拥有很好的市场前景。

尽管如此，由于NFC是RFID技术的一个演变，所以其生产成本和相关的国际标准也会受到RFID技术的影响。目前，该技术得到了世界各国政府部门的大力支持，Nokia等全球知名企业也投入了大量的资源进行开发，在未来的几十年，NFC技术和RFID技术必将走进每个人的生活。

3. RFID技术与4G

RFID技术应用到4G手机上可以实现实时的信息传递和上传下载，在手机上查阅机票、天气状况、交通路况等信息。未来RFID技术与5G技术的进一步发展将使人们的生活更加方便快捷。RFID和4G技术在物流运输过程中的应用可以有效地解决货物丢失的问题。但是其应用成本较高，一般的企业难以承担。这有待于技术水平的进一步提高、大规模的应用，从而降低成本。

RFID技术广泛应用于各种场景，如用于病患监测的双接口无源RFID系统。实际病患监测设备通常用于测量病患的(生理指标)生命迹象，例如血压、心率等参数，管理这些重要数据的要求远远超出了简单的库存控制范围，需要设备能够提供设备检查、校准和自检结果。与静态的标签贴纸不同，动态的双接口RFID EEPROM电子标签解决方案则能够记录测量参数，以备日后读取，还能把新数据输入系统。基于物联网技术的公交停车场站安全监管系统主要由车辆出入口管理系统、场站智能视频监控系统两部分组成，利用先进的"物物相联技术"，将用户端延伸和扩展到公交车辆、停车场站中的任何物品间，进行数据交换和通信，全面立体地解决公交行业监管问题。基于RFID技术的小区安防系统设计解决方案，在小区的各个通道和人员可能经过的通道中安装若干个读写器，并且将它们通过通信线路与地面监控中心的计算机进行数据交换。同时在每个进入小区的人员、车辆上放置安装有RFID电子标签的身份卡，当人员、车辆进入小区时，只要通过或接近放置在通道内的任何一个读写器，读写器即会感应到信号同时立即将其上传到监控中心的计算机上，计算机就可判断出具体信息(如是谁、在哪个位置、具体时间)，管理者也可以根据大屏幕或电脑上的分布示意图点击小区内的任一位置，计算机即会把这一区域的人员情况统计并显示出来。同时，一旦小区内发生事故(如火灾、抢劫等)，可根据电脑中的人员定位分布信息马上查出事故地点周围的人员车辆情况，然后可再用探测器在事故处进一步确定人员准确位置，可帮助公安部门以准确快速的方式营救出遇险人员或进行案件侦破。

1.5.3　射频识别的发展前景

RFID技术作为物联网中的关键技术，其伴随着物联网技术革新将会有更加开阔的发展空间，这已经成为共识。当前的RFID在零售、交通、军事上等各个独立的领域已经得到广泛应用，这些应用大多是在特定领域的闭环应用，分属不同领域，有着自己的协议和标准，不同领域的闭环应用不兼容，信息也不共享。而物联网则基于通用的协议和标准的开环应用，从而实现物品在全球范围内按照权限的信息共享。随着RFID技术的发展和不断成熟，其应用更加广泛，如果再加上云计算模式等方法形成信息共享，就可形成一个完整的物联网应用。因此，目前RFID技术是物联网最成熟的应用，随着物联网产业的飞速发展，作为排头兵的

RFID 产业必然迎来快速的增长。这一点，也可以从全球 RFID 市场规模与增长中看出来。

　　近期的情况表明，国外 RFID 行业已经呈现加速的趋势，这一点从 RFID 芯片的主流厂商的动作可见一斑。美国的 TI 公司，一方面加大收购与合作的力度；另一方面，着重从技术方面加大新型 RFID 芯片的研发力度，不断更新原有产品，还通过各种方式来充实其专门为政府和安全部门最新开发的 RF360 智能 IC 平台。而另一巨头 NXP 公司除了扩充在中国广东的生产线以外，最近又投巨资在澳大利亚设立新的 RFID 芯片生产线，前不久又与 SONY 公司合作，加强 RFID 解决方案方面的合作力度。所有这些似乎预示着 RFID 产业化的步伐正在加快。

　　随着互联网和个域网的发展，赋予了 RFID 更丰富的功能。比如，已经出现通过互联网来远程遥控工业应用和医疗应用的电冰箱，通过 RFID 来实现对温度、冰箱内的物品数量以及变更情况等的精密管理。通过将病人信息植入 RFID 中，低成本的远程医疗也开始出现。

　　高频(HF)标签(包括智能卡和支付、智能钥匙等)仍占据最大的市场份额，而超高频标签(用于服装零售、托盘和箱体等消费品包装跟踪)暂排在第二位。智能车票、制造零件和工具物品跟踪，动物(包括家畜和宠物)跟踪，书本信息和汽车遥控器等应用排在前七位。

　　在很多大城市中，乘坐轨道交通时，你只需一次购买一张带有电子标签的单程车票，就可在不同线路间轻松换乘；在图书馆借书，你不用再找图书管理员办理借阅手续，而只需在自动借还系统上输入密码，即可轻松借到你想要的书籍；在很多大卖场和超市，RFID 标签可以有效地防止有人意图不轨，想把没有付款的货物带走。在医院里，电子标签的应用比较广泛。比如，刚出生的婴儿长相都很相似，很容易造成认错宝宝的事件发生。现在电视上还经常会见到几十年前有医院的护士或家长抱错孩子的事情，导致了很多的家庭悲剧。但现在随着电子标签的应用，如果给婴儿戴上电子芯片的腕带，就能准确识别身份从而避免了出错。此外，还有电子病历，通过它，医生、护士在查房时可以清楚知道患者的用药情况。这样不仅医护人员的工作会有条不紊，就医人士和家属也能避免很多麻烦。

　　RFID 标签的广泛应用给人们的生活带来了很多的便利，相信在不久的将来，将会被应用到更多更有用的地方。那时候，我们的生活将会更加美好，人们也能节省很多时间去做更有意义的事。

　　RFID 产品是知识密集型产品，技术含量高，同时可根据客户不同需要进行调整。目前国外部分高端 RFID 产品价格较高。

　　全球各个国家也已经在 RFID 技术领域展开了专利布局。由于 DII(Derwent Innovations Index，德温特创新索引)中的每条专利记录代表的是一个专利家族，而每个专利家族又是由一项基本专利和若干项同等专利构成的，所以 RFID 29 862 条专利记录意味着有 29 862 个专利家族。经过进一步统计分析，得出 29 862 个专利家族共包括 68 678 个专利号，这意味着 RFID 技术一共有 68 678 件专利在各个国家公开，其中基本专利 29 862 件，同等专利 38 816 件。由于每个专利号的前两位代码代表的是不同的专利公开国家，对全球 RFID 领域公开的 68 678 件专利进行统计分析，可以得到 RFID 专利的公开国家分布情况。1963—2011 年间，全球 RFID 专利主要分布在美国、日本、韩国、中国等国家，这 4 个国家专利量的总和达到全球专利总量的 64%，由此可以看出，美国、日本、韩国和中国在此领域内拥有绝对的技术优势，占据了 RFID 市场主导地位。

　　同时，RFID 专利的国际申请比例也比较高，占全球专利总量的 11%，说明各国都非常重视 RFID 技术的专利申请，注重 RFID 专利的国际保护。

随着 RFID 技术的不断发展和应用系统的推广普及，射频识别技术在性能等各方面都会有较大提高，成本将逐步降低，可以预见未来 RFID 技术的发展将有以下趋势：

1. 标签产品多样化

未来用户个性化需求较强，单一产品不能适应未来发展和市场需求。芯片频率、容量、天线、封装材料等组合形成系列化产品，与其他高科技融合，如与传感器、GPS、生物识别结合，RFID 将由单一识别向多功能识别发展。

2. 系统网络化

当 RFID 系统应用普及到一定程度时，每件产品通过电子标签都可赋予自己身份标识。显然，RFID 与互联网、电子商务结合将是必然趋势，也必将改变人们传统的生活、工作和学习方式。

3. 系统的兼容性更好

随着标准的统一，系统的兼容性将会得到更好的发挥，产品替代性更强。

4. 与其他产业融合

与其他 IT 产业一样，当标准和关键技术解决和突破之后，RFID 与其他产业如 3C、3网等融合将形成更大的产业集群，并得到更加广泛的应用，实现跨地区、跨行业的应用。

因此，有理由相信 RFID 产业发展潜力是巨大的，将是未来发展的一个新的经济增长点，RFID 技术将与人们的日常生活密不可分。

本 章 小 结

本章主要介绍了 RFID 的基本知识以及物联网技术的发展状况。

RFID 技术经过几十年的发展，已经得到了广泛的应用。与传统的一维码、二维码等相比，RFID 具有小型化、多样化、可复用、安全性高、穿透性强等多种优点。目前 RFID 已经应用到零售、批发、运输、存储、产品溯源等多种场景中。全球各个国家也已经在 RFID 技术领域展开了专利布局。未来 RFID 技术在知识产权领域的竞争会更加激烈。

物联网是新一代信息技术的重要组成部分，近年来各个国家都在物联网领域进行布局，RFID 作为物联网技术中的典型代表已得到广泛应用。物联网与射频识别技术(RFID)关系紧密，RFID 技术是物联网发展的关键部分。未来，物联网标准体系进入一个渐进发展成熟的过程，随着行业应用的逐渐成熟，新的通用性强的物联网技术平台将会出现并广泛应用。

习　题　1

1.1　射频识别技术的发展按十年期划分，可以划分为哪几个阶段？

1.2　射频系统具备哪些性能特点？

1.3　物联网的定义是什么？

1.4　从技术架构上来看，物联网可分为哪三层？

1.5　感知层主要包括哪些内容？

1.6　网络层主要由哪些部分组成？

1.7　应用层主要由哪些部分组成？

1.8　RFID 技术的应用领域主要有哪些？

1.9　物联网发展趋势是什么？

第二章 RFID 系统架构

RFID 技术是物联网的关键技术，其应用领域非常广泛。由于不同领域的应用需求不同导致 RFID 的应用系统架构复杂程度较高，但就基本的 RFID 系统来说，其架构组成主要包括 RFID 标签、读写器、天线、中间件和应用软件等五部分。典型的 RFID 系统主要由读写器、电子标签、RFID 中间件和应用系统软件四部分构成，一般把中间件和应用软件统称为应用系统。其中，RFID 系统以电子标签来识别物体，电子标签通过无线电波与读写器进行数据交换，读写器将主机的控制命令传送到电子标签，再将电子标签返回的用户数据传送到主机，数据的控制与传输通过中间件实现。本章将重点介绍 RFID 系统各关键部分的工作原理和应用。

2.1 RFID 系统组成

1. RFID 标签

ET(Electronic Tag，电子标签)也称应答器或 SL(Smart Label，智能标签)，是一个微型的无线收发装置，主要由内置天线和芯片组成。电子标签根据工作方式可分为主动式(有源)和被动式(无源)两大类。被动式 RFID 标签由标签芯片和标签天线或线圈组成，利用电感耦合或电磁反向散射耦合原理实现与读写器之间的通信。RFID 标签中存储一个唯一编码，通常为 64 bit、96 bit 甚至更高。其地址空间大大高于条形码所能提供的空间，因此可以实现单品级的物品编码。图 2-1 是一款 RFID 标签芯片的内部结构图，主要包括射频前端、模拟前端、基带处理单元和 EEPROM 存储单元四部分。

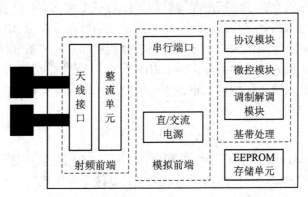

图 2-1 RFID 标签芯片的内部结构示意图

2. 读写器

读写器是一个捕捉和处理 RFID 标签数据的设备，它可以是单独的个体，也可以嵌入到其他系统之中。读写器也是构成 RFID 系统的重要部件之一，由于它能够将数据写到 RFID 标签中，因此称为读写器。如图 2-2 所示，读写器的硬件部分通常由收发机、微处理器、存储器，报警器的输入/输出接口、通信接口及电源等部件组成。读写器主要包括射频模块和数字处理单元两部分。一方面，RFID 标签返回的微弱电磁信号通过天线进入读写器的射频模块并转换为数字信号，再经过读写器的数字信号处理单元对其进行必要的加工整形，最后从中解调并返回信息，完成对 RFID 标签的识别或读/写操作；另一方面，上层中间件及应用软件与读写器进行交互，实现操作指令的执行和数据汇总上传，在上传数据时，读写器会对 RFID 标签数据进行去重过滤或简单的条件过滤，因此在很多读写器中还集成了微处理器和嵌入式系统，实现一部分中间件的功能，如信号状态控制、奇偶位错误校验与修正等。未来的读写器呈现出智能化、小型化和集成化趋势。在物联网系统中，读写器将成为同时具有通信、控制和计算功能的核心设备。

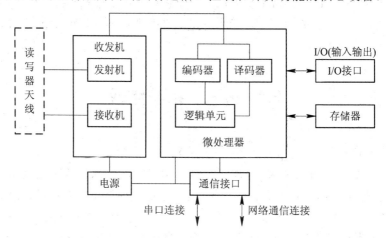

图 2-2   RFID 读写器的内部结构示意图

3. 天线

天线(Antenna)是 RFID 标签和读写器之间实现射频信号空间传播和建立无线通信连接的设备。天线是一种以电磁波形式把前端射频信号功率接收或辐射出去的设备，是电路与空间的界面器件，用来实现导行波与自由空间波能量的转化。在 RFID 系统中，天线分为电子标签天线和读写器天线两大类，分别承担接收能量和发射能量的作用。

在实际应用中，天线设计参数是影响 RFID 系统识别范围的主要因素。高性能的天线不仅要求具有良好的阻抗匹配特性，还需要根据应用环境的特点对方向性特性、极化特性和频率特性进行专门设计。

4. 中间件

中间件(Middleware)是位于平台(硬件和操作系统)和应用之间的通用服务，这些服务具有标准的程序接口和协议，是一种面向消息的、可以接受应用软件端发送的请求，对指定的一个或多个读写器发起操作并接收、处理后向应用软件返回结果数据的特殊化软件。针对不同的操作系统和硬件平台，它们可以有符合接口和协议规范的多种实现。

5. 应用软件

应用软件(Appliaction Software)是直接面向最终用户的人机交互界面,协助使用者完成对读写器的指令操作以及对中间件的逻辑设置,逐级将 RFID 原始数据转化为使用者可以理解的业务事件,并使用可视化界面进行展示。

应用软件的主要内容包括:

(1) 硬件驱动程序:连接、显示及处理卡片读写器操作。

(2) 控制应用程序:控制卡片阅读机的运作,接收读卡所回传的数据,并作出相对应的处理,如开门、结账、派遣、记录等。

(3) 数据库:储存所有 Tag 相关的数据,供控制程序使用。

2.2　电子标签

2.2.1　电子标签概述

电子标签又称射频标签、应答器、数据载体。电子标签与读写器之间通过耦合元件实现射频信号的空间(无接触)耦合;在耦合通道内,根据时序关系,实现能量的传递和数据交换。电子标签是一种提高识别效率和准确性的工具,该技术将完全替代条形码。RFID 射频识别是一种非接触式的自动识别技术,它通过射频信号自动识别目标对象并获取相关数据,识别工作无需人工干预,可工作于各种恶劣环境。RFID 技术可识别高速运动物体并可同时识别多个标签,操作快捷方便。RFID 电子标签是一种突破性的技术:第一,可以识别单个的非常具体的物体,而不是像条形码那样只能识别一类物体;第二,其采用无线电射频,可以透过外部材料读取数据,而条形码必须靠激光来读取信息;第三,可以同时对多个物体进行识读,而条形码只能一个一个地读。此外,电子标签储存的信息量也非常大。

2.2.2　电子标签的分类

电子标签是射频识别系统中存储可识别数据的电子装置,电子标签通常安装在被识别对象上,存储被识别对象的相关信息。标签存储器中的信息可由读写器进行非接触读写。标签可以是卡片,也可以是其他形式的装置。非接触式 IC 卡中的遥耦合识别卡就属于电子标签。电子标签根据供电方式、数据调制方式、工作频率、可读写性和数据存储特性的不同可以分为不同的种类。

1. 按供电形式分类

根据标签的供电形式不同,可将电子标签系统分为有源系统、无源系统和半有源系统。相应地,电子标签可分为有源标签、无源标签和半有源标签三种。

(1) 有源电子标签:通过标签内部的电池来供电,不需要读写器提供能量来启动,标签可主动发射电磁信号,识别距离较长,通常可达几十米甚至上百米。其缺点是成本高、寿命有限,而且不易做成薄卡。有源标签读写器的天线的距离较无源标签要远,但需要定期更换电池。

(2) 无源电子标签：标签内部没有电池，其工作能量均需读写器发射的电磁场来提供，重量轻、体积小、寿命长、成本低，可制成各种卡片，是目前最流行的电子标签形式。其识别距离比有源系统要小，一般为几米到十几米，而且需要功率较大的读写器发射功率。无源标签工作时，一般距读写器的天线比较近。

(3) 半有源电子标签：内有电池，但电池只对标签内部电路供电，并不主动发射信号，其能量传递方式与无源系统类似，因此其工作寿命比一般有源电子标签要长许多。

2. 按数据调制方式分类

根据标签的数据调制方式不同，可将电子标签系统分为主动式系统、被动式系统和半主动式系统。相应地，电子标签也分为被动式、半主动式和主动式三类。一般来讲，无源系统为被动式，有源系统为主动式。

1) 被动式

被动式标签没有内部供电电源，其内部集成电路通过接收到的电磁波进行驱动，这些电磁波是由 RFID 读写器发出的。当标签接收到足够强度的信号时，可以向读写器发出数据。这些数据不仅包括 ID 号(全球唯一标识号)，还可以包括预先存在于标签内 EEPROM 中的数据。由于被动式标签具有价格低廉、体积小巧、无需电源的优点，因而应用非常广泛。市场上的 RFID 标签主要是被动式的。

2) 半主动式

一般而言，被动式标签的天线有两个任务：第一，接收读写器所发出的电磁波以驱动标签 IC；第二，标签回传信号时，需要靠天线的阻抗作切换，才能产生 0 与 1 的变化。问题是，想要有最好的回传效率的话，天线阻抗必须设计在"开路与短路"状态，这样又会使信号完全反射，无法被标签 IC 接收。半主动式标签就是为了解决这样的问题而设计的。半主动式标签类似于被动式标签，不过它多了一个小型电池，电力恰好可以驱动标签 IC，使得 IC 处于工作的状态。这样的好处在于，天线可以不用管接收电磁波的任务，充分作为回传信号之用。比起被动式标签，半主动式标签有更快的反应速度，更好的工作效率。

3) 主动式

与被动式和半被动式不同的是，主动式标签本身具有内部电源供应器，用以供应内部 IC 所需电源以产生对外的讯号。一般来说，主动式标签拥有较长的读取距离和较大的记忆体容量，可以用来储存读取器所传送来的一些附加讯息。在有障碍物的情况下，采用反向散射调制方式，读写器的能量必须来去穿过障碍物两次。而被动式电子标签发射的信号仅仅能穿过障碍物一次，因而主动式方式工作的电子标签主要应用于有障碍物的情况下，其传输距离更远。

3. 按工作频率分类

根据电子标签的工作频率不同，可以将其分为低频、高频、特(超)高频和微波四种类型。

电子标签工作时所使用的频率称为 RFID 的工作频率。射频标签的工作频率是其重要的指标之一。射频标签的工作频率不仅决定着射频识别系统的工作原理(电感耦合还是电磁耦合)、识别距离，还决定着射频标签及读写器实现的难易程度和设备的成本。工作在不同频段或频点上的电子标签具有不同的特点。射频识别应用占据的频段或频点在国际上有公认的划分，即位于 ISM 波段之中基本可以划分为五个主要范围：低频(30～300 kHz)、高频(3～30 MHz)和超高频(300 MHz～3 GHz)以及微波(2.45 GHz 以上)。典型的工作频率有 125 kHz、133 kHz、13.56 MHz、27.12 MHz、433 MHz、860～930 MHz、2.45 GHz、5.8 GHz 等。

1) 低频段电子标签

低频段射频标签简称为低频标签，其工作频率范围为 30～300 kHz。典型工作频率有：125 kHz、133 kHz。低频标签一般为无源标签，其工作能量通过电感耦合方式从读写器耦合线圈的辐射近场中获得。低频标签与读写器之间传送数据时，低频标签需位于读写器天线辐射的近场区内。低频标签的阅读距离一般情况下小于 1 m。

低频标签的典型应用有动物识别、容器识别、工具识别、电子闭锁防盗(带有内置应答器的汽车钥匙)等。与低频标签相关的国际标准有 ISO 11784/11785(用于动物识别)、ISO 18000-2(125～135 kHz)。低频标签有多种外观形式，应用于动物识别的低频标签外观有项圈式、耳牌式、注射式、药丸式等。此类标签的典型应用的动物有牛、信鸽等。

低频标签的主要优势体现在：标签芯片一般采用普通的 CMOS 工艺，具有省电、廉价的特点；工作频率不受无线电频率管制约束；可以穿透水、有机组织、木材等；非常适合近距离的、低速度的、数据量要求较少的识别应用(例如动物识别)等。

低频标签的劣势主要体现在：标签存储数据量较少；只能适合低速、近距离识别应用；与高频标签相比，低频标签天线匝数更多，成本更高一些。

2) 高频段电子标签

中高频段射频标签简称为 HF(High Frequency，高频标签)，其工作频率一般为 3～30 MHz。典型工作频率为 13.56 MHz。该频段的射频标签，从射频识别应用角度来说，因其工作原理与低频标签完全相同，即采用电感耦合方式工作，所以宜将其归为低频标签类中。另一方面，根据无线电频率的一般划分，其工作频段又称为高频，所以也常将其称为高频标签。

高频标签一般也采用无源设置，其工作能量同低频标签一样，也是通过电感耦合方式从读写器耦合线圈的辐射近场中获得。标签与读写器进行数据交换时，标签必须位于读写器天线辐射的近场区内。一般情况下中频标签的阅读距离也小于 1 米。

高频标签由于可方便地做成卡片状，因此其典型应用通常包括电子车票、电子身份证、电子闭锁防盗(电子遥控门锁控制器)等。其相关的国际标准有 ISO 14443、ISO 15693、ISO 18000-3(13.56 MHz)等。

高频标签的基本特点与低频标签相似，由于其工作频率的提高，可以选用较高的数据传输速率。射频标签天线设计相对简单，标签一般制成标准卡片的形状。

3) 特高频标签

特高频标签简称 UHF(Ultra High Frequency，特高频，也叫做超高频)，其工作频率为 300 MHz～3 GHz，典型的工作频率有 433.92 MHz 和 915 MHz。特高频标签通过电场来传输能量。电场的能量下降的不是很快，但是读取的区域不是很好定义。该频段读取距离比较远，无源标签可达 10 m 左右，主要是通过电容耦合的方式实现的。特高频标签作用范围广，传输数据速度快，但比较耗能，穿透力较弱，作业区域不能有太多干扰，适用于监测港口、仓储等物流领域的物品检测。相关的国际标准有 ISO 18000-6(860~930 MHz)和 ISO 18000-7(433.92 MHz)等。

4) 微波标签

微波标签工作于 2.45 GHz 的频段，支持 ISO/IEC 18000-4 标准中微波段的技术要求和无线非接触信息系统应用的标准空中接口，典型工作频率有 2.45 GHz 和 5.8 GHz。系统包含两种模式：一种是读写器先发指令的无源标签系统，另一种是标签先发指令的有源标签系统。

工作时，射频标签位于读写器天线辐射场的远区场内，标签与读写器之间的耦合方式为电磁耦合方式。读写器天线辐射场为无源标签提供射频能量，将有源标签唤醒。相应的射频识别系统阅读距离一般大于 1 m，典型情况为 4~6 m，最大可达 10 m 以上。读写器天线一般均为定向天线，只有在读写器天线定向波束范围内的射频标签可被读/写。

由于阅读距离的增加，应用中有可能在阅读区域中同时出现多个射频标签的情况，从而提出了多标签同时读取的需求，进而这种需求发展成为一种潮流。目前，先进的射频识别系统均将多标签识读问题作为系统的一个重要特征。

以目前技术水平来说，2.45 GHz 和 5.8 GHz 射频识别系统多以半无源微波射频标签产品面世。半无源标签一般采用钮扣电池供电，具有较远的阅读距离。

微波射频标签的典型特点主要集中在是否无源、是否为无线读写距离、是否支持多标签读写、是否适合高速识别应用、读写器的发射功率容限、射频标签及读写器的价格等方面。典型的微波射频标签的识读距离为 3~5 m，个别有达 10 m 或 10 m 以上的产品。对于可无线写入的射频标签而言，通常情况下，写入距离要小于识读距离，其原因在于写入要求有更大的能量。

微波射频标签的数据存储容量一般限定在 2 kbit 以内，再大的存储容量似乎没有太大的意义。从技术及应用的角度来说，微波射频标签并不适合作为大量数据的载体，其主要功能在于标识物品并完成无接触的识别过程。典型的数据容量指标有 1 kbit、128 bit、64 bit 等。

微波射频标签的典型应用包括移动车辆识别、电子身份证、仓储物流应用、电子闭锁防盗(电子遥控门锁控制器)等。相关的国际标准有 ISO 10374、ISO 18000-4(2.45 GHz)、ISO 18000-5(5.8 GHz)、ISO 18000-6(860~930 MHz)、ISO 18000-7(433.92 MHz)、ANSINCITS 256-1999 等。

4. 按读写性分类

根据标签的可读写性可将其分为只读、读写和一次写入多次读出三种类型。

根据内部使用存储器类型的不同，电子标签可分为三种：RW(Read/Write，可读写)标签、WORM(Write Once Read Many，一次写入多次读出)标签和 RO(Read Only，只读)标签。RW 标签一般比 WORM 标签和 RO 标签贵，如信用卡等。WORM 标签是用户可以一次性写入的标签，写入后数据不能改变，WORM 的存储器一般由 PROM(Programmable Read Only Memory,可编程只读存储器)和 PAL(Programmable Array Logic,可编程阵列逻辑)组成,WORM 标签比 RW 标签便宜。RO 标签保存有一个唯一的号码 ID，不能修改，这样具有较高的安全性。RO 标签最便宜。射频识别技术之所以被广泛应用，其根本原因在于这项技术真正实现了自动化管理。在电子标签中存储了规范可用的信息，通过无线数据通信这些信息可以被自动采集到系统中，并且电子标签的形式种类多，使用十分方便。

2.2.3　电子标签的组成

1. 电子标签的基本组成

电子标签主要由天线、射频接口和芯片三部分组成，其内部框图如图 2-3 所示。

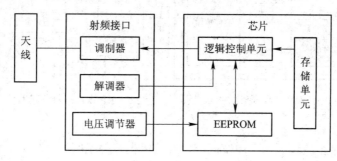

图 2-3　RFID 电子标签结构示意图

电子标签内部又可细分为以下几个小单元：

(1) 天线：其主要功能是接收读写器传送过来的电磁信号或者将读写器所需要的数据传回给读写器，也就是负责发射和接收电磁波。它是电子标签与读写器之间联系的重要一环。

(2) 逻辑控制单元：负责对读写器传送来的信号进行译码，并且按照读写器的要求回传数据给读写器。

(3) 调制解调单元：由控制单元传出的数据需要经过调制单元的调制以后，才能加载到天线上，成为天线可以传送的射频信号，再回传给读写器；解调单元负责将经过调制的信号加以解调，将载波去除，以获得最初的调制信号。

(4) 电压调节单元：主要用来把从读写器接收过来的射频信号转化为直流电源(DC)，并且经由其内部的储能装置(大电容)将能量储存起来，再通过稳压电路，以确保稳定的电源供应。

(5) 存储单元：主要用于存储系统运行时产生的数据或者识别数据等。

电子标签与读写器之间通过电磁波进行通信，与其他通信系统一样，电子标签可以看做一个特殊的收发信机(Transceiver)。

2. 电子标签芯片

电子标签芯片是电子标签的一个重要组成部分，如图 2-4 所示，它主要负责存储标签内部信息，还负责对标签接收到的信号以及发送出去的信号做一些必要的处理。标签芯片可以分为逻辑控制模块和存储模块两部分。

如图 2-5 所示，电子标签芯片内部的逻辑控制模块又可以细分为 PPM 解码模块、命令处理状态机、主状态机、映射模块、比较器、通用移位寄存器、EEPROM 接口等部分。其主要职责是对模拟解调后的数据做一些必要的处理，并且负责与 EEPROM 及与读写器的通信。

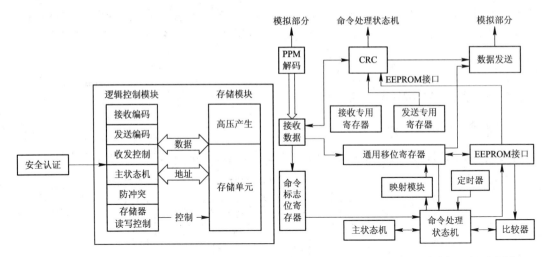

图 2-4　RFID 电子标签芯片内部结构示意图　　图 2-5　RFID 电子标签芯片内部逻辑示意图

3. 天线

天线可以将导行波转换为自由空间波,也可以把自由空间波转换为导行波。天线的周围是一个三维空间,这三维分别是波束范围、立体弧度和立体角。由无线发射机发送的信号,首先经由馈线传送给天线,天线接收完毕以后,再经由馈线传送给无线接收机。由此可以看出,在传送信号的过程中,天线是必不可少的。

而在 RFID 系统中,电子标签的天线必须满足以下一些性能要求:

(1) 体积要足够小,因为天线还要嵌入到体积很小的电子标签中。

(2) 要具有全向性,或者覆盖半球的方向性。

(3) 要能够为电子标签当中的芯片供给能量,并保证芯片获得的信号最大化。

(4) 要保证不管标签的位置在哪里,天线都能够正常地与读写器进行通信。

(5) 要具有鲁棒性。

(6) 考虑到电子标签的价格,天线的价格也不应过高。

对电子标签而言,每个标签具有唯一的电子编码,附着在物体目标对象上。电子标签内编写的程序可按特殊的应用进行随时读取和改写。电子标签也可编入相应人员的一些数据信息,这些人员的数据信息可依据需要进行分类管理,并可随不同的需要制作新卡。电子标签中的内容被改写的同时也可被永久锁死、保护起来。通常电子标签的芯片体积很小,厚度一般不超过 0.35 mm,可以印制在纸张、塑料、木材、玻璃、纺织品等包装材料上,也可以直接制作在商品标签上,通过自动贴标签机进行自动贴标签。总的来说,电子标签具有以下特点:

(1) 具有一定的存储容量,可以存储被识别物品的相关信息。

(2) 在一定工作环境及技术条件下,电子标签存储的数据能够被读出或写入。

(3) 维持对识别物品的识别及相关信息的完整。

(4) 数据信息编码后及时传输给读写器。

(5) 具有可编程操作,并且编程以后,永久性数据不能进行修改。

(6) 具有确定的使用期限,使用期限内不需维修。

(7) 对于有源标签,通过读写器能够显示电池的工作情况。

2.2.4　电子标签的工作原理

1. 电子标签的状态转移

读写器通过接收标签发出的无线电波接收读取数据。最常见的是被动射频系统，当解读器遇见电子标签时，发出电磁波，周围形成电磁场，标签从电磁场中获得能量激活标签中的微芯片电路，芯片转换电磁波，然后发送给读写器，读写器把它转换成相关数据，控制计算器就可以处理这些数据从而进行管理控制。在主动射频系统中，标签中装有电池，可在有效范围内活动。

如图 2-6 所示，天线接收阅读器传送过来的电磁信号；应答器中解调单元负责将经过调制的信号加以解调，将载波去除，以获得最初的调制信号；逻辑控制单元负责对读写器传送来的信号进行译码，并且按照读写器的要求回传数据给读写器；电压调节单元把从读写器接收过来的射频信号转化为直流电源(DC)，并且经由其内部的储能装置(大电容)将能量储存起来，再通过稳压电路，以确保稳定的电源供应。从天线发射到天线接收是一个相逆的过程，由控制单元传出的数据需要经过调制单元的调制以后，才能加载到天线上，成为天线可以传送的射频信号，再回传给读写器。

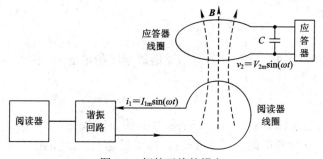

图 2-6　标签天线的耦合

从标签天线的耦合上来看，法拉第定理指出，一个时变磁场通过一个闭合导体回路时，在其上会产生感应电压，并在回路中产生电流。当应答器进入读写器产生的交变磁场时，应答器的电感线圈上就会产生感应电压，当应答器与读写器的距离足够近，应答器天线电路所截获的能量可以供应答器芯片正常工作时，读写器和应答器才能进入信息交互阶段。可以根据耦合距离对电子标签进行分类，如图 2-7 所示。

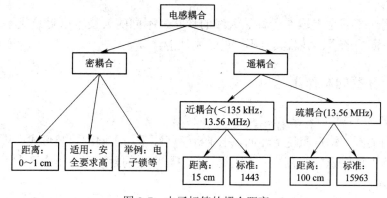

图 2-7　电子标签的耦合距离

读写器线圈和应答器线圈之间的耦合像变压器耦合一样，初级线圈(读写器线圈)的电流产生磁通，该磁通在次级线圈(应答器线圈)产生感应电压。因此，也称电感耦合方式为变压器耦合方式。这种耦合的初、次级是独立可分离的，耦合通过空间电磁场实现。

应答器线圈上感应电压的大小和互感大小成正比，互感是两个线圈参数的函数，并且和距离的三次方成反比。

应答器要能从读写器获得正常工作的能量，必须要靠近读写器，其贴近程度是电感耦合方式 RFID 系统的一项重要性能指标，也称为工作距离或读写距离(通常读距离大于写距离)。

2. 电子标签的技术参数

RFID 电子标签附着在待识别的物体上，在 RFID 系统中，它是一个损耗器件。目前在各个厂商生产的 RFID 系统中，除了个别厂商以外，大部分的 RFID 系统都互不兼容。对于较大的应用系统来说，标签的成本决定着整个系统的成本。电子标签由标签天线、接口和芯片等采用特殊的工艺制造而成。按照电子标签的技术特征，针对标签的技术参数有：能量需求、读写速度、封装形式、内存、工作频率、传输速率和数据的安全性等。

1) 能量需求

标签的能量需求是指激活标签电路工作所需要的能量大小。在一定距离内，激活能量太小就无法使标签正常工作。

2) 传输速率

标签的传输速率指的是标签向读写器发送数据的传输速率及接收来自读写器的写入数据命令的速率。

3) 读写速度

标签的读写速度由标签被读写器识别和写入的时间决定，一般为毫秒级，因此携带 UHF 标签的物体运动速度可以达到 100 m/s，即可以达到 360 km/h 的速度。

4) 工作频率

标签的工作频率是指标签工作时采用的频率，即低频、中频、高频、超高频或微波等。

5) 容量

标签的容量指的是射频标签携带的可供写入数据的内存量，一般可以达到 1 KB(1024 Byte)的数据量。

6) 封装形式

标签的封装形式主要取决于标签天线的形状，不同的天线可以封装成不同的标签形式，运用在不同的场合，并且具有不同的识别性能。

2.2.5　电子标签的制作工艺

1. 电子标签的封装形式

根据应用的不同特点和使用环境，电子标签往往采用不同的封装形式。从我国得到成功应用的案例中可以看到的有如下三大类，其中异型类的封装更是千姿百态。

1) 异形类

如图 2-8 所示，压力容器(工业、民用气瓶用标签)、医用腕带、动物用耳标、禽用脚环(鸽、鸡、鸭)等多为异形类。

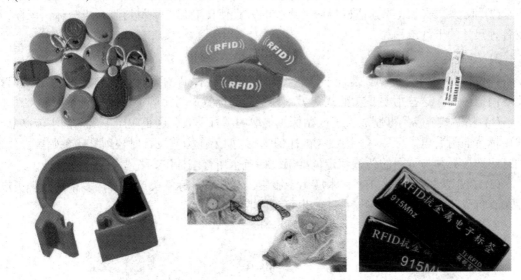

图 2-8　异形类

异形类又分为下列两种。

(1) 金属表面设置型：大多数电子标签不同程度地会受到附近金属的影响而不能正常工作。这类标签经过特殊处理，可以设置在金属上并可以读写。这类标签可用于压力容器、锅炉、消防器材等各类金属件的表面。所谓特殊处理指的是需要增大安装空隙、设置屏蔽金属影响的材料等。产品封装可以采用注塑式或滴塑式。

(2) 腕带型：可以一次性使用(如医用)或重复使用(游乐场、海滩浴场)。动、植物使用型电子标签其封装形式可以是注射式玻璃管、悬挂式耳标、套扣式脚环、嵌入式识别钉等。

2) 卡片类

如图 2-9 所示，职员身份证、旅游景点门票、展览会门票等均属卡片类标签。

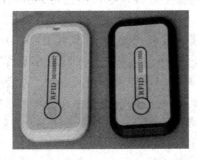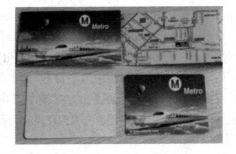

图 2-9　卡片类

卡片类标签又分为层压和胶合两种。

(1) 层压：有熔压和封压两种。熔压是由中心层的 Inlay 片材和上下两片 PVC 材经加温加压制作而成。PVC 材料与 Inlay 熔合后经冲切成 ISO 7816 所规定的尺寸大小。当芯片采用传输邦(Transponder)时芯片凸起在天线平面之上(天线厚 0.01～0.03 mm)，可以采用另一种层压方式，即封压。此时，基材通常为 PET 或纸，芯片厚度通常为 0.20～0.38 mm，制卡封装时仅将 PVC 在天线周边封合，不是熔合，芯片部位不受挤压，可以避免出现芯片被压碎的现象。另外要注意成品频率的偏移所产生的废品。

(2) 胶合：采用纸或其他材料通过冷胶的方式使传输邦上下材料胶合成一体，再模切成各种尺寸的卡片或吊牌。

3) 标签类

如图 2-10 所示，劳动技能证书标签、出租车玻璃贴、库存盘点用物料标签、国际体育比赛门票……，这些主要是粘贴式；另一种主要的标签类为吊牌类。

(1) 粘贴式：成品可制成人工或贴标机揭取的卷标形式，这是应用中最多的主流产品，即商标背面附着电子标签，直接贴在被标识物上。如果在标签发行时还须打印条码等操作，则打印部位必须与背面的传输邦定位准确。如航空用行李标签、托盘用标签等。

(2) 吊牌类：当将 RFID 技术应用于服装、某些商品标签类产品时，多采用吊牌类产品，其特点是尺寸紧凑，可以打印，也可以回收。

图 2-10　标签类

从电子标签的封装形式可以看到，RFID 标签应该采用什么封装形式非常关键。随着制造工艺的改善，电子标签必将更加适合人们的需求，走进生活的角角落落，走进千家万户！

2. 封装工艺

从应用案例看，电子标签的封装形式已经是多姿多彩，它不但不受标准形状和尺寸的限制，而且其构成也是千差万别，甚至需要根据各种不同要求进行特殊的设计。电子标签所标示的对象是人、动物和物品，其构成当然就会千差万别。目前已得到应用的传输邦 (Transponder)的尺寸从 $\phi6$ mm 到 76 mm × 45 mm，小的甚至使用灰尘级芯片制成，包括天线在内也只有 0.4 mm × 0.4 mm 的大小；存储容量从 64～200 bit 的只读 ID 号的小容量型到可存储数万比特数据的大容量型(例如 32 kbit)；封装材质从不干胶到需开模具注塑成型的塑料。总之，在根据实际要求来设计电子标签时要发挥想象力和创造力，灵活地采用切合实际的方案。用户根据需要提出并实施了许多切实可行的解决方案。

封装环节包括三个主要工艺：RFID 电子标签天线制造、一次封装(Inlay 的制作)和二次封装(基板上涂覆绝缘膜、冲裁)。

1) RFID 电子标签天线制造

RFID 电子标签天线制造常用的技术方法有：线圈绕制法、蚀刻法、烫印法、直接印制法(导电油墨印刷法)和印刷法，这些都属于天线的印制技术。目前国内外主要是以蚀刻法和电镀法为主，直接印制法是最近正在兴起和研究的印制技术。

(1) 线圈绕制法。

利用线圈绕制法制作 RFID 天线时，要在一个绕制工具上绕制标签线圈，并使用烤漆对其进行固定，此时天线线圈的匝数一般较多。将芯片焊接到天线上之后，需要对天线和芯片进行粘合，并加以固定。绕制的矩形和圆形天线如图 2-11 所示。

图 2-11　矩形和圆形天线

线圈绕制法的特点如下：

① 频率范围为 125～134 kHz 的 RFID 电子标签，只能采用这种工艺，线圈的匝数一般为几百到上千。

② 这种方法的缺点是成本高，生产速度慢。

③ 高频 RFID 天线也可以采用这种工艺，线圈的圈数一般为几到几十。

④ UHF 天线很少采用这种工艺。

⑤ 这种方法制作的天线通常采用焊接的方式与芯片连接，此种技术只有在保证焊接牢靠、天线硬实、模块位置十分准确以及焊接电流控制较好的情况下才能保证较好的连接。由于受控的因素较多，这种方法容易出现虚焊、假焊和偏焊等缺陷。

(2) 蚀刻法。

蚀刻法也称印制腐蚀法，或减成印制法。先在一个底基载体(如塑料)上面覆盖一层 20～25 mm 厚的铜或铝，另外制作一张天线印刷阳图的丝网印版，用网印的方法将抗蚀剂印在铜或铝的表面上，保护下面的铜或铝不受腐蚀剂侵蚀；而未被抗蚀剂膜覆盖的铜或铝会被腐蚀剂溶化，露出底基成为天线电路线的间隔线；最后涂上脱膜液去除抗蚀膜，进而制成天线。如图 2-12 所示为蚀刻法蚀刻的铜材料和铝材料。蚀刻工艺流程可参考图 2-13。

(a) 铜材料　　　　　　　　　　　　　(b) 铝材料

图 2-12　蚀刻法蚀刻的铜材料和铝材料

图 2-13 蚀刻法工艺

蚀刻法的特点如下：

① 蚀刻天线精度高，能够与读写器的询问信号相匹配，天线的阻抗、方向性等性能都很好，天线性能优异且稳定。

② 这种方法的缺点是成本太高，制做程序繁琐，产能低下。

③ 高频 RFID 标签常采用这种工艺。

④ 蚀刻的 RFID 标签耐用年限为十年以上。

(3) 烫印法。

烫印技术是通过烫印金属箔强调亮度和创意效果的技术。该技术一般被用于书籍的装订和商品的包装等。烫印法工艺如图 2-14 所示。烫印法制作天线就是将书刊封面等的烫金技术移植到天线的制作中来。在书籍、票据等纸制印刷品的制造中，可将无线标签直接烫印在其上。如图 2-15 所示为烫印的 RFID 标签。

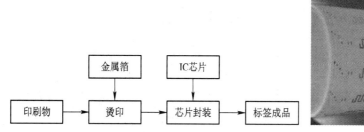

图 2-14 RFID 烫印法工艺

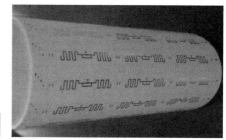

图 2-15 烫印技术

烫印有热烫印和冷烫印两种，热烫印技术是指利用专用的金属烫印版通过加热、加压的方式将烫印箔转移到承印材料表面的烫印方法；冷烫印技术是指利用 UV 胶粘剂将烫印箔转移到承印材料上的方法。

(4) 导电油墨印刷法。

导电油墨已开始取代各频率段的蚀刻天线，如超高频段(860～950 MHz)和微波频段(2450 MHz)，用导电油墨印刷的天线可以与传统蚀刻的铜天线相比拟，此外，导电油墨还可用于印制 RFID 中的传感器以及进行线路印刷，其流程图如图 2-16 所示。

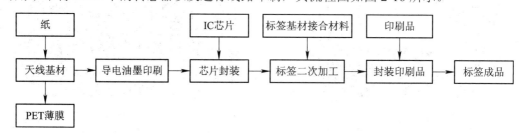

图 2-16 RFID 导电油墨印刷法流程图

　　直接用导电油墨在绝缘基板(薄膜)上印刷导电线路，形成天线和电路。目前印刷天线的主要印刷方法已从只用丝网印刷，扩展到胶印印刷、柔性版印刷和凹印印刷等，较为成熟的制作工艺为网印技术与凹印技术。印刷天线技术的进步，使 RFID 标签的生产成本降低，从而促进了 RFID 电子标签的应用。

　　(5) 印刷法。

　　印刷天线技术可以用于大量制造 13.56 MHz 和 UHF 频段的 RFID 电子标签，如图 2-17 所示即为用印刷法制作的天线。该工艺的优点是产出最大，成本最低；这种方法的缺点是电阻大，附着力低，耐用年限较短。

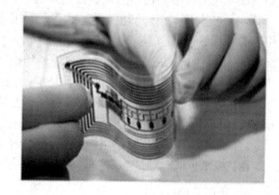

图 2-17　印刷法制作天线

　　2) 一次封装(内嵌片的制作)

　　一次封装是指带有天线的基板和芯片通过点胶的方式制成内嵌片的过程。Inlay(一次封装)在 1997—1998 年之间作为非接触卡由海外引进我国，并开始在国内制造。其中的核心是 IC 芯片封装成"模块"后，由铜线绕制成天线再与模块导通脚连结成一个闭合电路，并且嵌入在 PVC 材料中。这个由模块、铜线完成的闭合电路，商品名称为 Inlay，它的主要用途是制成 PVC 卡片。

　　3) 二次封装(基板上涂覆绝缘膜、冲裁)

　　二次封装主要是在基板上涂覆绝缘膜、冲裁。二次封装过程如图 2-18 所示。

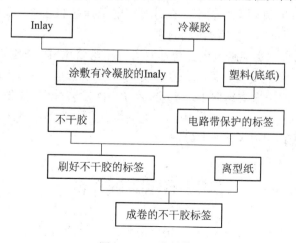

图 2-18　二次封装

2.2.6　电子标签的发展趋势与拓展方向

1. 发展趋势

(1) 工作距离更远。随着低功耗 IC 技术的发展，电子标签所需功耗可以降到非常低的水平，这就使得无源 RFID 系统的工作距离可以更远，有些甚至可以达到几十米以上。

(2) 无线可读写性能更加完善。系统误码率不断降低，抗干扰性不断提高。

(3) 更加适合高速移动物体识别。电子标签和读写器之间的通信速率会获得很大程度的提高，对高速移动物体的识别会越来越准确。

(4) 快速多标签读写功能更加完善。采用适用于识别大量物品的系统通信协议，实现快速的多标签读/写功能。

(5) 自我保护功能更加完善。在能量场很强的环境中，电子标签接收到的电磁能量很强，产生高电压，为此需要加强自保功能，保护电子标签芯片不受损害。

(6) 标签附属功能更多。例如带有传感器或者带有蜂鸣器、光指示或者标签具备杀死功能，即标签到达寿命或终止应用时能够自行销毁。

(7) 体积更小。目前日立公司设计开发的带有内置天线的芯片厚度为约 0.1 mm。

(8) 成本更低。新的生产工艺使得整个系统的生产成本不断降低。

2. 拓展方向

(1) 加大研发力度，寻求技术突破。电子标签目前还存在较多缺陷，如由于天线具有方向性使得单标签读出可靠性偏低，容易产生漏读、射频识别信号容易受金属和水等导电物质影响造成识别距离下降，RFID 系统与频段接近的其他无线通信系统同时工作时可能产生电磁干扰，影响彼此的性能，大量 RFID 标签放置在一起时标签天线产生阵列效应可能表现出与单个标签天线不同的特性等，这些都对电子标签的发展构成挑战。

(2) 尽快制定电子标签的相关标准。

(3) 找准应用的突破口，提升行业应用规模。由于企业对电子标签的应用大多只停留在表层，业务流程简单，逻辑单一，缺少后端系统的集成，未真正发挥出电子标签在供应链管理及企业信息化建设中的作用，因此，如何整合 RFID 与企业现有的信息系统如 ERP、SCM、MIS 等，对业务流程进行创新，充分发挥电子标签的优势，提升行业应用的规模，形成完整的产业链，是目前急需解决的问题。

(4) 加强技术融合，实现跨区域、跨行业应用。随着 RFID 的应用不断拓展，近年来在世博会门票管理、智能交通、物流、食品安全、商品防伪、电力等领域得到新的应用。中国 RFID 产业已从政府需求转向市场需求。在 RFID 发展过程中，既要看到 RFID 产业的发展潜力，又要看到在这个发展过程中出现的问题，用更加科学的方法来不断深化 RFID 的应用，以此推动国内 RFID 产业的发展。

2.3　RFID 读写器

读写器亦称 IFD(Interface Device，接口设备)、卡接收设备 CAD、耦合设备 CD(密耦合设备 CCD、近耦合设备 PCD、疏耦合设备 VCD、终端 CAD)等，如图 2-19 所示。读写器一般认为是射频识别即 RFID 的读写终端设备。它不但可以阅读射频标签，还可以擦写数据，故叫读写器。IC 卡读写器是实现 IC 卡与系统之间的数据通信的重要装置。通用型 IC 卡读写器能够完成对 IC 卡信息的读出、写入和擦除等操作，并具有与外部设备，如计算机、调制解调器(MODEM)和终端等进行通信的功能。

图 2-19　各种 RFID 读写器

2.3.1　RFID 读写器概述

RFID 读写器是读取或写入电子标签信息的设备，具有读取、显示和数据处理等功能。读写器又称读出器、读头、查询器、通信器、扫描器、编程器、读出设备、计算机硬盘驱动器或便携式读出器，它在 RFID 系统中起着举足轻重的作用，读写器的频率决定了 RFID 系统的工作频率，读写器的功率直接影响射频识别的距离。

读写器可以单独存在，也可以以部件形式嵌入其他系统中。读写器与计算机网络一起，完成对电子标签的操作。读写器是 RFID 系统的主要部件。读写器之所以非常重要，这是由它的功能所决定的。读写器的主要功能有以下几个方面：

1. 实现与电子标签的通讯

实现与电子标签的通讯最常见的就是对标签进行读数，这项功能需要有一个可靠的软件算法确保安全性、可靠性等。除了进行读数以外，有时还需要对标签进行写入，这样就可以对标签进行批量生产，由用户按照自己的需要对标签进行写入。

2. 给标签供能

在标签是被动式或者半被动式的情况下，需要读写器提供能量来激活射频场周围的电子标签；读写器射频场所能达到的范围主要是由天线的大小以及读写器的输出功率决定的。天线的大小主要是根据应用要求来考虑的，而输出功率在不同国家和地区都有不同的规定。

3. 实现与计算机网络的通讯

这一功能也很重要，读写器能够利用一些接口实现与上位机的通讯，并能够给上位机提供一些必要的信息。

4. 实现多标签识别

读写器能够正确地识别其工作范围内的多个标签。

5. 实现移动目标识别

读写器不但可以识别静止不动的物体，也可以识别移动的物体。

6. 实现错误信息提示

对于在识别过程中产生的一些错误,读写器可以发出一些提示。

7. 读出有源标签的电池信息

对于有源标签,读写器能够读出如电池的总电量、剩余电量等信息。

2.3.2　RFID 读写器的分类

1. 根据使用用途划分

各种读写器在结构上及制造形式上也是千差万别的。如图 2-20 所示,大致可以将读写器划分为以下几类:固定式读写器、OEM 读写器、工业读写器、发卡机、便携式读写器以及大量特殊结构的读写器。

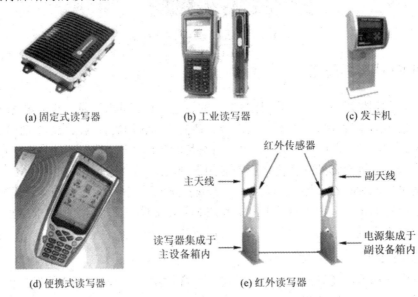

(a) 固定式读写器　　　　(b) 工业读写器　　　　(c) 发卡机

红外传感器

主天线　　　　　　副天线

读写器集成于　　　　电源集成于
主设备箱内　　　　　副设备箱内

(d) 便携式读写器　　　　(e) 红外读写器

图 2-20　不同种类的读写器

(1) 固定式读写器。固定式读写器是最常见的一种读写器。它是将射频控制器和高频接口封装在一个固定的外壳中。有时,为了减少设备尺寸,降低成本,便于运输,也可以将天线和射频模块封装在一个外壳单元中,这样就构成了集成式读写器或者一体化读写器。

(2) 工业读写器。工业读写器大多具备标准的现场总线接口,以便容易集成到现有设备中,它主要应用在矿井、畜牧、自动化生产等领域。此外,这类读写器还满足多种不同的防护需要,即使是带有防爆保护的读写器现在也能买到。

(3) 发卡机。发卡机也叫读卡器、发卡器等,主要用来对电子标签进行具体内容的操作,包括建立档案、消费纠正、挂失、补卡、信息纠正等,经常与计算机放在一起。从本质上说,发卡机实际上是小型的射频读写器。

(4) 便携式读写器。便携式读写器是适合于用户手持使用的一类射频电子标签读写设备,其工作原理与其他形式的读写器完全一样。便携式读写器主要用于动物识别,主要作为检查设备、付款往来的设备、服务及测试工作中的辅助设备。

(5) 红外读写器。红外射频自动识别系统识别方向性强，读写器精致小巧，识别无源卡时，识别距离可达 4 m。该系统可广泛地应用在需要自动识别的领域，帮助客户实现高效便捷和安全的自动化管理，应用范围包括自动化工厂、车辆货物称重处、物流运转中心、车队管理终端和停车场等。

2. 根据接触方式划分

从接触方式划分，读写器分为接触式读写器和非接触式读写器，单界面读写器和双界面读写器，以及多卡座接触式读写器。

3. 根据接口划分

读写器从接口上来看主要有：并口读写器、串口读写器材、USB 读写器、PCMICA 卡读写器和 IEEE 1394 读写器。前两种读写器由于接口速度慢或者安装不方便已经基本被淘汰了。USB 读写器是目前市场上最流行的读写器。

4. 根据射频频率划分

根据射频频率不同，可将读写器划分为低频读写器、高频读写器、超高频读写器、双频读写器、433 MHz 有源读写器、微波有源读写器等。

2.3.3　RFID 读写器的组成

各种读写器虽然在工作频率、耦合方式、通信流程和数据传输方式等方面有很大的不同，但在组成和功能方面十分类似。读写器的主要功能是将数据加密后发给电子标签，并将电子标签返回的数据解密，然后传给计算机网络。

1. 读写器硬件

读写器硬件基本由天线、射频模块(高频接口)、控制处理模块组成。控制模块是读写器的核心，一般由专用集成电路(Application Specific Integrated Circuit，ASIC)组件和微处理器组成。控制模块处理的信号通过射频模块传送给读写器天线，由读写器天线发射出去。控制模块和应用软件之间的数据交换主要通过读写器的接口电路来完成。读写器的逻辑结构如图 2-21 所示。

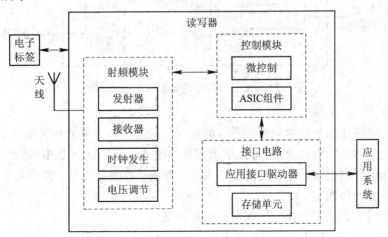

图 2-21　RFID 读写器逻辑结构示意图

1) 控制模块

读写器的逻辑控制模块是整个读写器工作的控制中心。控制模块一般由微处理器、时钟电路、应用接口以及电源组成。读写器在工作时由逻辑控制模块发出指令，射频接口模块按照指令做出相应操作。逻辑控制模块可以接收射频模块传输的信号，译码后获得电子标签内的信息，或将要写入标签的信息编码后传递给射频模块，完成写标签操作；还可以通过标准接口将标签内容和其他的信息传递给外部设备。

读写器的逻辑控制模块是整个读写器工作的控制中心和智能单元，是读写器的"大脑"，读写器在工作时由逻辑控制模块发出指令，射频接口模块按照不同的指令做出不同的操作。

微控制器是控制模块的核心部件。ASIC 组件主要用来完成逻辑加密的过程，如对读写器与电子标签之间的数据流加密，以减轻微控制器计算过于密集的负担。对于 ASIC 的存取，是通过面向寄存器的微控制器总线来实现的，数据输出与输入主要通过 RS-232 接口或 RS-485 接口完成。

逻辑控制模块实现如下功能：

(1) 对读写器和电子标签的身份进行验证。

(2) 控制读写器与电子标签之间的通信过程。

(3) 对读写器与电子标签之间传送的数据进行加密和解密。

(4) 实现与后端应用程序之间的接口规范。

(5) 执行防碰撞算法，实现多标签识别功能。

人们越来越多地采用数字信号处理器(DSP)来设计读写器，RFID 读写器逻辑控制模块如图 2-22 所示。以控制处理模块作为 DSP 核心，辅以必要的附属电路，将基带信号处理和控制软件化。随着 DSP 版本的升级，读写器还可以实现对不同协议电子标签的兼容。读写器与后端应用系统之间的数据交换通道可采用串口 RS-232 或 RS-485，也可以采用以太网接口，还可以采用 WLAN 等无线接口。目前的趋势是集成多通信接口方式。

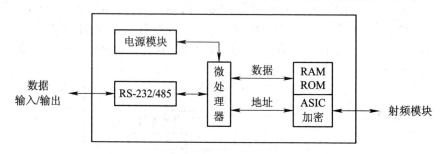

图 2-22　RFID 读写器逻辑控制模块示意图

2) 射频模块

读写器天线的作用是发射电磁能量以激活电子标签，并向电子标签发出指令，同时也要接收来自电子标签的信息。读写器天线所形成的电磁场范围就是 RFID 系统的可读区域。任意 RFID 系统至少应该包含一根天线，用来发射或接收射频信号，所采用的天线的形式及数量应视具体应用而定。

读写器天线的设计和选择必须满足以下基本条件：

(1) 天线线圈的电流最大，用于产生最大的磁通量。

(2) 功率匹配,以最大程度地利用磁通量的可用能量。

(3) 足够的带宽,保证载波信号的传输,这些信号是用数字信号调制而成的。

(4) 要求低剖面、小型化,读写器由于结构、安装和使用环境等变化多样,读写器产品正朝着小型化方向发展。

目前,RFID 读写器的天线主要有线圈型、微带贴片型、偶极子型三种基本形式。其中小于 1 m 的近距离应用系统一般采用工艺简单、成本低的线圈型天线,它们主要适合工作在中低频段。而在 1 m 以上远距离的应用系统需要采用微带贴片型或偶极子型天线,这些类型的天线工作在高频或微波频段。

读写器天线可以外置也可以内置:对于近距离 RFID 系统(如 13.56 MHz 且小于 10 cm 的识别系统),天线一般和读写器集成在一起;对于远距离 RFID 系统(如 UHF 频段且大于 3 m 的识别系统),天线和读写器常采取分离式结构,通过阻抗匹配的同轴电缆将读写器和天线连接到一起。与电子标签不同的是,读写器天线一般无尺寸要求,可选择的种类较多。

读写器的射频接口模块主要包括发射器、射频接收器、时钟发生器和电压调节器等。该模块是读写器的射频前端,同时也是影响读写器成本的关键部位,主要负责射频信号的发射及接收。该模块产生高频发射功率,并接收和解调来自电子标签的射频信号。

发送电路的主要功能是对控制模块处理好的数字基带信号进行处理,然后通过读写器的天线将信息发送给电子标签。发送电路主要由调制电路、上变频混频器、带通滤波器和功率放大器构成。

接收电路的主要功能是对天线接收到的已调信号进行解调,恢复出数字基带信号,然后送到读写器的控制部分。接收电路主要由滤波器、放大器、混频器和电压比较器构成,用来完成包络产生和检波功能。

时钟发生器负责产生系统的正常工作时钟。

电压调节器主要产生在射频发射时所需要的较高电压。

3) 读写器的接口

I/O 接口模块用于实现读写设备与外部传感器、控制器以及应用系统主机之间的输入与输出通信。常用的 I/O 接口类别有:

(1) RS-232C 串行接口。

RS-232C 是 EIA(美国电子工业协会)1969 年修订的标准。RS-232C 定义了数据终端设备(DTE)与数据通信设备(DCE)之间的物理接口标准。如图 2-23 所示,RS-232C 接口规定使用 25 针连接器,后来简化为 9 针连接器,连接器的尺寸及每个插针的排列位置都有明确的定义。具体引脚定义如表 2-1 所示。

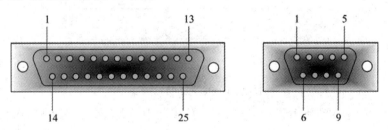

图 2-23 25 针连接器与 9 针连接器

表 2-1　RS-232C 标准接口主要引脚定义

插针序号	信号名称	功　能	信号方向
1	PGND	保护接地	
2(3)	TXD	发送数据(串行输出)	DTE→DCE
3(2)	RXD	接收数据(串行输入)	DTE←DCE
4(7)	RTS	请求发送	DTE→DCE
5(8)	CTS	允许发送	DTE←DCE
6(6)	DSR	DCE 就绪(数据建立就绪)	DTE←DCE
7(5)	SGND	信号接地	
8(1)	DCD	载波检测	DTE←DCE
20(4)	DTR	DTE 就绪(数据终端准备就绪)	DTE→DCE
22(9)	RI	振铃指示	DTE←DCE

注：插针序号( )内为 9 针非标准连接器的引脚号。

RS-232C 是计算机流行的标准串行通信接口，可实现双向数据传输，优点是标准接口、通用、流行。缺点是：

① 传输距离短，传输速率低。RS-232C 总线标准受电容允许值的约束，使用时传输距离一般不要超过 15 m(线路条件好时也不超过几十米)。最高传送速率为 20 kb/s。

② 有电平偏移。RS-232C 总线标准要求收发双方共地。通信距离较大时，收发双方的地电位差别较大，在信号地上将有比较大的地电流并产生压降。

③ 抗干扰能力差。RS-232C 在电平转换时采用单端输入输出，在传输过程中干扰和噪声混在正常的信号中。为了提高信噪比，RS-232C 总线标准不得不采用比较大的电压摆幅。

(2) RS-422/485 串行接口。

RS-422 接口方式如图 2-24 所示，其为标准串行接口，支持远距离通信，采用差分数据传输模式，抗干扰能力较强，通信速度范围与 RS-232 相同。

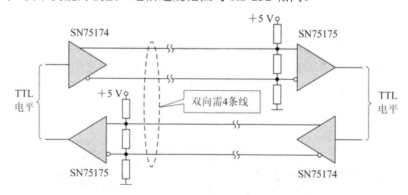

图 2-24　RS-422 接口方式

RS-422 输出驱动器为双端平衡驱动器。如果其中一条线为逻辑"1"状态，另一条线就为逻辑"0"，比采用单端不平衡驱动对电压的放大倍数大一倍。差分电路能从地线干扰中拾取有效信号，差分接收器可以分辨 200 mV 以上电位差。若传输过程中混入了干扰和噪声，由于差分放大器的作用，可使干扰和噪声相互抵消。因此可以避免或大大减弱地线干扰和电磁干扰的影响。RS-422A传输速率为90 kb/s时，传输距离可达1200 m。

RS-485是RS-422的变型，RS-422用于全双工，而RS-485则用于半双工。RS-485是一种多发送器标准，在通信线路上最多可以使用32对差分驱动器/接收器。如果在一个网络中连接的设备超过32个，还可以使用中继器扩展。

RS-485的接口方式如图2-25所示：RS-485的信号传输采用两线间的电压来表示逻辑1和逻辑0。由于发送方需要两根传输线，接收方也需要两根传输线。传输线采用差动信道，所以它的干扰抑制性极好，又因为它的阻抗低，无接地问题，所以传输距离可达1200 m，传输速率可达1 Mb/s。

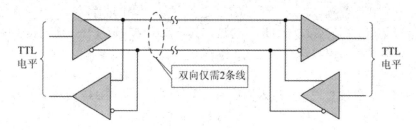

图2-25　RS-485接口方式

(3) 标准并行打印接口。

标准并行打印接口通常用于为读写设备提供外接打印机，输出读写信息的功能。

并行接口一般称为Centronics接口，也称IEEE1284，最早由Centronics Data Computer Corporation公司在20世纪60年代中期制定。Centronics公司当初是为点阵行式打印机设计的并行接口，1981年被IBM公司采用，后来成为IBM PC计算机的标准配置。如图2-26所示，并行通信机制采用了当时已成为主流的TTL电平，每次单向并行传输1字节(8 bit)数据，速度高于当时的串行接口(每次只能传输1 bit)，已获得广泛应用，成为打印机的接口标准。1991年，Lexmark、IBM、Texas instruments等公司为扩大其应用范围而与其他接口竞争，改进了Centronics接口，使它可实现更高速的双向通信，以便能连接磁盘机、磁带机、光盘机、网络设备等计算机外部设备(简称外设)，最终形成了IEEE1284-1994标准，全称为"Standard Signaling Method for a Bi-directional Parallel Peripheral Interface for Personal Computers"，数据率从10 KB/s提高到2 MB/s(16 Mb/s)。

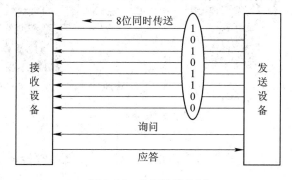

图2-26　并行通信机制

并行接口中各位数据都是并行传送的，它通常是以字节(8位)或字节(16位)为单位进行数据传输的。

在数据输入过程中：输入设备将数据送给接口同时使"数据输入准备好"有效。接口把数据送给输入缓冲寄存器时，使"数据输入回答"信号有效，当外设收到应答信号后，就撤消"数据输入准备好"和数据信号。同时，状态寄存器中的相应位("数据输入准备好")有效，以供 CPU 查询。当然，也可采用中断方式，向 CPU 发出中断请求。CPU 在读取数据后，接口会自动将状态寄存器中的"数据输入准备好"位复位。然后，CPU 进入下一个输入过程。

在数据输出过程中：当 CPU 输出的数据送到数据输出缓冲寄存器后，接口会自动清除状态寄存器中的"输出准备好"状态位，并且把数据送给输出设备，输出设备收到数据后，向接口发一个应答信号，告诉接口数据已收到，接口收到信号后，将状态寄存器中的"输出准备好"状态位置"1"。然后，CPU 进入下一个输出过程。

并行接口是指数据的各位同时进行传送，其特点是传输速度快，但当传输距离较远、位数又多时，就导致通信线路复杂且成本提高。

(4) 以太网接口。

以太网接口提供读写设备直接入网接入能力与接口功能。RJ45 传输信号较远，一般采用的是 TCP/IP 协议。读写器可以通过该接口直接进入网络。

RJ45 和 5 类线在以太网络中配合使用。8 条线分成 4 组，分别由红白、红、绿白、绿、蓝白、蓝、棕白、棕共 8 种单一颜色或者白条色线组成。

关于 RJ45 的接法有两种，RJ45 连插头与双绞线端接有 T568A 或 T568B 两种结构，如图 2-27 所示。两种接法唯一的区别是线序不同。在 T568A 中，与之相连的 8 根线分别定义为白绿、绿；白橙、蓝；白蓝、橙；白棕、棕。在 T568B 中，与之相连的 8 根线分别定义为白橙、橙；白绿、蓝；白蓝、绿；白棕、棕。其中定义的差分传输线分别是白橙色和橙色线缆、白绿色和绿色线缆、白蓝色和蓝色线缆、白棕色和棕色线缆。

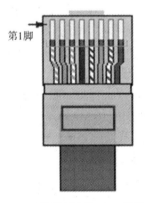 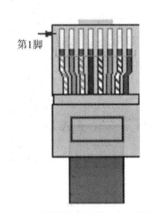

(a) RJ45型网线插头的T568A线序　　　　(b) RJ45型网线插头的T568B线序

图 2-27　RJ45 的线序

(5) 红外线 IR 接口。

IR 接口提供红外线接口，实现近距离串行红外无线传输，传输速度与标准串口传输速度相当。

通常所说的红外接口指一种符合红外线无线传输协议(由红外线数据标准协会(Infrared

Data Association，IRDA)制定)以及基于该协议的无线传输接口。主板上的红外线接口大多是一个 5 针插座，其管脚定义依次是：① IRTX(Infrared Transmit，红外传输)；② GND(电源地线)；③ IRRX(Infrared Receive，红外接收)；④ NC(未定义)；⑤ VCC(电源正极)。

根据 IRDA 提供的"异步串行通信标准"资料显示，IRTX 引脚能提供大于 6.0 mA 的输出电流，而 IRRX 引脚在吸收小于 1.5 mA 电流后就能对输入信号作出反应。红外线接口的发射部分已将传输数据进行 38 kHz 的载波调制，而接收部分将进行信号分离处理，所以在制作接口电路时无须再考虑载波和分离电路。

红外线接口的优点也很多，红外线端口通信最大的优势就是方便，使用自己特殊的连接协议，数据传输速度能达到 4 Mb/s，而且在有效区域内可以实现多机动态加入、动态退出连接，让多用户动态建立或终止连接，实现"断点续传"，有较好的保密功能。

(6) USB 接口。

USB 接口为标准串行接口，它是短距离、高速传输接口。

USB(Universal Serial Bus，通用串行总线)是连接计算机系统与外部设备的一种串口总线标准，也是一种输入输出接口的技术规范，被广泛地应用于个人电脑和移动设备等信息通讯产品，并扩展至摄影器材、数字电视(机顶盒)、游戏机等其他相关领域。最新一代是 USB 3.1，其传输速度为 10 Gb/s，三段式电压 5 V/12 V/20 V，最大供电功率为 100 W，新型 Type C 接口不再分正反。USB 是一个外部总线标准，用于规范电脑与外部设备的连接和通讯。USB 接口具有即插即用和热插拔功能，可连接 127 种外设，如鼠标和键盘等。USB 是在 1994 年底由英特尔等多家公司联合推出的，现已成功替代串口和并口，且已成为当今电脑与大量智能设备的必配接口。

USB 是一种常用的接口，如图 2-28 所示，它只有 4 根线，两根电源线，两根信号线，信号是串行传输的，也称为串行口，USB 2.0 的速度可以达到 480 Mb/s，可以满足各种工业和民用需要。USB 接口的输出电压和电流分别是 +5 V 和 500 mA，实际上有误差，误差最大不能超过 ±0.2 V，也就是说其输出电压为 4.8~5.2 V。USB 接口的 4 根线一般是这样分配的：黑线：GND，红线：VCC，绿线：+D(data+)，白线：−D(data−)。根据 USB 接口的形状可以将其分为 Type-A、Type-B、Micro-B、Type-C，如图 2-28 所示。

图 2-28　USB 接口定义

USB 接口定义及颜色如下：

USB 四根线一般的排列方式是从左到右依次为红白绿黑，其具体定义如下：

红色——USB 电源：标有 VCC、Power、5V、5VSB 等字样。

白色——USB 数据线：标有 -D、DATA-、USBD-、PD-、USBDT- 等字样。

绿色——USB 数据线：标有 +D、DATA+、USBD+、PD+、USBDT+ 等字样。

黑色——地线：标有 GND、Ground 等字样。

USB 设备主要具有以下优点：

① 可以热插拔。用户要使用外接设备时，不需要关机后再开机等动作，而是在电脑工作时直接将 USB 插上使用。

② 携带方便。USB 设备大多以"小、轻、薄"见长，对用户来说，用 USB 设备随身携带大量数据时很方便。当然 USB 硬盘是首选用品。

③ 标准统一。大家常见的是 IDE 接口的硬盘、串口的鼠标键盘、并口的打印机扫描仪，有了 USB 之后，这些应用外设统统可以用同样的标准与个人电脑连接，这时就有了 USB 硬盘、USB 鼠标、USB 打印机等等。

④ 可以连接多个设备。USB 在个人电脑上往往具有多个接口，可以同时连接几个设备，如果接上一个有四个端口的 USB HUB 时，就可以再连上其他设备；四个 USB 设备以此类推，尽可以连接下去，将你的设备都同时连在一台个人电脑上不会有任何问题(注：最高可连接 127 个设备)。

(7) WLAN 接口。

WLAN 是站点的重要组成部分，它负责处理从终端用户设备到无线介质之间的数字通信，一般是指采用调制、解调技术和通信协议的无线网卡或调制解调器。无线网络接口与终端用户设备之间通过计算机总线(如 PCI 总线)或者接口(如 RS-232 接口、USB 接口)等相连，并由相应的软件驱动程序提供客户应用设备或网络操作系统与无线网络接口之间的联系。

常用的驱动程序标准有 NDIS(Network Driver Interface Standard，网络驱动程序接口标准)和 ODL(Open Data-Link Interface，开放式数据链路接口标准)。无线网卡的作用、功能跟普通电脑网卡一样，是用来连接到局域网上的。它只是一个信号收发的设备，只有在找到连接互联网的出口时才能实现与互联网的连接，所有无线网卡只能局限在已布有无线局域网的范围内。无线网卡就是不通过有线连接，采用无线信号进行连接的网卡。而主流应用的无线网络分为 GPRS 手机无线网络上网和无线局域网两种方式。

WLAN 是相当便利的数据传输系统，它利用 RF(Radio Frequency，射频)技术，取代旧式双绞铜线(Coaxial)所构成的局域网络，使得无线局域网络能利用简单的存取架构让用户通过它，达到信息无线透明传输的理想境界。WLAN 工作于 2.5 GHz 或 5 GHz 频段以无线方式构成的局域网。

4) 天线

天线是发射和接收射频载波的设备。不管何种射频读写设备均少不了天线或耦合线圈。在确定的工作频率和带宽条件下，天线发射由射频模块产生射频载波，并接收从标签发射回来的射频载波。对于射频识别系统而言，天线是射频标签和读写器的空间接口。读写器的天线是发射和接收射频载波信号的设备，其主要完成功能是：负责将读写器中的电流信号转换成射频载波信号并发送给电子标签，或者接收标签发送过来的射频载波信号并将其转化为电流信号。读写器的天线可以外置也可以内置。天线的设计对读写器的工作性能来说非常重要，对于无源标签来说，它的工作能量全部由读写器的天线提供。

基于作用距离的不同，读写器天线可分为近场天线和远场天线。如图 2-29 所示，天线周围的空间可以划分为近场区和远场区两部分，而近场区又分为感应近场区和辐射近场区。因此根据读写器天线作用距离的不同，RFID 系统可分为近场 RFID 系统和远场 RFID 系统。

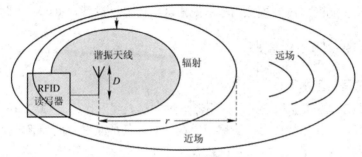

图 2-29　天线场区分布图

传统的 RFID 通信系统中，低频(LF)和高频(HF)一般应用于近场 RFID 通信，读写器与标签之间的通信通过电感耦合的方式实现，超高频(UHF)则在远场通信中使用，通过电磁波来实现通信。由于工作频段的不同，近场天线与远场天线需要分开工作，各司其职。随着近场 UHF RFID 的发展，在近场通信和远场通信中同时使用 UHF 频段成为可能。对于能同时工作于近场与远场的天线，人们将其称为远近场天线。目前远近场天线的设计处于刚起步的阶段，实现方式主要可以分为两种：

一种是使用一个天线同时工作于远场和近场。通过在分段环天线底部加金属背板，同时实现远近场功能，但是其厚度比较大。通过一个简单的环状结构天线同时实现远近场功能，其面积较小。另一种则是使用两个天线的组合，分别实现远场和近场功能。一种远近场结合的天线采用贴片天线作为远场辐射单元，分段环天线作为近场天线，但是由于靠近贴片处的磁场被遮挡导致近场出现盲区，而且其结构比较复杂。采用贴片天线与分段环相结合的方式，只是分段环的结构由上下两层构成，相邻两段环在连接处构成一个电容，从而实现整个环内的电流方向一致。

在一些应用中，近场和远场的标签需要同时被识别，因此需要设计同时具有近场均匀磁场分布和远场高增益的天线。目前近远场天线的研究设计处于初级阶段，国内外研究者也很少对远场天线和近场天线之间的互相影响作相关研究。经过研究发现，远近场天线之间存在明显的互相影响，但是如果设计得巧妙，这些影响将成为正面的，例如通过远场天线的近场部分弥补近场天线的盲区，通过近场天线场图的变化改变远场辐射波束指向等。因此，研究近远场天线之间的相互影响有助于推动 RFID 在物联网、医药管理、自动化生产等领域的应用，有比较重大的实际意义。

2. 读写器软件

读写器的所有行为均由软件来控制完成。软件向读写器发出读写命令，读写器与电子标签之间就会建立起特定的通信。

读写器软件已经由生产厂家在产品出厂时固定在读写器中。软件负责对读写器接收到

的指令进行响应,并对电子标签发出相应的动作指令。读写器主要包括以下软件:

(1) 控制软件(Controller):负责系统的控制和通信,控制天线发射的开、关,控制读写器的工作模式,完成与主机之间的数据传输和命令交换等功能。

(2) 导入软件(Boot Loader):导入软件主要负责系统启动时导入相应的程序到指定的存储器空间,然后执行导入的程序。

(3) 解码器(Decoder):负责将指令系统翻译成机器可以识别的命令,进而控制发送的信息,或者将接收到的电磁波模拟信号解码成数字信号,进行数据解码、防碰撞处理等。

2.3.4 RFID 读写器工作原理

1. RFID 读写器基本原理

RFID 系统的基本工作原理是:读写器通过发射天线发送特定频率的射频信号,当标签进入读写器有效工作区域中时产生感应电流,从而获得能量而被激活。使得标签将自身编码信息通过天线发送出去。读写器的接收天线收到从标签发出来的调制信号,经天线传送到读写器信号处理模块,经过解调和解码后将有效信息送至后台主机系统进行处理。主机系统根据逻辑运算识别该标签的身份,针对不同的设定做出不同的处理和控制,最终发出指令信号控制读写器完成不同的读写操作。从读写器和标签之间通信和能量传送方式来看,RFID 系统一般可分成两类,即电感耦合系统和电磁方向散射耦合系统。电感耦合是通过高频交变磁场实现耦合,而电磁反向散射耦合根据的是雷达原理模型,发射出去的电磁波遇到目标反射,同时携带回目标信息。电感耦合方式一般适合中、低频工作的近距离 RFID 系统,典型的工作频率有 125 kHz、225 kHz 和 13.56 MHz。电感耦合方式的 RFID 系统作用距离一般小于 1 m,典型的作用距离为 10~20 cm。电磁反向散射耦合方式一般适用于高频、微波工作的远距离 RFID 系统,典型的工作频率有 433 MHz、915 MHz、2.45 GHz 和 5.8 GHz。识别作用距离大于 1 m,其典型的作用距离为 4~6 m。下面对电感耦合和电磁反向散射 RFID 系统的工作原理进行详细描述。

1) 电感耦合 RFID 系统的工作原理

RFID 电感耦合工作方式对应于 ISO/IEC 14443 协议。电感耦合方式的标签基本上都是无源工作的,标签芯片工作所需要的能量都是由读写器提供的。读写器天线线圈产生高频的强电磁场,使附近的标签天线产生电磁感应。因为使用的频率范围内的波长远大于读写器天线和标签之间的距离,所以标签到读写器天线间的电磁场可当作简单的交变磁场考虑。下面对电感耦合中能量传输和数据传输机制进行描述。

(1) 能量传输。

读写器天线线圈产生出的磁场穿过标签天线线圈,在电子标签的天线线圈上产生一个电压 U,将其整流后作为微芯片的工作电源。将一个电容器 C_r 与读写器的天线线圈并联,电容器与天线线圈的电感一起,形成谐振频率与阅读发射频率相符的并联振荡回路,该回路的谐振使得读写器的天线线圈产生较大的电流。电子标签的天线线圈和电容器 C_1 构成谐振回路,通过该回路的调整,标签线圈上的电压 U 达到最大值。这两个线圈的结构可以解释为变压器结构,变压器的两个线圈之间只存在很弱的耦合,读写器的天线线圈和电子标签之间的功率传输效率与工作频率 f、标签线圈的匝数 n、被标签线圈包围的面积 A、两线圈之间的相对角度和位置是成比例的。因为电感耦合系统的效率不高，所以只适合于低电流电路。功耗极低的只读标签采用这种方式的工作距离可达 1 m 以上，而具有写入功能和安全算法的复杂标签，采用这种方式的工作距离一般为 15 cm。

(2) 数据传输。

标签和读写器之间的数据传输采用负载调制，电感耦合方式为一种变压器耦合，即作为初级线圈的读写器天线线圈和作为次级线圈的标签天线线圈之间的耦合。只要线圈之间的距离小于 0.16λ，并且电子标签线圈处于发射天线的近场范围内，变压器耦合就有效。如果把谐振的标签放入读写器天线发射的电磁场中，那么标签就能从电磁场获得能量。从供应读写器天线发射能量的电流在读写器内阻上的压降就可以测得读写器天线耦合出去的能量。标签天线上的负载电阻的接通和断开，影响了标签天线从阅读器天线耦合得到的能量，因此，读写器天线上的电压发生变化，这样就实现了利用负载电阻对读写器天线电压进行振幅调制的目的。而通过数据控制负载电阻的接通和断开，这些数据信息就可以从标签传送到读写器了。读写器将从其天线上的电压中解调出标签传送来的数据。由于标签天线和读写器天线之间的耦合很微弱，因而读写器天线上有用信号电压波动远小于读写器天线的输出电压。实际应用中，对于 13.56 MHz 的系统，天线电压只能得到大约 10 mV 的有用信号。因为检测小电压很不方便，所以利用由天线电压振幅调制所产生的调制边带。如果标签的附加负载以很高的时钟频率接通和断开，那么在读写器发送频率两侧距离为 f_H 处产生两条谱线，它们是容易被检测到的。这种附加引入节拍频率的电磁波称为副载波。数据传输是数据流的节拍通过对副载波进行 ASK、FSK、PSK 调制来完成的。

2) 电磁反向散射 RFID 系统的工作原理

电磁波从天线向周围空间发射，会遇到不同的目标。到达目标的电磁波被吸收，另一部分以不同的强度散射到各个方向上去。下面从调制方式和能量传输方法两方面进行描述。

(1) 反向散射调制。

电磁波从天线向周围空间发射，会遇到不同的目标。到达目标的电磁波被吸收，另一部分以不同的强度散射到各个方向上去。反射能量的一部分最终会返回发射天线，称之为回波。雷达技术中，用这种发射波测量目标的距离和方位。RFID 系统可以采用电磁反向散射耦合的工作方式，利用电磁波发射完成从电子标签到读写器的数据传输。这样的工作方式主要应用在 915 MHz、2.45 GHz 或更高频率的系统中。系统工作分为以下两个过程：

① 标签接收读写器发射的信号，其中包括已调制载波和未调制载波。当标签接收的信号没有被调制时，载波能量全部被转换成直流电压，这个直流电压供给标签内芯片能量。当载波携带数据或者命令的时候，标签通过接收电磁波作为自己的能量来源，并对接收到的信号进行处理，从而接收读写器的指令或数据。

② 标签向读写器返回信号。读写器只向标签发送未经过调制的载波，载波能量一部分被转换成直流电压，供给标签工作。另一部分能量被标签通过改变射频前端电路的阻抗调制并发射载波来向读写器传回数据信息。

(2) 反向散射调制的能量传输。

电磁波从天线向空间辐射，遇到不同目标，到达目标的电磁能量一部分被吸收，另一部分以不同的强度散射到各个不同方向上去。反射的能量一部分会返回发射天线。在雷达应用中，可以通过发射波测量出目标的距离和方位。

① 读写器到标签的能量传输。在距离读写器为 R 的电子标签处的功率密度可以由式 (2-1)表示如下：

$$S = \frac{P_{\text{Tx}} G_{\text{Tx}}}{4\pi R^2} \tag{2-1}$$

式中，P_{Tx} 为读写器的发射功率，G_{Tx} 为发射天线的增益，R 是标签到读写器天线之间的距离。理想状态下，标签可以吸收的功率可由式(2-2)表示，即

$$P_{\text{Tag}} = P_{\text{Tx}} G_{\text{Tx}} G_{\text{Tag}} \left(\frac{\lambda}{4\pi R}\right)^2 \tag{2-2}$$

式中，G_{Tag} 表示标签天线的增益。无源 RFID 系统标签的能量来自读写器天线发射出的电磁场，因此标签功耗越大，读写距离就越短，性能也就越差。标签能否正常工作由标签的工作电压决定，而这决定了 RFID 系统的识别距离。随着相关技术的发展，标签芯片本身的功耗可以降低至几微瓦，这可以在读写器发射功率受限的情况下大大提升 RFID 系统的阅读距离。

② 标签读写器的能量传输。标签的返回能量和它的雷达散射截面成正比，标签在接收到读写器发射的电磁波后，一部分自身吸收用于提供自身工作的能量，另一部分被发射回读写器。读写器接收的标签发射信号的总功率如式(2-3)所示。

$$P_{\text{Rx}} = \frac{P_{\text{Tx}} G_{\text{Tx}} G_{\text{Rx}} \lambda^2}{(4\pi)^3 R^4} \cdot \eta \tag{2-3}$$

G_{Rx} 为读写器接收天线的增益，η 为标签发射能量的效率。式(2-3)说明，如果以读写器接收的标签发射能量作为标准，则反向散射工作模式的 RFID 系统的识别距离的四次方与读写器发射功率成正比。

2. RFID 系统技术参数

RFID 系统技术参数主要包括工作频率、发射功率、读写距离和标签读写速度。不同的实际应用中对 RFID 系统的参数要求各不相同，所以可以根据实际应用来选择合适的 RFID 系统。

1) 工作频率

RFID 读写器天线发射射频信号的载波频率称为 RFID 的工作频率。从技术实现上来说，这个频率由射频标签的工作频率来决定。射频标签的工作频率不仅决定着 RFID 系统的工作频率，还决定着识别距离以及 RFID 究竟是通过电感耦合还是电磁耦合来实现的。RFID 的工作频率通常划分为 LF(低频，30～300 kHz)、HF(高频，3～30 MHz)、UHF(超高频，300～968 MHz)和 UWF(微波，2.45～5.8 GHz)。

2) 发射功率

RFID 系统的发射功率是指读写器天线发射载波信号时的功率。一般来说，发射功率和读写距离有关，发射功率越大，则读写距离就越远；反之，则读写距离就越近。但是，受 FCC(Federal Communications Commission，通信委员会)或其他组织对电子系统能耗的限制，在实际应用中不可能无限制地增大发射功率，以寻求读写器读写距离的增加。另一方面，限制 RFID 读写器天线的发射功率也是为了保证超高频系统和微波系统的发射信号不

会对人体产生损伤。

3) 读写距离

读写距离是 RFID 系统的一个极其重要的性能指标，该指标直接影响着 RFID 系统的实际应用。影响 RFID 系统读写器读写距离的因素很多，包括读写器天线的工作频率、发射功率、回波接收灵敏度、天线方向，以及标签的功耗、标签天线及谐振电路的 Q 值、读写器与标签的耦合度等。RFID 系统的读写器读标签距离与写标签距离一般来说是不同的，写距离要远小于读距离。目前 RFID 系统中，在 125 kHz 和 13.56 MHz 工作频率上采用无源标签，读写距离在 10～30 cm 范围内，有的系统甚至可达 1.5 m；而在 UHF 频段采用无源标签，读写距离达 3～10 m。在微波频段的 RFID 系统一般均采用有源标签，读写距离甚至可达 100 m 左右。

4) 读写速度

读写器的读写速度分两种，一种是读写器对单个标签数据的读写速度，另一种是读写器一次读取多个标签的速度。前者由标签的通信协议的波特率决定，后者主要由相关防冲撞算法来实现。就目前的应用来说，超高频和微波频段的读写速度最快，通过合适的防冲撞算法，可以实现一次快速地读取多张标签。

3. RFID 读写器工作方式

读写器主要有两种工作方式，一种是 RTF(Reader Talks First，读写器先发言方式)，另一种是 TTF(Tag Talks First，标签先发言方式)。在一般情况下，电子标签处于等待或休眠状态，当电子标签进入读写器的作用范围被激活以后，便从休眠状态转为接收状态，接收读写器发出的命令，进行相应的处理，并将结果返回给读写器。

这类只有接收到读写器特殊命令才发送数据的电子标签的方式被称为 RTF 方式；与此相反，进入读写器的能量场即主动发送数据的电子标签的方式被称为 TTF 方式。

2.4　RFID 系统中的天线

从 RFID 技术原理上看，RFID 标签性能的关键在于 RFID 标签天线的特点和性能。在标签与读写器数据通信过程中起关键作用的是天线。一方面，标签的芯片启动电路开始工作，需要通过天线在读写器产生的电磁场中获得足够的能量；另一方面，天线决定了标签与读写器之间的通信信道和通信方式。因此，天线尤其是标签内部天线的研究就成为了重点。

2.4.1　RFID 系统天线的类别

按 RFID 标签芯片的供电方式来分，RFID 标签天线可以分为有源天线和无源天线两类。有源天线的性能要求较无源天线要低一些，但是其性能受电池寿命的影响很大；无源天线能够克服有源天线受电池限制的不足，但是对天线的性能要求很高。目前，RFID 天线的研究重点是无源天线。从 RFID 系统工作频段来分，在 LF、HF 段频率如 6.78 MHz、13.56 MHz 的 RFID 系统，电磁能量的传送是在感应场区域(似稳场)中完成的，也称为感应耦合系统；在 UHF 段(如 915 MHz、2400 MHz)的系统，电磁能量的传送是在远场区域(辐射场)中完成的，也称为微波辐射系统。由于两种系统的能量产生和传送方式不同，对应的 RFID 标签天线及前端部分存在各自的特殊性，因此标签天线分为近场感应线圈天线和远场辐射天线。感应耦合系统使用的是近场感应线圈天线，由多匝电感线圈组成，电感线圈和与其相并联的电容构成并联谐振回路以耦合最大的射频能量；微波辐射系统使用的远场辐射天线的种类主要是偶极子天线和缝隙天线，远场辐射天线通常是谐振式的，一般取半波长。天线的形状和尺寸决定它能捕捉的频率范围等性能，频率越高，天线越灵敏，占用的面积也越少。较高的工作频率可以有较小的标签尺寸，与近场感应天线相比，远场辐射天线的辐射效率较高。

2.4.2　RFID 标签天线的设计要求

　　RFID 标签天线的设计要求主要包括：天线的物理尺寸足够小，能满足标签小型化的需求；具有全向或半球覆盖的方向性；具有高增益，能提供最大的信号给标签的芯片；阻抗匹配好，无论标签在什么方向，标签天线的极化都能与读写器的信号相匹配；具有稳健性及低成本的特点。在选择天线时应主要考虑天线的类型、天线的阻抗、应用到物品上的 RF 性能、当有其他物品围绕标签物品时的 RF 性能等因素。

2.4.3　RFID 标签天线的类别和研究现状

　　标签天线主要分为三大类：线圈型、偶极子、缝隙(包括微带贴片)型。线圈型天线是将金属线盘绕成平面或将金属线缠绕在磁心上；偶极子天线由两段同样粗细和等长的直导线排成一条直线构成，信号从中间的两个端点馈入，天线的长度决定频率范围；缝隙型天线是由金属表面切出的凹槽构成的，其中微带贴片天线由一块末端带有长方形的电路板构成，长方形的长宽决定频率范围。

　　识别距离小于 1 m 的中低频近距离应用系统的 RFID 天线一般采用工艺简单、成本低的线圈型天线，1 m 以上的高频或微波频段的远距离应用系统需要采用偶极子和缝隙型天线。

1. 线圈型天线

　　当标签线圈天线进入读写器产生的交变磁场中，标签天线与读写器天线之间的相互作用就类似于变压器。两者的线圈相当于变压器的初级线圈和次级线圈。

　　标签和读写器双向通信使用的天线要求天线线圈外形很小，即面积小，且需一定的工作距离，如果 RFID 标签与读写器间的天线线圈互感量小，明显不能满足实际需求，可以在标签天线线圈内部插入具有高导磁率的铁氧体材料，以增大互感量，从而补偿线圈横截面小的问题。目前线圈型天线的实现技术已很成熟，广泛地应用在身份识别、货物标签等 RFID 系统中，但是对于频率高、信息量大、工作距离和方向不确定的 RFID 应用场合，采用线圈型天线难以匹配相应的性能指标。

2. 偶极子天线

　　偶极子天线具有辐射能力好、结构简单、效率高的优点，可以设计成适用于全方位通信的 RFID 系统，被广泛应用于 RFID 标签天线的设计，尤其是在远距离 RFID 系统中。

　　传统半波偶极子天线的最大问题在于对标签尺寸的影响，如 915 MHz 的半波偶极子。

研究表明，端接的、倾斜的、折叠的偶极子天线可以通过选择合适的几何参数来获得所需的输入阻抗，具有增益高、频率覆盖宽和噪声低的优点，性能非常出色，且与传统半波偶极子天线相比尺寸要小很多，若配合铜焊电气端子和不平衡变压器，还能最大限度地提升增益、阻抗匹配和带宽。人们已知增加天线的弯折次数有利于在不降低天线效率的情况下减小天线尺寸，所以在有限的空间下可对天线进行"弯折"。"弯折"的具体参数对标签天线的谐振频率和输入阻抗的具体影响也是目前重要的研究方向。

具有分形结构的物体一般都有比例自相似性和空间填充性的特点，应用到天线设计上可以实现天线多频段特性和尺寸缩减特性。国内外对具有分形结构的天线做了大量研究工作，证实了分形结构的天线具有良好的尺寸缩减特性，可以在有限的空间内大幅度提高天线效率。

对半波振子的不同位置和维度使用 Hilbert 分形变换，并用矩量法对 Hilbert 标签天线进行仿真，能得到标签天线的谐振频率和输入阻抗随分形维数和阶数不同的仿真结果，分析结果中的天线增益和效率，判断哪种维度和阶数的标签天线最符合实际标签天线的设计要求，进一步制作实体天线，并测试 RF 识别距离，这是常用的研究方法。

3. 缝隙(包括微带贴片)型天线

缝隙天线具有低轮廓、重量轻、加工简单、易于与物体共形、批量生产、电性能多样化、宽带与有源器件和电路集成为统一的组件等特点，适合大规模生产，能简化整机的制作与调试，从而大大降低成本。

微带贴片天线是由贴在带有金属底板的介质基片上的辐射贴片导体所构成的，根据天线辐射特性，可以设计贴片导体为各种形状。这种天线普遍应用于频率高于 100 MHz 的低轮廓结构，通常由一矩形或方形的金属贴片置于接地平面上的一片薄层电介质(称为基片)表面所组成，其贴片可采用光刻工艺制造，使之成本低，易于大量生产。

如前所述，弯折型天线有利于减小标签天线的物理尺寸，满足标签小型化的设计要求。对于缝隙天线来说，同样可以利用弯折的概念。事实上，弯折缝隙天线适用于高频微波段的 RFID 标签，能有效减小天线尺寸，性能优，具有广阔的市场前景。研究方法和弯折偶极子天线类似，用矩量法研究缝隙弯折的次数、高度、位置、宽度和缝隙天线平片大小对矩形天线谐振特性的影响。

基于弯折的各参数对缝隙天线性能的影响，可根据实际需要设计 UHF 射频识别标签用的缝隙天线，制作具体的实物天线。可以预计，弯折缝隙天线将是 UHF 标签天线设计领域比较看好的发展方向。

4. RFID 标签天线的热点问题

在 RFID 标签天线的设计中，除了一直很受重视的减小物理尺寸问题，进一步改善小型化后的天线带宽和增益特性以扩展其实际应用范围，分析小型化天线的交叉极化特性以明确其极化纯度也是重要的研究方向，另外，覆盖各种频率的复合天线设计、多标签天线优化分布技术、读写器智能波束扫描天线阵技术、设计仿真软件和平台、标签天线和附着介质匹配技术、一致性抗干扰性和安全可靠性技术等都是值得继续研究的内容。

其中，片上天线技术是近期研究的热点问题。RFID 技术应用领域的不断扩展，使 RFID 标签对小型化、轻量化、多功能、低功耗和低成本方面的要求也不断提高，然而目前的

RFID 标签仍然使用片外独立天线，其优点是天线 Q(品质因素)值较高、易于制造、成本适中。其缺点是体积较大、易折断，不能胜任防伪或以生物标签形式植入动物体内等任务。若能将天线集成在标签芯片上，无需任何外部器件即可进行工作，将会使整个标签体积更小、使用更方便，这就引发了片上天线技术的研究。

把天线集成到片上，不仅简化了原有的标签制作流程，降低了成本，还提高了可靠性。片上天线作为能量接收器和信号传感器决定了整个系统的性能，它的基本出发点是利用法拉第电磁感应原理。把外界变化的磁场能量转化为片上的电源电压，作为整个芯片的工作电源，同时利用电磁场变化引起的片上电流或电压的变化来鉴别接收信号。通过改变由于自身输出阻抗导致的外界磁场变化而把信号传输至接收端。迄今为止，在标准 CMOS 工艺上实现的片上天线仍然以硅基集成螺旋电感作为主要结构。

除了 RFID 标签内部的设计，还有 RFID 智能平台(smarttable)天线等领域的研究也日渐受到重视。

2.5　RFID 中间件

物联网在全球将计算机网和无线通信网编织起来，这种网络格局的变革，将使许多应用程序在网络环境的异构平台上运行。在这种分布式异构的环境中，通常存在许多硬件系统平台，并存在各种各样的系统软件。如何将这些硬件和软件集成起来，并开发出新的应用，在网络上互联互通，是一个非常现实和困难的问题。需要一个独立、灵活多变、功能强大、选择性宽的系统软件，即 RFID 中间件。中间件是 RFID 大规模应用的关键技术，也是 RFID 产业链的高端领域。

2.5.1　RFID 中间件概述

中间件是介于应用系统和系统软件之间的一类软件，通过系统软件提供基础服务，可以连接网络上不同的应用系统，以达到资源共享、功能共享的目的。中间件位于客户机服务器的操作系统之上，管理计算机资源和网络通信。分布式应用系统借助这种软件在不同的系统之间共享资源，这就把中间件与支撑系统软件和实用软件区分开来。中间件作为新层次的基础软件，其重要作用是将不同时期、不同操作系统上开发的应用软件集成起来，彼此像一个整体一样协调工作，这是操作系统和数据管理系统本身做不到的。

如何将现有的系统与新的 RFID Reader 连接？这个问题的本质是用户应用系统与硬件接口的问题。在 RFID 应用中，通透性是整个应用的关键，正确抓取数据、确保数据读取的可靠性，以及有效地将数据传送到后端系统都是必须考虑的问题。传统应用程序与应用程序之间(Application to Application)数据通透式连接通过中间件架构解决，并发展出各种 Application Server(应用服务)应用软件。

目前中间件并没有严格的定义。RFID 中间件是用来加工和处理来自读写器的所有信息和事件流的软件，是连接读写器和企业应用的纽带，使用中间件提供一组通用的应用程序接口(API)，即能连到 RFID 读写器，读取 RFID 标签数据。它要对标签数据进行过滤、分组和计数，以减少发往信息网络系统的数据量并防止错误识读、多读信息的事件发生。

中间件是位于平台(硬件和操作系统)和应用之间的通用服务，这些服务均有标准的程序接口和协议，如图 2-30 所示。针对不同的操作系统和硬件平台，可以有符合接口和协议规范的多种实现方法。

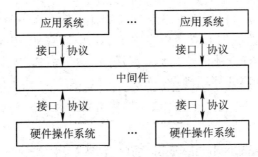

图 2-30　RFID 中间件的构成

中间件首先要为上层的应用层服务，此外又必须连接到硬件和操作系统(Operating System，OS)的层面，并且保持运行的工作状态。中间件应具有如下一些特点：

(1) 满足大量应用的需要。

(2) 运行于多种硬件和 OS 平台。

(3) 支持分布计算，提供跨网络、硬件和 OS 平台的透明性应用或服务的交互。

(4) 支持标准协议和标准接口。

2.5.2　RFID 中间件的分类

不同的应用领域采用不同种类的中间件。依据中间件在系统中的作用和采用的技术，可把中间件大致分为如图 2-31 所示的几种类型。

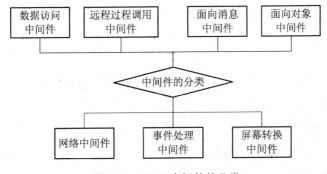

图 2-31　RFID 中间件的分类

1. 数据访问中间件

DAM(Data Access Middleware，数据访问中间件)是在系统中建立数据应用资源互操作模式，实现异构环境下的数据库连接或文件系统连接，从而为网络中的虚拟缓冲存取、格式转换、解压等操作带来方便的中间件。在所有的中间件中，数据访问中间件是应用最广泛、技术最成熟的一种。不过在数据访问中间件的处理模型中，数据库是信息存储的核心单元，中间件仅仅完成通信的功能。这种方式虽然灵活，但不适合需要大量数据通信的高性能处理场合，而且当网络发生故障时，数据访问中间件不能正常工作。

2. 远程过程调用中间件

RPC(Remote Procedure Call Protocol，远程过程调用中间件)是另一种形式的中间件，它应用在客户/计算机方面，比数据访问中间件又进了一步。它的工作方式如下：当一个应用程序 A 需要与另一个远程的应用程序 B 交换信息或要求 B 提供协助时，A 在本地产生一个请求，通过通信链路通知 B 接受信息或提供相应的服务；B 完成相关的处理后，将信息或结果返回给 A。RPC 的优点是具有灵活性，灵活性多指 RPC 应用广泛，它可以应用在复杂的客户/服务器计算环境中。此外，RPC 的灵活性还体现在它的跨平台性能方面。

3. 面向消息中间件

MOM(Message Oriented Middleware，面向消息中间件)指的是利用高效可靠的消息传递机制进行与平台无关的数据交流，并基于数据通信进行分布式系统的集成，目前流行的 IBM 公司的 MQSeries 和 BEA 公司的 MessageQ 都属于 MOM。MOM 的消息传递和排队技术有以下三个特点：

(1) 通信程序可在不同时间运行。
(2) 对应程序的结构没有约束。
(3) 程序与网络复杂性相隔离。

4. 面向对象中间件

OOM(Object Oriented Middleware，面向对象中间件)是面向对象技术和分布式计算技术发展的产物，它提供一种通信机制，可以在异构的发布时透明地在计算环境中传递对象的请求，而这些对象可以位于本地或远程机器上。

5. 事件处理中间件

事件处理中间件是在分布、异构环境下提供保证交易完整性和数据完整性的一种环境平台，它是针对复杂环境下分布式应用的速度和可靠性要求而产生的。

6. 网络中间件

网络中间件包括网管、接入、网络测试、虚拟社区、虚拟缓冲等，网络中间件也是当前研究的热点之一。

7. 屏幕转换中间件

屏幕转换中间件的作用是实现客户机图形用户接口与已有的字符接口方式的服务器应用程序之间的操作。

2.5.3 RFID 中间件结构和标准

中间件系统结构包括读写器接口(Reader Interface)、处理模块(Processing Module)以及应用接口(Application Interface)三部分。读写器接口负责前端和相关硬件的连接；处理模块主要负责读写器监控、数据过滤、数据格式转换、设备注册等；应用程序接口负责后端与其他应用软件的连接。中间件的逻辑结构框图如图 2-32 所示。

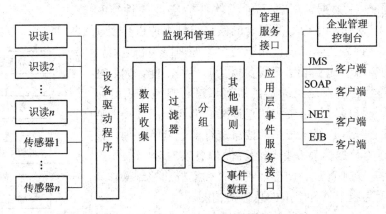

图 2-32　RFID 中间件的逻辑结构框图

中间件技术主要有 COM、CORBA、J2EE 等三个标准，中间件标准的制定有利于中间件技术的体验，有利于行业的规范发展。

1. COM 标准

COM(Computer Object Model，计算机对象模型)最初作为 Microsoft 桌面系统的构件技术，主要为本地的 OLE 应用服务。但随着 Microsoft 服务器操作系统 NT 和 DOCK 的发布，COM 通过底层的远程支持，使得构件技术延伸到了应用领域。

2. CORBA 标准

CORBA(Common Object Request Broker Architecture，公共对象请求代理体系结构)分布式计算技术是公共对象请求代理体系规范，该规范是 OMG(Object Management Group)以众多开发系统平台厂商提交的分布对象互操作内容为基础构建的一种标准的面向对象应用程序体系规范。

3. J2EE 标准

为了推动基于 Java 的服务器应用开发，Sun 公司在 1999 年底推出了 Java2 技术及相关的 J2EE(Java 2 Platform Enterprise Edition)规范，其目的是提供与平台无关的、可移植的、支持并发访问和安全的、完全基于 Java 的服务器端中间件的标准。

2.6　应 用 软 件

应用软件是人机交互的关键部分。用户要实现对下位机系统的控制，必须要通过应用软件将下位机系统的功能直观体现在应用软件界面中，便于用户对下位机的系统功能的了解和控制操作。为此，我们为实现对 RFID 系统的控制，以 UHF RFID 相应配套的应用软件为例，对其应用软件做了 API 函数接口的封装，便于其他开发者的进一步开发。

2.6.1　应用软件总体架构的设计

应用软件设计主要分为界面显示、数据处理和通信函数接口三部分。

首先应用软件根据读写器下位机软件所实现的性能和 EPC Global C1G2 协议中命令所包含的信息设计上位机界面显示部分，其次根据界面功能设计相应的数据处理模块和通信函数接口。应用软件首先获取用户所要执行的界面功能，然后通过数据处理函数将其发送给通信函数接口进行打包并将打包文件发送出去，同时等待下位机信息返回。当通信函数接口通道采集到标签信息后，对采集到的信息进行解包分析处理，最后对于处理好的数据信息在指定的界面位置实时显示操作的结果，方便用户更加直观、便捷地实现对标签群的控制操作。如图 2-33 所示为应用软件组成的总体架构图。

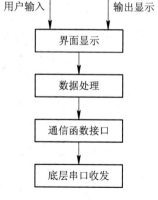

图 2-33 应用软件架构图

(1) 界面显示：将读写器中能够实现的各个功能，在界面中以按钮、框图、表格等图形界面的方式显示出来。将用户与读写器或集中器之间的信息交互经数据处理单元处理好的数据在指定的界面处显示，完成本次用户对超高频标签的控制操作。

(2) 数据处理：负责按照下位机软件制定的应用层 UART 通信数据帧协议格式和 EPCGlobal C1G2 协议的规定对接收到的数据进行打包、解包，并作分析处理，然后将处理好的数据发送给界面，在界面指定位置处进行显示或是将数据传输给超高频读写器。

(3) 通信函数接口：负责将数据处理模块处理好的数据按照 UART 通信数据帧协议格式进行打包，并将 UART 通道接收的数据返回给数据处理部分进行处理。

上位机所实现的控制软件流程图如图 2-34 所示。

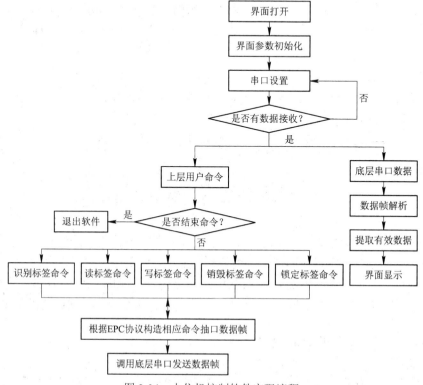

图 2-34 上位机控制软件实现流程

上位机控制软件启动后,首先配置界面各个模块的初始化参数,对各个模块进行初始化。之后连接下位机,首先打开与下位机进行通信的串口模块,设置串口端口和串口波特率,例如,系统采用 9600 b/s。串口打开成功后,连接下位机。成功实现控制界面与底层模块的连接后,串口进入监听状态,开始等待数据传输,并判断该数据是来自上层模块还是底层模块。若是来自上层模块,则判断是否是停止命令,若是停止对底层的控制命令,则退出软件,否则判断该命令的功能,并调用相应的数据打包函数,将命令以指定的数据帧格式发送出去。若接收到的数据是来自底层应用软件的,则调用数据处理模块中的解包函数,对数据进行处理分析,并提取有效数据发送到界面的指定模块上显示。

2.6.2 界面显示软件设计

界面显示处于与用户直接交互的位置,是用户界面功能的直观显示。为此,它既要体现系统所具有的整体功能,而且其性能又要完全根据 EPCglobal C1G2 标准协议进行相应的识别、读、写、显示功能设计。读写器下位机软件中可以对标签进行的操作功能如表 2-2 所示。

表 2-2 EPCglobal C1G2 涉及的功能

操 作	命 令	命令的识别码(二进制显示)	所实现的功能
选择	Select 命令	1010	选择标签
入库	Query 命令	1000	识别标签: (1) 单标签 (2) 防碰撞识别标签
	QueryAdjust 命令	1001	
	QueryRep 命令	00	
	ACK 命令	01	
	NAK 命令	1100 00 00	
访问	Req_RN 命令	1100 00 01	进入访问的必备命令
	Read 命令	1100 0010	读标签
	Write 命令	1100 00 11	写标签
	Kill 命令	1100 01 00	销毁标签
	Lock 命令	1100 01 01	锁定标签
	Access 命令	1100 0110	访问标签
	BlockWrite 命令	1100 01 11	块读取
	BlockErase 命令	1100 10 00	块写入

应用软件界面设计中,实现了入库的单标签识别、防碰撞识别功能,以及选择和访问操作中的(指定标签)的读、写、销毁、锁定标签功能。表 2-2 中显示了 EPCglobal C1G2 协议包含的命令信息以及相应的功能,有些信息是用户给定的,有些信息是标签反馈回来的。如下所述为实现相应功能的命令信息和反馈回来的信息。

1. 选择标签

用户要实现对某种标签的控制操作，需要采用 Select 命令，而根据 EPCglobal C1G2 协议，Select 命令如表 2-3 和表 2-4 所示。

表 2-3　Select 命令

组成	Command	Target	Action	Membank	Pointer	Length	Mask	Truncate	CRC-16
位数	4	3	3	2	EBV	8	变量	1	16
描述	1010	000：已盘标记(S0) 001：已盘标记(S1) 010：已盘标记(S2) 011：已盘标记(S3) 100：SL 101：RFU 110：RFU 111：RFU	略	00：RFU 01：EPC 10：TID 11：User	启动掩模地址	掩模长度(位)	掩模值	0：禁止截短 1：启动截短	16

表 2-4　标签对动作参数的响应

动作	匹配	不匹配
000	确认 SL 标志或已盘标志转 A	取消确认 SL 标志或已盘标志转 B
001	确认 SL 标志或已盘标志转 A	无动作
010	无动作	取消确认 SL 标志或已盘标志转 B
011	否定 SL 标志或已盘标记位转换(A 转 B，B 转 A)	无动作
100	确认 SL 标志或已盘标志转 A	确认 SL 标志或已盘标志转 A
101	无动作	无动作
110	确认 SL 标志或已盘标志转 A	确认 SL 标志或已盘标志转 A
111	否定 SL 标志或(A 转 B，B 转 A)	否定 SL 标志或(A 转 B，B 转 A)

从表中可以看出，Select 命令中包含 Command、Target、Action、Membank、Pointer、Length、Mask、Truncate 和 CRC-16 的参数，为此，本节在介绍界面设计时考虑到用户使用方面，简易明了，只保留了 Membank 选项中的 EPC(标签的 ID 号)所指定的功能来对具体的标签进行匹配操作，其他参数在下位机中设定为默认的参数值。

2. 识别标签(防碰撞识别)

上位机控制下位机识别标签的过程，包含 Query、QueryAdjust、QueryRep、ACK、NAK 命令。其中前三个命令为标签防碰撞识别的命令，其初始值一般在相应应用系统的下位机中给出默认值，上位机一般不进行设置，由下位机与标签进行命令的交互。而当下位机识别到标签后，给标签发送 ACK 命令，标签反馈回相应的识别标签功能的响应结果数据信息，该信息由下位机回传送给上位机，上位机需要将该信息结果在界面中显示出来，告诉用户该功能的执行结果。根据 EPCglobal C1G2 协议，ACK 命令和相应命令如表 2-5 和表 2-6 所示。

表 2-5　ACK 命令

组成	Command	RN
位数	2	2
描述	01	回应 RN16 或句柄

表 2-6　变迁应答 ACK 命令

组成	应答
位数	21～528
描述	{PC、EPC、CRC-16}或{00002，截断 EPC、CRC-16}

由表中可以看出，ACK 响应中包含的数据参数有 PC、EPC 和 CRC-16 的值，但是一般 CRC-16 是校验码，不反馈给上位机，只将有用信息 PC 和 EPC 参数反馈给上位机。为此，上位机显示界面中应该包含 EPC 参数。

3. 读标签

用户需要读取标签的内部信息的操作中，包括标签的选择和识别标签的所有命令，此外还包括 Read 命令。根据 EPCglobal C1G2 协议，Read 命令和相应命令如表 2-7 和表 2-8 所示。

表 2-7　Read 命令

组成	Command	MemBank	WordPtr	WordCount	RN	CRC-16
位数	8	2	EBV	8	16	16
描述	11000010	00：保留存储区 01：EPC 存储器 10：TID 存储器 11：用户存储器	地址指针	读取字数	句柄	

表 2-8　标签应答成功的 Read 命令

组成	Handle	Memory Words	RN	CRC-16
位数	1	变量	16	16
描述	0	数据	句柄	

从表 2-7 中可以看出，Read 命令包含参数 Command、MemBank、WordPtr、WordCount、RN、CRC-16。其中用户要告诉读写器它想读标签的内部数据，就必须告诉标签 MemBank(数据块)、WordPtr(地址)和 WordCount(读取数据长度)三个参数信息。为此，应用软件界面实现读功能的操作中必须包含该三个参数模块。

从表 2-8 中可以看出，当标签响应读写器的读命令时，标签会反馈回 Handle、MemoryWords、RN 和 CRC-16 这些参数，读写器进行判断处理后会将有用信息 Memory、Words 的数据传输给上位机界面，为此上位机界面要预留该数据显示块，本文界面中设计了 IDdata 区域显示用户想要读到的标签的内部数据信息。

4. 写标签

用户需要写标签的内部信息的操作中，包括标签的选择和识别标签的所有命令，此外还包括 Write 命令。根据 EPC Global C1G2 协议，Write 命令和相应命令如表 2-9 和表 2-10 所示。

表 2-9　Write 命令

组成	Commad	MemBank	WordPtr	Data	RN	CRC-16
位数	8	2	EBV	16	16	16
描述	11000011	00：保留存储区 01：EPC 存储器 10：TID 存储器 11：用户存储器	地址指针	RN16 将写入的字	句柄	

表 2-10　标签应答成功的 Write 命令

组成	Handle	RN	CRC-16
位号	1	16	16
描述	0	句柄	

从表 2-9 中可以看出，Write 命令包含参数 Command、MemBank、WordPtr、Data、RN、CRC-16。其中用户要告诉读写器需要向标签内部指定数据区域写入数据，就必须告诉标签 MemBank(数据块)、WordPtr(地址)和 Data(用户需要写入的数据)三个参数信息。为此，应用软件界面实现写功能的操作中必须包含该三个参数的功能模块。

从表 2-10 中可以看出，写命令的响应数据由读写器处理，不需要反馈给上位机，只需要将写命令是否成功的信息反馈给上位机即可。为此，上位机系统中不需要给出特定的显示区域，只需在其成功识别时告诉用户写成功了即可。

5. 锁定标签

用户需要锁定标签的相关操作中，包括标签的选择和识别标签的所有命令，此外还包括 Lock 命令。根据 EPCglobal C1G2 协议，Lock 命令和相应命令如表 2-11 和表 2-12 所示。

表 2-11　Lock 命令

组成	Command	Payload	RN	CRC-16
位数	8	20	16	16
描述	11000101	掩模和动作字段	句柄	

表 2-12　标签应答的 Lock 命令

组成	Handle	RN	CRC-16
位数	1	16	16
描述	0	句柄	

从表 2-11 中可以看出，Lock 命令包含参数 Command、Payload、RN、CRC-16。为此需要对 Payload 参数进行配置，进行相应功能的锁定操作。用户可以进行密码锁定、密码

访问、EPC 存储器访问、tid 访问和用户存储器访问五个数据块的操作。为此，用户在对某张标签进行相应的功能锁定时，必须要告诉读写器是锁定哪块区域，所以上位机界面设计中应用有相应模块锁定选择的功能模块。

从表 2-12 中可以看出，锁定标签命令的响应数据由读写器处理，不需要反馈给上位机，只需要将销毁命令是否成功的信息反馈给上位机即可。为此，上位机系统中不需要给出特定的显示区域，只需在其成功识别时告诉用户锁定成功了即可。

6. 销毁标签

用户需要销毁某张标签的相关操作中，包括标签的选择和识别标签的所有命令，此外还包括 Kill 命令。根据 EPC Global C1G2 协议，Kill 命令和相应命令如表 2-13 和表 2-14 所示。

表 2-13　Kill 命令

组成	Command	Password	RFU	RN	CRC-16
位数	8	16	3	16	16
描述	11000100	(1/2 灭活口令)RN16	0002	句柄	

表 2-14　标签应答成功 Kill 命令

组成	Handle	RN	CRC-16
位数	1	16	16
描述	0	句柄	

销毁标签命令的响应数据由读写器处理，不需要反馈给上位机，只需要将销毁命令是否成功的信息反馈给上位机即可。为此，上位机系统中不需要给出特定的显示区域，只需在其成功识别时告诉用户销毁成功了即可。

综上所述，识别标签、读标签、写标签、销毁标签、锁定标签的操作中界面显示的功能模块存在重复，为此，对相应的功能界面模块进行整合，对反馈回的数据界面设计数据表，显示相应的执行结果。而这些相应的功能命令和标签反馈回来的标签内部数据中会包含标签的 ID(标签的 EPC)、MenBank(标签数据存储区)、IDNumber(EPC 数据长度)、Add(地址)、Datalength(指定地址读取数据长度)和 IDdata(本次操作指定地址读到的数据)等相应的数据信息，所以界面显示区中需设定这些必要的数据块。功能模块操作界面中对选择、读、写、销毁和锁定操作中存在的指定 EPC、地址和长度的功能模块进行公用，而且读写器实现了与标签的多频段的数据通信模式，因此用户可以通过上位机界面的方式对 FPGA 的寄存器进行配置，来实现相应功能。为此，界面中保留了数字基带寄存器配置模块，该模块中包括了对数字信号是否经过成型滤波器的方式进行配置和数据通信频率 39 kHz、78 kHz、155 kHz、207 kHz、310 kHz、413 kHz、517 kHz 及 620 kHz 的设置。

因此，界面接口软件的设计主要包括下列函数的开发：

单步识别标签函数：private void single UII_Click(object sender, EventArgse){};

识别标签函数：private void tagIdentify_Click(object sender, EventArgse){};

读取标签内部数据块信息函数：private void readtag_Click(object sender, EventArgse){};

向标签内部数据块写入信息函数：private void writetag_Click(object sender, EventArgse){};

锁定标签内部数据块函数：private void locktag_Click(object sender, EventArgse){};

销毁标签函数：private void locktag_Click(object sender, EventArgse){}；

节点接口函数：private void Connect_Click(object sender, EventArgse){}；

串口连接函数：private void Open_Click(object sender, EventArgse)。

我们以向标签内部数据块写入信息函数 private void writetag_Click(object sender, EventArgse){}为例，设计了读标签写入数据信息的界面显示函数的软件设计流程，如图 2-35 所示。

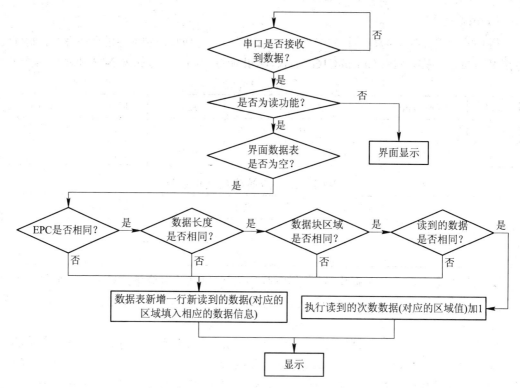

图 2-35　读标签上位机界面显示软件流程图

从流程图中可以看出，软件首先等待界面读标签数的按钮触发，若按钮按下，则判断界面中串口是否打开，若未打开则退出本次操作，否则继续判断节点模块是否连接成功，若未成功连接则退出本次操作，否则继续读取界面中的数据块、地址、需要写入的数据信息、数据长度和标签访问密码模块的数据，若读取的数据不符合 EPC Global C1G2 协议标准则退出本次操作，否则继续判断是否选择指定 EPC 标签的写入操作，若指定则将读取指定 EPC 模块中的 EPC 标签数据信息，否则不指定标签进行写入操作，调用数据处理模块将读取到的需要进行本次写操作的标签所有数据信息进行打包，并通过通信接口函数传送给下位机。

2.6.3　数据处理软件设计

数据处理模块要实现的过程是将界面显示接口传递过来的数据进行打包并发送给集中器和对集中器传送过来的数据进行解包、分析、处理的过程，以及再将此数据包传送给指定界面位置的过程。该数据处理模块的软件设计主要包括下列函数的开发：

线程数据处理函数：this.Invoke(new Display(show), receive){}；

数据显示函数：void show(Command receive){}；

十进制数字字符变换成十六进制字节数组函数：public static byteCharToByte(char input1, char input2){}；

十六进制字节数组转换为字符串函数：private string byteToString(byte[] data, int offset)；

字节字符串变换成字节数组函数：public static byte[] StringToBytes(string s){}。

数据显示函数 void show(Command receive){}中的软件设计，包括单步识别、防碰撞识别、读标签内部数据信息、写标签内部数据信息、锁定标签数据信息和销毁标签等功能的数据处理过程。由于篇幅有限，这里仅以读标签内部信息数据为例，设计了数据处理模块读标签的软件设计流程，如图 2-36 所示。

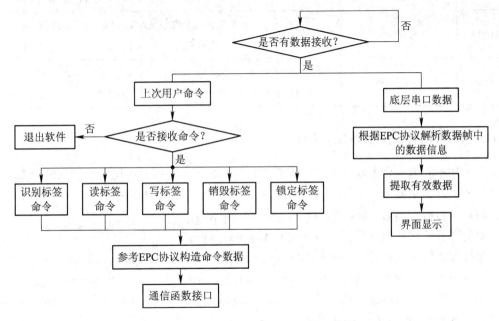

图 2-36　读标签数据处理模块软件流程图

2.6.4　通信函数接口设计

通信函数接口负责监听串口中的数据，包括将数据处理模块处理好的数据发送给串口或是将串口接收到的数据发送给处理模块，因此需进行两部分的设计，所以该层通信接口软件的设计包括接收串口数据函数 private void datareceive(){}、接收串口数据解析函数 public void DataAnalysis(byte[] receiveByte){} 以及向串口发送数据函数 public byte[] DataPack(){}等函数的设计。

接收串口数据解析函数 public void Data Analysis(byte[] receiveByte){}和向串口发送数据函数 public byte[] DataPack(){}中的打包解包协议根据应用层串口软件数据帧协议指定的发送数据帧协议和响应数据帧协议格式进行设计。应用软件中 DATA 数据中包含 Membank(数据块)、Address(地址)、Datalen(数据长度)、Data(数据值)、EPClength(EPC 长度)、EPC 等信息，具体的 DATA 对应的控制命令的设计如表 2-15 所示。

表 2-15　数据帧格式中不同功能对应的控制命令示例

命令	变量	功能描述	控制命令示例
0x10	InventorySingle	单标签识别	AA 04 10 FF
0x11	InventoryAnticollsion	防碰撞识别系统环境中的标签	AA 04 11 FF
0x13	WriteData	向标签写入数据	未指定 EPC：AA 07 13 00 01 01 FF 指定 EPC：AA 10 13 00 01 01 00 AA FF
0x14	ReadData	读取标签信息	未指定 EPC：AA 08 14 01 02 11 22 FF 指定 EPC：AA 10 14 01 02 11 22 00 AA FF
0x15	KillTag	销毁标签	未指定 EPC：AA 08 15 00 00 00 00 FF 指定 EPC：AA 10 15 00 00 00 00 00 AA FF
0x16	LockMem	指定标签数据块锁定功能	未指定 EPC：AA 08 15 C0 00 C0 00 FF 指定 EPC：AA 10 15 C0 000 C0 00 00 AA FF

2.6.5　应用软件接口函数的设计

为了便于其他开发者实现对 RFID 系统的二次开发，可以对应用软件做 API 封装。应用软件的 API 函数封装主要包括下列接口函数设计：

串口连接接口函数：bool RFID_Connect(string port);

串口断开连接接口函数：bool RFID_Disconnect();

单标签识别接口函数：bool SingleTagIdentify(out int epclen, out byte[] epc);

防碰撞识别标签接口函数：bool AntiCollisionTagIdentify(out int taglen, outTag[] tag);

指定标签读取数据信息接口函数：bool ReadData(byte[] epc, MemBank memBank, byte readAddr, byte readLen, out byte[] data);

不指定特定标签读取数据信息接口函数：bool ReadTagData(MemBank memBank, byte readAddr, byte readLen, out int epclen, out byte[] epc, out byte[] data);

指定标签写入数据信息接口函数：bool WriteData(byte[] epc, MemBank memBank, byte writeAddr, byte writeLen, byte[] data);

不指定特定标签写入数据信息接口函数：bool WriteTagData(MemBank memBank, byte writeAddr, byte writeLen, byte[] data);

指定标签销毁接口函数：bool Kill(byte[] epc, byte[] password);

不指定特定标签销毁接口函数：bool KillTag(byte[]password)。

其中，参数 port 是指串口端口号，taglen 是指识别到标签号的数据长度，Tag[] tag 是指所有识别到的所有标签号和标签号长度，epclen 是指标签号的长度，memBank 指的是标签中的数据块，epc 指的是标签号，readAddr、writeAddr 指的是读写数据地址，readLen、writeLen 指的是读写数据长度，data 是指标签读取到的数据信息，password 是指标签的访问密码。

2.6.6　应用软件平台设计

控制软件界面主要包括显示区域模块、功能区域模块和连接区域模块三部分。其中显示区域模块以数据表的形式体现；功能区域模块包括识别控制区域模块、读写标签内部数据控制区域模块和配置数字基带寄存器区域模块；连接区域模块包括与下位机通信的接口连接模块。

在基于 Microsoft Visual Stdio 2012 的编译环境采用 C# 语言对系统的上位机控制软件进行了编写，设计了整个上位机控制界面的整体架构软件实现流程图；同时对上位机控制软件中各层数据处理函数的实现给出了详细的介绍；另外，对该应用软件进行二次开发的通信函数接口的封装进行了分析；最后给出了应用软件实现的 .exe 软件界面，并在 UHF RFID 系统上进行了测试，对应用软件界面的测试结果图进行了一定的分析。

本 章 小 结

本章主要介绍了 RFID 的系统架构以及 RFID 系统各关键部分的工作原理和应用。

对于基本的 RFID 系统来说，其架构组成主要包括 RFID 标签、读写器、天线、中间件和应用软件等五部分。典型的 RFID 系统主要由读写器、电子标签、RFID 中间件和应用系统软件四部分构成。

电子标签又称射频标签、应答器、数据载体，电子标签与读写器之间通过耦合元件实现射频信号的空间(无接触)耦合；在耦合通道内，根据时序关系，实现能量的传递和数据交换。根据标签的供电形式 RFID 电子标签分为有源系统、无源系统和半有源系统；按照通信方式的不同，RFID 电子标签可以分为主动式、被动式和半主动式三类；根据标签的工作频率不同，RFID 电子标签可以分为低频、高频、超高频和微波系统；根据标签的可读写性又可将 RFID 电子标签分为只读、读写和一次写入多次读出几种。

读写器亦称接口设备(Interface Device，IFD)，一般认为其是射频识别即 RFID 的读写终端设备。

IFD 的主要功能有以下几点：实现与电子标签的通信；给标签供能；实现与计算机网络的通信；实现多标签识别；实现移动目标识别；实现错误信息提示；对于有源标签，读写器能够读出有源标签的电池信息。

RFID 读写器由读写器硬件和读写器软件两部分组成。硬件部分介绍了 RFID 系统中的天线分类和设计要求。软件部分介绍了 RFID 中间件。RFID 中间件是介于应用系统和系统软件之间的一类软件，通过系统软件提供基础服务，可以连接网络上不同的应用系统，以达到资源共享、功能共享的目的。

习 题 2

2.1　对于基本的 RFID 系统来说，其架构组成主要包括哪五部分？

2.2 电子标签根据供电方式、数据调制方式、工作频率、可读写性和数据存储特性的不同可以分为哪些不同的种类？

2.3 电子标签主要由哪三部分组成？

2.4 按照电子标签的技术特征，针对标签的技术参数有哪些？

2.5 读写器之所以非常重要，这是由它的功能所决定的。读写器的主要功能有哪些？

2.6 根据使用用途不同，读写器可以分为哪几类？

2.7 简述 RFID 系统的基本工作原理。

2.8 RFID 标签天线的设计要求主要包括什么内容？

2.9 标签天线主要分为几大类？分别是什么？

2.10 中间件的作用是什么？

第三章　RFID 分类及标准体系

　　随着物联网的快速全球化发展和国际射频识别领域日趋激烈的竞争，物联网 RFID 标准体系已经成为各个企业和国家参与国际竞争的重要手段。RFID 标准体系主要包括 RFID 技术标准、RFID 应用标准、RFID 数据内容标准和 RFID 性能标准。其中，编码标准和通信协议(通信接口)是争夺比较激烈的部分，两者也构成了 RFID 标准的核心。本章将从 RFID 频率的划分和各种并存的标准体系这两个方面详细进行介绍。

3.1　RFID 频率分类

　　从应用概念来说，射频标签的工作频率也就是射频识别系统的工作频率，是其最重要的特点之一。射频标签的工作频率不仅决定着射频识别系统的工作原理(电感耦合还是电磁耦合)、识别距离，还决定着射频标签及读写器实现的难易程度和设备的成本。工作在不同频段或频点上的射频标签具有不同的特点。射频识别应用占据的频段或频点在国际上有公认的划分，即位于 ISM 波段之中。射频识别典型的工作频率有 125 kHz、133 kHz、13.56 MHz、27.12 MHz、433 MHz、902～928 MHz、2.45 GHz、5.8 GHz 等。依据频率划分标准可以将其分为低频、高频、超高频和微波四种类型。

3.1.1　低频 RFID

1. 低频 RFID 电子标签简介

　　低频段射频标签简称为低频标签，其工作频率范围为 30～300 kHz。典型工作频率有 125 kHz 和 133 kHz(也有与之接近的其他频率，如 TI 公司使用 134.2 kHz)。低频标签一般为无源标签，其工作原理一般为电感耦合原理。低频标签与读写器之间传送数据时，低频标签需位于读写器天线辐射的近场区内，一般阅读距离小于 1 米。与低频标签相关的国际标准有：ISO 11784/11785(用于动物识别)、ISO 18000-2(125～135 kHz)。

　　低频标签有多种外观形式，如图 3-1 所示。应用于动物识别的低频标签外观形式有项

图 3-1　低频 RFID 标签

圈式、耳牌式、注射式、药丸式等。低频标签的典型应用有动物识别、容器识别、进出控制、物品追踪、工具识别、电子闭锁防盗(带有内置应答器的汽车钥匙)等。典型动物养殖应用有猪、牛、信鸽等物联网 RFID 管理系统。

2. 低频 RFID 电子标签的特点

低频 RFID 电子标签的优势如下:

(1) 低频标签芯片一般采用普通的 CMOS 工艺,具有省电、廉价的特点。

(2) 低频标签工作频率不受无线电频率管制约束,受温度、湿度、障碍物的影响小,可以穿透水、有机组织、木材等,能够在各种恶劣的环境下工作。

(3) 非常适合近距离的、低速度的、数据量要求较少的识别应用(例如:科学规范化养殖,野生动物跟踪保护等领域)。

低频 RFID 电子标签的劣势如下:

(1) 低频标签的阅读距离短,一般情况下小于 8 厘米。

(2) 低频标签作用范围现在只适合低速、近距离识别应用(例如动物识别、物体识别系统等)。

(3) 传送数据速度较慢。

(4) 标签存储数据量较少。

(5) 低频电子标签灵活性差,不易被识别。

(6) 数据传输速率低,在短时间内只可以一对一地读取电子标签。

(7) 与超高频电子标签相比,标签天线匝数更多,成本更高一些。

(8) 低频电子标签安全保密性差,易被破解。

3. 低频 RFID 电子标签的典型应用

低频 RFID 电子标签以其廉价、省电的特点在科学规范化养殖,野生动物跟踪保护等领域有着无法代替的绝对优势。首先低频标签能够在各种恶劣的环境下工作,受温度、湿度、障碍物的影响都很小。其次无源标签无需电源供电,能够做到很小的体积,拥有很长的使用寿命,应用于动物标识,可以直接注入动物表皮,方便实现标签与动物的连接。

挪威南方生活垃圾处理公司负责克里斯蒂安桑市 45 000 家居民的生活垃圾的处理,采用了基于 RFID 技术的垃圾回收、分类处理解决方案。

低频(125 kHz)标签一般贴在垃圾箱盖开口处,由垃圾箱生产商在垃圾箱生产的时候粘贴。标签读取距离为几英尺(1 英尺 = 30.48 厘米),其寿命可达 8 年以上。

标签系统采用后,垃圾回收效率大大提高,回收车数量减少了 10%~20%。回收车的升降抓手提起垃圾箱,读写器读取标签信息,将标签 ID 发送到后台数据库和卡车上的随机电脑,判断垃圾所属居民是否已经付费。如果未付费或是费用到期,回收车停止回收,将垃圾箱放回路边。

回收车上配备电脑为司机和管理后台提供实时信息。从这台电脑上,可以查到垃圾箱被拒绝处理的原因,工作人员凭此信息向公司进行报告。同时,如果标签失效或是垃圾箱放错位置,可提醒工作人员停止操作。

AMCS 公司从 2003 年开始提供物联网 RFID 垃圾回收解决方案,主要供应给欧洲、北美等地区的国家垃圾处理部门。基于 RFID 技术的垃圾回收、分类处理的解决方案,不仅能够解决垃圾回收过程,而且能够准确计费,拒绝处理未付费居民的垃圾,大大提升了垃圾处理部门的工作效率。

3.1.2　高频 RFID

1. RFID 高频电子标签简介

高频 RFID 使用的频段范围为 1~400 MHz,常见的主要规格为 13.156 MHz 的 ISM 频段。这个频段的标签还是以被动式为主,也是通过电感耦合方式进行能量供应和数据传输。这个频段中最大的应用就是非接触式智能卡,如图 3-2 所示。和低频相较,其传输速度较快,通常在 100 kb/s 以上,且可进行多标签辨识(各个国际标准都有成熟的抗冲突机制)。该频段的系统得益于非接触式智能卡的应用和普及,系统也比较成熟,读写设备的价格较低。产品最丰富,存储容量从 128 bit 到 8 KB 以上都有,而且可以支持很高的安全特性,从最简单的写锁定,到流加密,甚至加密协处理器都有集成。一般应用于身份识别、图书馆管理、产品管理等。安全性要求较高的 RFID 应用,该频段目前是其唯一选择。

图 3-2　高频 RFID 标签

在该频率的感应器不再需要线圈进行绕制,可以通过腐蚀或者印刷的方式制作天线。感应器一般通过负载调制的方式进行工作,也就是通过感应器上的负载电阻的接通和断开促使读写器天线上的电压发生变化,实现用远距离感应器对天线电压进行振幅调制。如果人们通过数据控制负载电压的接通和断开,那么这些数据就能够从感应器传输到读写器。

值得关注的是,在 13.56 MHz 频段中主要有 ISO 14443 和 ISO 15693 两个标准的产品。ISO 14443 产品俗称 Mifare1 系列产品,识别距离近,但价格低、保密性好,常作为公交卡、门禁卡来使用。ISO 15693 产品的最大优点在于识别效率高,通过较大功率的读写器可将识别距离扩展至 1.5 米以上。由于其波长的穿透性好,故在处理密集标签时 ISO 15693 产品有优于超高频的读取效果。

高频 RFID 电子标签主要是由天线合成的,是通过腐蚀或者印刷的方式制作其天线。其与低频卡的区别在于,它的读写距离较远,性能稳定,读写速度快,信号反应灵敏;可设计任意规格尺寸卷标,满足用户不同需求;标签材质多样、质地柔软,可任意封装;可同时读取多个标签数据,具备防冲突功能。

2. RFID 高频电子标签的特性

(1) 工作频率为 13.56 MHz,该频率的波长大概为 22 m。

(2) 除了金属材料外，该频率的波长可以穿过大多数的材料，但是这样往往会降低数据读取距离。标签需要离开金属 4 mm 以上距离，其抗金属效果在几个频段中较为优良。

(3) 该频段在全球都已得到认可并且没有特殊的限制。

(4) 感应器一般以电子标签的形式出现。

(5) 虽然该频率的磁场区域下降很快，但是它能够产生相对均匀的读写区域。该系统具有防冲撞特性，可以同时读取多个电子标签。

(6) 可以把某些数据信息写入标签中。

3. RFID 高频电子标签的主要应用

(1) 平安校园、电子书包等安防类应用。

(2) 智能图书柜、图书馆管理系统等图书管理类应用。

(3) 大型会议人员通道管理、企业及园区人员考勤管理等考勤类应用。

(4) 酒类防伪、烟草防伪、耗材防伪等防伪类应用。

(5) 工装洗涤管理、珠宝盘点管理、服装销售盘点管理、企业固定资产管理等盘点与统计类应用。

(6) 医药物流系统管理、工业物流管理、快递物流管理等物流管理类应用。

(7) 无人售货超市管理、智能货架管理等零售行业类应用。

除了以上应用外，高频电子标签还有无数的小众应用场景，可以说高频电子标签深入到了我们生活中的方方面面。5G 万物互联时代，更多的节点连接会不断出现，相信电子标签更多的应用场景也会不断出现。

3.1.3　超高频 RIFD

1. 超高频 RFID 电子标签简介

超高频电子标签在我国通常使用的是 915 MHz 的工作频率。它与低频、高频电子标签的技术原理不同，它是通过信号反射的原理来感应的。因此它的读取距离较远，通常一个超高频读卡器的标称距离为 5～15 米。全球对超高频电子标签频段的定义不尽相同，例如，我国的频段定为 840～844 MHz 和 920～924 MHz；欧盟频段为 865～868 MHz；日本频段为 952～954 MHz；中国香港、泰国、新加坡为 920～925 MHz；美国、加拿大、波多黎各、墨西哥、南美的频段为 902～928 MHz。超高频标签的封装形式如图 3-3 所示。

图 3-3　超高频 RFID 标签

2. 超高频 RFID 电子标签特点

(1) 超高频标签的阅读距离大，可达 10 米以上。

(2) 超高频标签作用范围广，现在最先进的物联网技术都是采用超高频电子标签技术。

(3) 传送数据速度快，每秒单标签读取速率可达 170 张/秒(EPC C1G2 标签)。

(4) 标签存储数据量大。

(5) 超高频电子标签灵活性强，轻易就可以识别得到。

(6) 有很高的数据传输速率，在很短的时间内可以读取大量的电子标签。

(7) 设有防冲突机制，适合于多标签读取，单次可批量读取多个电子标签。

(8) 电子标签的天线一般是长条和标签状。天线有线性和圆极化两种设计，可满足不同应用的需求。

(9) 数据保存时间大于 10 年。

(10) 手持读写器可对超高频电子标签进行读写操作。

(11) 手持读写器可对超高频电子标签进行批量操作。

(12) 手持读写器带 CE 操作系统，读取超高频电子标签数据时，可通过 WIFI、GPRS 实时上传至后台数据库。

(13) 手持读写器相当一台 PDA 电脑，通过读取超高频电子标签数据，可在手持读写器上完成读及写动作，且可在手持读写器上即时查询标签数据(如厂家信息、生产批号、生产日期等等)。

(14) 超高频电子标签具有全球唯一的 ID 号，安全保密性强，不易被破解。

(15) 可智能控制，具有高可靠性、高保密性、易操作、方便查询等特点，读写性能更加完善。

3. 超高频 RFID 电子标签的典型应用

超高频 RFID 市场应用场景相当广阔，具有能一次性读取多个标签、识别距离远、传送数据速度快、可靠性强、寿命长、耐受户外恶劣环境等优点，可用于资产管理、生产线管理、供应链管理、仓储管理、各类物品防伪溯源(如烟草、酒类、医药等)、零售管理、车辆管理等场合。

(1) **车辆管理**：通过安装在车辆挡风玻璃上的车载电子标签与在收费站 ETC 车道上的射频天线之间的专用短程通信，利用计算机联网技术与银行进行后台结算处理，从而达到车辆通过路桥收费站不需停车而能交纳路桥费的目的。

(2) **电子标识**：电子车牌是物联网技术的细分、延伸及提高的一种应用。它是在机动车辆上装有一枚电子车牌标签，将该 RFID 电子标签作为车辆信息的载体，并在通过装有经授权的射频识别读写器的路段时，对该机动车电子标签上的数据进行采集或写入，实现所有车辆数字化管理的一种先进技术。

(3) **产品防伪溯源**：通过 RFID 技术在企业产品生产等各环节的应用，实现防伪、溯源、流通和市场的管控，保护企业品牌和知识产权，维护消费者的合法权益。

(4) **仓储物流托盘管理**：在现有仓库管理中引入 RFID 技术，对仓库到货检验、入库、出库、调拨、移库移位、库存盘点等各个作业环节的数据进行自动化的数据采集，保证仓库管理各个环节数据输入的速度和准确性，确保企业及时准确地掌握库存的真实数据，合理保持和控制企业库存。

(5) **洗衣行业管理**：洗衣行业用的电子标签应耐高温，耐揉搓，主要用于洗衣行业的追踪，查收衣物洗涤情况等。该标签采用硅胶封装技术，可以缝合、热烫或悬挂在毛巾、服装上，用于对毛巾、服装类产品进行清点管理。通过在每一件布草上缝制一颗纽扣状(或标签状)的电子标签，直至布草被报废(标签可重复使用，但不超过标签本身使用寿命)，将使得用户的洗衣管理变得更为透明，且提高了工作效率。耐高温洗衣标签广泛应用与纺织品工厂、布草专业洗涤和洗衣店等。

(6) **服装管理**：服装管理方面的应用是指在现有服装仓库管理中引入 RFID 技术，可以对服装仓库到货检验、入库、出库、调拨、移库移位、库存盘点等各个作业环节的数据进行自动化的数据采集，保证仓库管理各个环节数据输入的速度和准确性，确保企业及时准确地掌握库存的真实数据，合理保持和控制企业库存。超高频 RFID 技术可在服装生产、产品加工、品质检验、仓储、物流运输、配送、产品销售等各个环节实现信息化，为各级管理者提供真实、有效、及时的管理和决策支持信息，为业务的快速发展提供支撑，解决企业遇到的大多数问题。

(7) **生猪溯源管理**：合格的猪肉白条绑定射频识别溯源标签，在出厂时射频识别通道获取的猪肉代码与 RFID 溯源一体机获取的下游销售商的 RFID 身份卡信息自动关联。同时一体机也与电子称连接获取肉品重量，一体机打印其溯源系统肉品交易凭证。该批出厂肉品的溯源编码、重量、下游买家等信息同时上传至政府溯源监管系统中，每片猪肉对应唯一的商家或经营户，实现屠宰环节上生猪进厂与白条出厂的信息链接。

(8) **轮胎管理**：通过在轮胎上植入 RFID 电子标签，可使得每条轮胎都成为有效的数据追溯载体，配合轮胎信息数据库，可以对轮胎全生命周期进行有效管理。

(9) **智能巡检管理**：应用 RFID 技术可以实现巡检工作的电子化、信息化和智能化，从而提高电力设备工作效率，保证电力设备的安全运行。适合企业、独立变电站及集控站等用户对电力巡检中所涉及的设备信息、巡检任务、巡检线路、巡检点以及巡检项目进行定制和管理，实现巡检到位控制和缺陷管理的规范化，从而提高电力设备管理水平。

(10) **机场行李管理**：将 RFID 电子标签技术运用到航空包裹的追踪和管理上，确保航空公司对乘客托运的行李进行追踪管理和确认，使乘客所托运的行李包裹安全准时地到达目的地得到了保证。

在快速增长的市场预期下，中国超高频 RFID 市场还存在着一定的制约因素。近两年来，超高频电子标签价格下降很快，但是从 RFID 芯片以及包含读写器、电子标签、中间件、系统维护等整体成本而言，超高频 RFID 系统价格依然偏高，而项目成本是最终用户权衡项目投资收益的重要指标，因此降低成本是一个重要问题。

3.1.4 微波 RFID

1. 微波 RFID 电子标签简介

微波频段为 1～10 GHz，但 RFID 应用仅使用其中的两个频段：2.45 GHz 和 5.8 GHz。微波标签可以是被动式类型、半被动式类型，还可以是主动式的类型。被动式和半被动式标签采用反向散射的方式与读写器进行通信，而主动式标签使用它本身的发射器进行通信。被动式微波标签通常比被动式超高频标签要小，它们具有相同的读取范围，大约为 5 m。半被动式微波标签的读取范围为 30 m 左右，但是主动式微波标签的读取范围可达 100 m。被动式微波标签由于需求量不大，比被动式超高频标签价格要高，只有很少的制造商生产这种标签。2.45 GHz 和 5.8 GHz 射频识别系统多以半无源微波电子标签产品面世。半无源标签一般采用钮扣电池供电，具有较远的读取距离。微波标签如图 3-4 所示，其相关的国际标准有 ISO/IEC 18000-4(2.45 GHz)、ISO/IEC 18000-5(5.8 GHz)两种。

图 3-4　微波 RFID 标签

　　微波标签的天线是有方向性的，有助于确定被动式和半被动式标签的读取区。由于微波波长更短，微波天线更容易设计成和金属物体一起发挥作用的形式。微波频段上的带宽更宽，同时跳频信道也更多。但是，在微波频段存在较多的干扰，原因在于很多家用设备，如无绳电话和微波炉也使用这个频率。政府尚未就 RFID 微波频段的应用进行分配。半被动式 RFID 微波标签多应用于车辆大等范围的访问控制、舰艇识别和高速公路收费机，主动式微波标签多应用于实时定位系统。

　　在安全识别系统中，随着与微波有关的常用硬件和软件的急速增加，微波 RFID 在微波入侵报警系统、运动探测器、速度传感器、距离监控器，特别是在综合安全或工业控制系统标签读写中，都显示出巨大的消费潜力。又由于能够使用相对廉价的数字装置和系统，解释并纠正了系统的缺陷(如高误报警率)等问题，降低了微波装置操作的复杂性，因此，在监控和测量任务中，这些特点都成为了广泛使用微波技术的重要因素。

　　在对人员和物品的识别方面应用一些无触点技术，对于简易的微波系统而言，可促进其广泛发展。在多数情况下，使用条形码标签和光学读卡机就能完成识别任务。例如，在超市交款台前被广泛应用的产品条码标签和扫描仪等。但是，在一些特定情况下，光学或磁性识别系统的工作性能并不可靠。一般来说，由于标签和读卡机的相对排列和近似性，或其工作在有烟雾或污染的环境下，都会影响标签的可读性。一个典型例子就是广泛应用于识别铁路货运的一种光学彩色条码读卡机系统。该系统除了要求将所有读卡机和彩色条码精确定位外，还要求条码上无污物和油脂，否则也会影响该系统的正常使用。所以许多私人公司及铁路代办处不得不寻找别的方法来解决此问题。这其中就包括使用微波系统的方法。微波装置系统的优势就在于其具有比光学系统更宽的光束宽度，能够穿透大量的烟雾和污物，而且不需要精确的排列等。

2. 微波 RFID 电子标签分类

　　微波识别系统一般都是由一台处在中心位置的讯问器和多个异频雷达收发机或标签

组成。较复杂的系统则还需要高压源、高灵敏度的接收机和传输与讯问频率不同的高压响应信号等。根据是否需要电源供给可将其分为有源标签和无源标签。无源标签通常需要外部电源，这些外部电源或通过 RF 纠偏获得，或是来自于讯问器的微波电压，也可以利用照明用太阳能电池的输出电压而获得。正因为这些标签没有明显与电源相连或不需电池替代，所以，可以把它们看成真正意义上的无源标签，或者也可以把它们看作驱动型标签，因此又可把微波 RFID 标签类型分为无源式、驱动式及电池式。

　　总之，微波识别系统是由位于中心位置的微波讯问收发器和许多廉价的小标签(无源的、驱动的或是电池供给的)组成。它通过将讯问器信号进行变化和反射或是传输不同频率的信号来获得可区分的响应信号，并运用各种编码生成和调制技术或是变频技术将识别数据返同到讯问器中。根据这些特点，当定位或是排列受到限制，或是在别的系统不能正常工作的恶劣环境中，微波识别系统是非常具有潜力的产品。

3. 微波 RFID 电子标签的特点及应用

　　微波 RFID 电子标签的典型特点主要集中在无线读写距离、支持多标签读写、适合高速识别应用、读写器的发射功率容限大、电子标签读写器的价格优势等方面。对于可无线读写的电子标签而言，通常情况下，写入距离要小于识别距离，其原因在于写入要求有更大的能量。

　　微波电子标签典型应用有移动车辆识别、仓储物流应用和电子闭锁防盗(电子遥控门锁控制器)等。

　　电子标签的特点可总结如表 3-1 所示。

表 3-1　电子标签的特点总结

工作频率	协　议	一般最大读写距离	受方向影响	芯片价格(相对)	数据传输速率(相对)	目前使用情况
125 kHz	ISO 11784/11785 ISO 18000-2	10 cm	无	一般	慢	大量使用
13.56 MHz	ISO/IEC 14443	10 cm	无	一般	较慢	大量使用
	ISO/IEC 15693	单向 180 cm 全向 100 cm	无	低	较快	大量使用
860～930 MHz	ISO/IEC 18000-6、EPCx	10 m	一般	一般	读快写较慢	大量使用
2.45 GHz	ISO/IEC 18001-3	10 m	一般	较高	较快	可能大量使用
5.8 GHz	ISO/IEC 18001-5	10 m 以上	一般	较高	较快	可能大量使用

3.2　RFID 多种标准并存

　　RFID 是从上世纪 80 年代开始逐渐走向成熟的一项自动识别技术。近年来随着微电子、计算机和网络技术的发展，RFID 技术的应用范围和深度都得到了迅速的发展。美国在伊拉克战争中对 RFID 技术的成功应用，以及全球有影响的大企业计划未来几年里在零售商店和货栈开始使用 RFID 系统，使得该技术现在迅速成为全球瞩目的焦点，并被列为 21 世纪最有前途的重要产业和应用技术之一。

值得注意的是目前 RFID 已经发展到一个非常关键的阶段，就是形成全球统一标准的阶段，大规模应用虽然还未形成，很多相关系统也还是在试验阶段，但是 RFID 走向大规模应用的发展趋势已经明朗。

为了更好地推动这一新产业的发展，国际标准化组织 ISO、以美国为首的 EPCglobal、日本 UID 等标准化组织纷纷制定 RFID 相关标准，并在全球积极推广这些标准。下面简要介绍这三个标准体系。

3.2.1 ISO/IEC 制定的 RFID 标准体系

RFID 标准化工作最早可以追溯到 20 世纪 90 年代。1995 年国际标准化组织 ISO、国际电工委员会 IEC 与联合技术委员会 JTC1 设立了子委员会 SC31(以下简称 SC31)，负责 RFID 标准化研究工作。SC31 委员会由来自各个国家的代表组成，如英国的 BSI IST34 委员、欧洲 CEN TC225 成员。他们既是各大公司内部的咨询者，也是不同公司利益的代表者。因此在 ISO 标准化制定过程中，有企业、区域标准化组织和国家三个层次的利益代表者。SC31 子委员会负责的 RFID 标准可以分为四个方面：数据标准(如编码标准 ISO/IEC 15691、数据协议 ISO/IEC 15692、ISO/IEC 15693，解决了应用程序、标签和空中接口多样性的要求，提供了一套通用的通信机制)，空中接口标准(ISO/IEC 18000 系列)，测试标准(性能测试 ISO/IEC 18047 和一致性测试标准 ISO/IEC 18046)，实时定位标准(RTLS)(ISO/IEC 24730 系列应用接口与空中接口通信标准)。这些标准涉及 RFID 标签、空中接口、测试标准、读写器以及应用程序之间的数据协议，它们考虑的是所有应用领域的共性要求。

国际标准化组织 ISO 对于 RFID 的应用标准制定是由与应用相关的子委员会完成的，RFID 在物流供应链领域中的应用标准是由 ISO TC 122/104 联合工作组负责制定的。这些标准主要包括 ISO 17358 应用要求、ISO 17363 货运集装箱、ISO 17364 装载单元、ISO 17365 运输单元、ISO 17366 产品包装、ISO 17367 产品标签。RFID 在动物追踪方面的标准是由 ISO TC 23 SC19 来制定的，包括 ISO 11784/11785 动物 RFID 在畜牧业的应用，ISO 14223 动物 RFID 在畜牧业的应用，高级标签的空中接口、协议定义。

从 ISO 制定的 RFID 标准内容来说，RFID 应用标准是在 RFID 编码、空中接口协议、读写器协议等基础标准之上，针对不同使用对象，确定了使用条件、标签尺寸、标签粘贴位置、数据内容格式、使用频段等方面特定应用要求的具体规范，同时也包括数据的完整性、人工识别等其他一些要求。通用标准提供了一个基本框架，应用标准是对它的补充和具体规定。这一标准制定思想既保证了 RFID 技术具有互通性与互操作性，又兼顾了应用领域的特点，能够很好地满足应用领域的具体要求。

ISO/IEC 是信息技术领域最重要的标准化组织之一。ISO/IEC 认为 RFID 是自动身份识别和数据采集的一种很好手段，制定 RFID 标准不仅要考虑物流供应链领域的单品标识，还要考虑电子票证、物品防伪、动物管理、食品与医药管理、固定资产管理等应用领域。

基于这种认识，ISO/IEC 联合技术委员会 JTC 委托 SC31 子委员会，负责所有 RFID 通用技术标准的制定工作，也即对所有 RFID 应用领域的共同属性进行规范化；委托各专业委员会负责应用技术标准的制定，如 ISO TC104 SC4 负责制定集装箱系列 RFID 标准的制定，ISO TC 23 SC19 负责制定动物管理系列 RFID 标准，ISO TC122 和 ISO TC104 组成的联合工作组制定物流与供应链系列应用标准。所有标准的制定工作可以由技术委员会委托某些专家起草标准草案，也可以由企业或者专家直接提交标准草案，然后按照 ISO 标准化组织制定标准的程序进行审核、修改直至最后批准执行。

　　ISO/IEC 的通用技术标准可以分为数据采集和信息共享两大类。数据采集类技术标准涉及标签、读器、应用程序等，可以理解为本地单个读写器构成的简单系统，也可以理解为大系统中的一部分，其层次关系如图 3-5 所示；而信息共享类就是 RFID 应用系统之间实现信息共享所必须的技术标准，如软件体系架构标准等。

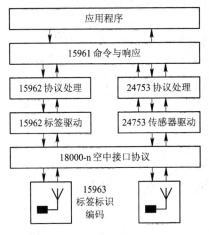

图 3-5　　RFID 标准体系分层框图

　　在图 3-5 中，左半部分图是普通 RFID 标准分层框图，右半部分图是从 2006 年开始制定的增加辅助电源和传感器功能以后的 RFID 标准分层框图。它清晰地显示了各标准之间的层次关系，自底而上先是 RFID 标签标识编码标准 ISO/IEC 15963，然后是空中接口协议 ISO/IEC 18000 系列，再下来是 ISO/IEC 15962 和 ISO/IEC 24753 数据传输协议，最后为 ISO/IEC 15961 应用程序接口。与辅助电源和传感器相关的标准有空中接口协议、ISO/IEC 24753 数据传输协议以及 IEEE 1451 标准。下面介绍几点标准中的规定内容。

1. ISO/IEC RFID 数据内容与结构标准

　　数据内容标准主要规定了数据在标签、读写器到主机(也即中间件或应用程序)各个环节的表示形式。由于标签能力(存储能力、通信能力)的限制，在各个环节的数据表示形式必须充分考虑各自的特点，采取不同的表现形式。另外主机对标签的访问可以独立于读写器和空中接口协议，也就是说读写器和空中接口协议对应用程序来说是透明的。RFID 数据协议的应用接口基于 ASN.1，它提供了一套独立于应用程序、操作系统和编程语言，也独立于标签读写器与标签驱动之间的命令结构。

　　下面通过一个表格查看一下 ISO/IEC RFID 与数据内容和结构相关的标准，如表 3-2 所示。

表 3-2　ISO/IEC RFID 数据内容与结构标准

	ISO/IEC 15424	数据载体/特征标识符
RFID 数据内容与结构标准	ISO/IEC 15418	EAN UCC 应用标识符及 ASC MH10(ANSI 标准)数据标识符
	ISO/IEC 15418	EAN、UCC 应用标识符及 ASC MH10(ANSI 标准)数据标识符
	ISO/IEC 15434	大容量 ADC 媒体用的传送语法
	ISO/IEC 15459	物品管理的唯一识别号(UID)
	ISO/IEC 15961	数据协议:应用接口
	ISO/IEC 15962	数据编码规则和逻辑存储功能的协议
	ISO/IEC 15963	射频标签(应答器)的唯一标识

ISO/IEC 15961 规定了读写器与应用程序之间的接口,侧重于应用命令与数据协议加工器交换数据的标准方式,这样应用程序可以完成对电子标签数据的读取、写入、修改、删除等操作功能。

ISO/IEC 15962 规定了数据的编码、压缩、逻辑内存映射格式,以及如何将电子标签中的数据转化为对应用程序有意义的方式。该协议提供了一套数据压缩的机制,能够充分利用电子标签中有限的数据存储空间以及空中通信能力。

ISO/IEC 24753 扩展了 ISO/IEC 15962 数据处理能力,适用于具有辅助电源和传感器功能的电子标签。增加传感器以后,电子标签中存储的数据量以及对传感器的管理任务大大增加了,ISO/IEC 24753 规定了电池状态监视、传感器设置与复位、传感器处理等功能。ISO/IEC 24753 与 ISO/IEC 15962 一起规范了带辅助电源和传感器功能电子标签的数据处理与命令交互。它们使得 ISO/IEC 15961 独立于电子标签和空中接口协议。

ISO/IEC 15963 规定了电子标签唯一标识的编码标准,该标准兼容 ISO/IEC 7816-6、ISO/TS 14816、EAN.UCC 标准编码体系、INCITS 256 以及保留对未来的扩展。注意该编码标准与物品编码的区别,物品编码是对标签所贴附物品的编码,而该标准标识的是标签自身。

2. ISO/IEC RFID 性能标准

未经过测试的 RFID 系统,系统整体性能不明确,可能会影响实际应用效果,甚至打击最终用户对 RFID 技术本身的信心。RFID 系统性能测试标准以及相关测试方法已成为保障 RFID 应用的关键措施之一。因此,在投资和实施 RFID 解决方案之前,按照标准化的方法和流程进行测试是非常必要的。

RFID 性能测试主要包括系统性能测试、读写器性能测试和标签性能测试,其应用的国际标准主要为 ISO/IEC 18046 系列、ISO/IEC 18047 系列以及 SO/IEC 10373-6 标准。国内目前仅发布了系统性能测试标准 GB/T 29272—2012。

ISO/IEC 18046 射频识别设备性能测试的主要内容有:

(1) **系统性能检测。** ISO/IEC 18046-1 系统性能测试包含感应系统、符合 ISO/IEC 18000-6 的传播系统、符合 ISO/IEC 18000-7 的传播系统三类,对应采用的频段分别为 135 kHz / 13.56 MHz;860~960 MHz 以及 433 MHz。针对上述前两类系统,测试内容和方法大体一致，根据系统可识别的标签数量不同，分为单标签测试和多标签测试两大部分；根据读写器的配置不同，分为便携读写器、单边天线配置读写器、门天线配置读写器和三维天线配置读写器四种不同天线配置下的读写器系统；根据测试目标不同，分为操作距离、操作范围、识别移动速度、识别标签数量、识别标签群移动速度等测试项目。符合 ISO/IEC 18000-7 的传播系统的测试内容和方法与上述两种系统不同。

(2) **标签性能参数及其检测**。标签性能参数及其检测主要包括标签检测参数设置、检测速度、标签形状设计、标签检测方向、单个标签检测及多个标签检测等内容。

(3) **读写器性能参数及其检测**。读写器性能参数及其检测主要包括读写器检测参数设置及识读范围、识读速率、读数据速率、写数据速率等内容。在附件中规定了测试条件，通常有全电波暗室、半电波暗室以及开阔场三种测试场。该标准定义的测试方法形成了性能评估的基本架构，可以根据 RFID 系统应用的要求，扩展测试内容。应用标准或者应用系统测试规范可以引用 ISO/IEC 18046 性能测试方法，并在此基础上根据应用标准和应用系统具体要求进行扩展。

ISO/IEC 18047 对确定射频识别设备(标签和读写器)一致性的方法进行了定义，也称空中接口通信测试方法。测试方法只要求那些被实现和被检测的命令功能以及任何功能选项。它与 ISO/IEC 18000 系列标准相对应。一致性测试是要确保系统各部分之间的相互作用达到技术要求，也即系统的一致性要求。只有符合一致性要求，才能实现不同厂家生产的设备在同一个 RFID 网络内能够互连互通互操作。一致性测试标准体现了通用技术标准的范围，也即它是实现互联互通互操作所必须的技术内容，凡是不影响互联互通互操作的技术内容尽量留给应用标准或者产品的设计者。

3. ISO/IEC RFID 技术标准

1) 空中接口通信协议

读写器和标签是 RFID 系统中最基本的设备。利用射频信号的空间耦合与传输特性，读写器对标签上存储的标识信息、应用数据等进行访问，从而实现物品的自动识别与数据采集。为了实现不同设备之间的互联互通，需要制定空中接口协议，对读写器与标签的交互过程、传输信号、命令响应格式等进行规范。

ISO/IEC 18000《信息技术用于物品管理的射频识别技术空中接口》(简称空中接口通信协议)由 ISO/IEC/JTC1/SC31/WG4 制定，旨在提供符合全球无线频谱规范要求的 RFID 读写器与标签交互协议。

ISO/IEC 18000(空中接口通信协议)规范了读写器与电子标签之间的信息交互，目的是为了实现不同厂家生产设备之间的互联互通性。ISO/IEC 制定五种频段的空中接口协议，主要由于不同频段的 RFID 标签在识读速度、识读距离、适用环境等方面存在较大差异，单一频段的标准不能满足各种应用的需求。这种思想充分体现了标准统一的相对性，一个标准是对相当广泛的应用系统的共同需求，但不是所有应用系统的需求，一组标准可以满足更大范围的应用需求。

截至 2009 年 10 月，ISO/IEC 18000 标准包括 ISO/IEC 18000-1、-2、-3、-4、-6、-7 六部分(ISO/IEC 18000-5 由于不符合全球范围内的频谱要求，2003 年 1 月被终止)，覆盖低频(小于 135 kHz)、高频(13.56 MHz)、超高频(433 MHz、860～960 MHz)和微波(2.45 GHz)

四个频段，为 RFID 技术在各个领域的应用奠定了基础。

ISO/IEC 18000-1 是 ISO/IEC 18000 标准的总纲，是"标准的标准"，规范了空中接口通信协议中共同遵守的读写器与标签的通信参数表、知识产权基本规则等内容，使后续各部分的标准化工作有章可循。

ISO/IEC 18000-2 适用于低频 125～134 kHz，其中规定了在标签和读写器之间通信的物理接口，读写器应具有与 Type A(FDX)和 Type B(HDX)标签通信的能力；还规定了协议和指令以及多标签通信的防碰撞方法。

ISO/IEC 18000-3 适用于高频段(13.56 MHz)，规定了读写器与标签之间的物理接口、协议和命令以及防碰撞方法。关于防碰撞协议可以分为两种模式，而模式 1 又分为基本型与扩展型两种协议(无时隙无终止多应答器协议和时隙终止自适应轮询多应答器读取协议)。模式 2 采用时频复用 FTDMA 协议，共有 8 个信道，适用于标签数量较多的情形。

ISO/IEC 18000-4 适用于微波段 2.45 GHz，规定了读写器与标签之间的物理接口、协议和命令以及防碰撞方法。该标准包括两种模式，模式 1 是无源标签，工作方式是读写器先讲；模式 2 是有源标签，工作方式是标签先讲。

ISO/IEC 18000-6 适用于超高频段 860～960 MHz，规定了读写器与标签之间的物理接口、协议和命令以及防碰撞方法。它包含 TypeA、TypeB 和 TypeC 三种无源标签的接口协议，通信距离最远可以达到 10 m。其中 TypeC 是由 EPCglobal 起草的，并于 2006 年 7 月获得批准，它在识别速度、读写速度、数据容量、防碰撞、信息安全、频段适应能力、抗干扰等方面有较大提高。2006 年递交了 V4.0 草案，它针对带辅助电源和传感器电子标签的特点进行了扩展，包括标签数据存储方式和交互命令。带电池的主动式标签可以提供较大范围的读取能力和更强的通信可靠性，不过其尺寸较大，价格也更贵一些。

ISO/IEC 18000-7 适用于超高频段 433.92 MHz，属于有源电子标签。该标准规定了读写器与标签之间的物理接口、协议和命令以及防碰撞方法。有源标签识读范围大，适用于大型固定资产的跟踪。

不同应用领域对 RFID 系统读写距离、识别速率等性能要求也不尽相同。ISO/IEC 18000 空中接口协议覆盖了大部分频段，满足不同应用领域的需求。由于不同频段无线信号传输特性和无线频谱政策的差异，相应的空中接口协议也有较大的区别。

2) 实时定位系统

实时定位系统可以改善供应链的透明性。RFID 标签可以解决短距离尤其是室内物体的定位，可以弥补 GPS 等定位系统只能适用于室外大范围的不足。GPS 定位、手机定位以及 RFID 短距离定位手段与无线通信手段一起可以实现物品位置的全程跟踪与监视。目前正在制定的标准有：

• ISO/IEC 24730-1 应用编程接口(API)，其中规范了 RTLS 服务功能以及访问方法，目的是应用程序可以方便地访问 RTLS 系统，它独立于 RTLS 的低层空中接口协议。

• ISO/IEC 24730-2 适用于 2450 MHz 的 RTLS 空中接口协议。它规范了一个网络定位系统，该系统利用 RTLS 发射机发射无线电信标，接收机根据收到的几个信标信号解算位置。发射机的许多参数可以远程实时配置。

ISO/IEC 24730-3 适用于 433 MHz 的 RTLS 空中接口协议。

3) 软件系统基本架构

2006 年 ISO/IEC 开始重视 RFID 应用系统的标准化工作，将 ISO/IEC 24752 调整为 6 个部分并重新命名为 ISO/IEC 24791。制定该标准的目的是对 RFID 应用系统提供一种框架，并规范了数据安全和多种接口，便于 RFID 系统之间的信息共享；使得应用程序不再关心多种设备和不同类型设备之间的差异，便于应用程序的设计和开发；能够支持设备的分布式协调控制和集中管理等功能，优化密集读写器组网的性能。该标准的主要目的是解决读写器之间以及应用程序之间共享数据信息的问题，随着 RFID 技术的广泛应用，RFID 数据信息的共享越来越重要。ISO/IEC 24791 标准各部分之间的关系如图 3-6 所示。

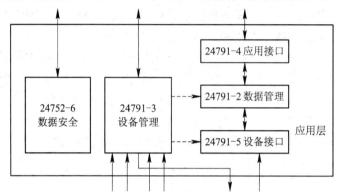

图 3-6　ISO/IEC 24791 标准各部分之间关系

ISO/IEC 24791 标准的具体内容如下：

(1) ISO/IEC 24791-1(体系架构)：给出软件体系的总体框架和各部分标准的基本定位。它将体系架构分成三大类：数据平面、控制平面和管理平面。数据平面侧重于数据的传输与处理，控制平面侧重于运行过程中对读写器中空中接口协议参数的配置，管理平面侧重于运行状态的监视和设备管理。三个平面的划分可以使得软件架构体系的描述得以简化，每一个平面包含的功能将减少，在复杂协议的描述中经常采用这种方法。每个平面包含数据管理、设备管理、应用接口、设备接口和数据安全五个方面的部分内容。目前已经给出标准草案。

(2) ISO/IEC 24791-2(数据管理)：主要功能包括读、写、采集、过滤、分组、事件通告、事件订阅等功能。另外支持 ISO/IEC 15962 提供的接口，也支持其他标准的标签数据格式。该标准位于数据平面，目前已经给出标准草案。

(3) ISO/IEC 24791-3(设备管理)：类似于 EPCglobal 读写器管理协议，能够支持设备的运行参数设置、读写器运行性能监视和故障诊断。设置包括初始化运行参数、动态变化的运行参数以及软件升级等。性能监视包括历史运行数据收集和统计等功能。故障诊断包括故障的检测和诊断等功能。该标准位于管理平面，目前正在制定过程中，还没有公布草案。

(4) ISO/IEC 24791-4(应用接口)：位于最高层，提供读、写功能的调用格式和交互流程。据估计该接口类似于 ISO/IEC 15961 应用接口，但是肯定还需要扩展和调整。该标准位于数据平面，目前正在制定中，还没有看到草案。

(5) ISO/IEC 24791-5(设备接口)：类似于 EPCglobal LLRP 低层读写器协议，它为客户控制和协调读写器的空中接口协议参数提供通用接口规范，它与空中接口协议相关。该标准位于控制平面，目前正在制定中，还没有看到草案。

(6) ISO/IEC 24791-6(数据安全)：本标准正在制定中，目前没有见到草案。

ISO/IEC 24729 是目前正在制定过程中的标准，包含以下三个部分：

- ISO/IEC 24729-1 RFID 使能标签标识与包装；
- ISO/IEC 24729-2 RFID 可回收标签；
- ISO/IEC 24729-3 RFID 读写器/天线安装。

应该注意的是以上 RFID 系列标准中包含了大量专利，如 ISO/IEC 18000 系列中列出了部分专利，其实还有很多专利并没有在标准中列出来。

4. ISO/IEC 应用技术标准

早在 20 世纪 90 年代，ISO/IEC 已经开始制定集装箱标准 ISO 10374 标准，后来又制定了集装箱电子关封标准 ISO 18185，动物管理标准 ISO 11784/5、ISO 14223 等。随着 RFID 技术的应用越来越广泛，ISO/IEC 认识到需要针对不同应用领域中所涉及的共同要求和属性制定通用技术标准，而不是每一个应用技术标准完全独立制定，这就是上一节介绍的通用技术标准。

在制定物流与供应链 ISO 17363~17367 系列标准时，直接引用 ISO/IEC 18000 系列标准。通用技术标准提供的是一个基本框架，而应用标准是对它的补充和具体规定，这样既保证了不同应用领域 RFID 技术具有互联互通与互操作性，又兼顾了各应用领域的特点，能够很好地满足应用领域的具体要求。应用技术标准是在通用技术标准基础上，根据各个行业自身的特点而制定的，它针对了行业应用领域所涉及的共同要求和属性。应用技术标准与用户应用系统的区别是：应用技术标准针对一大类应用系统的共同属性，而用户应用系统针对具体的一个应用。如果用面向对象分析思想来比喻的话，把通用技术标准看成是一个基础类，则应用技术标准就是一个派生类。

1) 货运集装箱系列标准

ISO TC 104 技术委员会专门负责集装箱标准的制定，是集装箱制造和操作的最高权威机构。与 RFID 相关的标准由第四子委员会(SC4)负责制定，它包括如下标准：

(1) ISO 6346：集装箱——编码、ID 和标识符号标准，1995 年制定。

该标准提供了集装箱标识系统。集装箱标识系统用途很广泛，比如在文件、控制和通信方面(包括自动数据处理)的应用，像集装箱本身的显示一样。在集装箱标识中的强制标识以及在 AEI(Automatic Equipment Identification，自动设备标识)和 EDI(Electronic Data Interchange，电子数据交换)应用的可选特征。该标准规定了集装箱尺寸、类型等数据的编码系统以及相应的标记方法，还规定了操作标记和集装箱标记的物理展示。

(2) ISO 10374：集装箱自动识别标准，1991 年制定，1995 年修定。

该标准基于微波应答器的集装箱自动识别系统，它是把集装箱当作一个固定资产来看。应答器为有源设备，工作频率为 850~950 MHz 及 2.4~2.5 GHz。只要应答器处于此场内就会被活化并采用变形的 FSK 副载波通过反向散射调制做出应答。信号在两个副载波频率 40 kHz 和 20 kHz 之间被调制。由于该标准于 1991 年制定，所以其中还没有用到 RFID 这个词，实际上有源应答器就是今天的有源 RFID 电子标签。此标准和 ISO 6346 共同应用于集装箱的识别，ISO 6346 规定了光学识别，ISO 10374 则用微波的方式来表征光学识别的信息。

(3) ISO 18185：集装箱电子关封标准草案(陆、海、空)。

　　该标准用于海关监控集装箱装卸状况，它包含七个部分：空中接口通信协议、应用要求、环境特性、数据保护、传感器、信息交换的消息集、物理层特性要求。

　　以上三个标准涉及到的空中接口协议并没有引用 ISO/IEC 18000 系列空中接口协议，主要原因是它们的制定时间早于 ISO/IEC 18000 系列空中接口协议。

　　2) 物流供应链系列标准

　　为了使 RFID 能在整个物流供应链领域发挥重要作用，ISO TC 122 包装技术委员会和 ISO TC 104 货运集装箱技术委员会成立了联合工作组 JWG，负责制定物流供应链系列标准。工作组按照应用要求、货运集装箱、装载单元、可回收运输单元、产品包装、产品标签的 RFID 应用六级物流单元制定了六个应用标准。

　　(1) ISO 17358 应用要求。这是供应链 RFID 的应用要求标准，由 TC 122 技术委员会主持，目前正在制定过程中。该标准定义了供应链物流单元各个层次的参数，定义了环境标识和数据流程。

　　(2) ISO 17363～17367 系列标准。供应链 RFID 物流单元系列标准分别对货运集装箱、可回收运输单元、运输单元、产品包装、产品标签的 RFID 应用进行了规范。该系列标准内容基本类同，如空中接口协议采用 ISO/IEC 18000 系列标准。各标准在具体规定上存在差异，分别针对不同的使用对象做了补充规定，如使用环境条件、标签的尺寸、标签张贴的位置等特性，根据对象的差异要求采用电子标签的载波频率也不同。货运集装箱、可回收运输单元和运输单元使用的电子标签一定是重复使用的，产品包装则要根据实际情况而定，而对产品标签来说通常是一次性的。另外还要考虑数据的完整性、可视识读标识等。可回收单元在数据容量、安全性、通信距离等方面要求较高。这个系列标准目前正在制定过程中。

　　这里需要注意的是 ISO 10374、ISO 18185 和 ISO 17363 三个标准之间的关系，它们都是针对集装箱的，但是 ISO 10374 是针对集装箱本身的管理的，ISO 18185 是海关为了监视集装箱而采用的标准，而 ISO 17363 是针对供应链管理目的而在货运集装箱上使用的可读写的 RFID 标识标签和货运标签的标准。

　　3) 动物管理系列标准

　　ISO TC 23/SC 19 负责制定动物管理 RFID 方面的标准，包括 ISO 11784/11785 和 ISO 14223 三个标准。

　　(1) ISO 11784 编码结构。它规定了动物射频识别码的 64 位编码结构，动物射频识别码要求读写器与电子标签之间能够互相识别。该编码结构通常由包含数据的比特流以及为了保证数据正确所需要的编码数据所组成。代码结构为 64 位，其中的 27 至 64 位可由各个国家自行定义。

　　(2) ISO 11785 技术准则。它规定了应答器的数据传输方法和读写器规范。工作频率为 134.2 kHz，数据传输方式有全双工和半双工两种，读写器数据以差分双相代码表示，电子标签采用 FSK 调制，NRZ 编码。由于存在较长的电子标签充电时间和工作频率的限制，通信速率较低。

　　(3) ISO 14223 高级标签。它规定了动物射频识别的转发器和高级应答机的空间接口标准，可以让动物数据直接存储在标记上，这表示通过简易、可验证以及廉价的解决方案，每只动物的数据就可以在离线状态下直接取得，进而改善库存追踪以及提升全球的进出口控制能力。通过符合 ISO 14223 标准的读取设备，可以自动识别家畜，而它所具备的防碰撞算法和抗干扰特性，即使家畜的数量极为庞大，识别也没有问题。ISO 14223 标准包含空中接口、编码和命令结构、应用三个部分，它是 ISO 11784/11785 的扩展版本。

3.2.2　EPCglobal 制定的 RFID 标准体系

EPCglobal 是由美国统一代码协会(UCC)和国际物品编码协会(EAN)于 2003 年 9 月共同成立的非营利性组织，全球最大的零售商沃尔玛连锁集团和英国 Tesco 等 100 多家美国和欧洲的流通企业都是 EPCglobal 的成员。同时，EPCglobal 由美国 IBM 公司、微软公司和 Auto-ID 实验室等进行技术支持。此组织除发布工业标准外，还负责 EPCgobal 号码注册管理。EPC 系统是一种基于 EAN/UCC 编码的系统，作为产品与服务流通过程信息的代码化表示，EAN/UCC 编码具有一整套涵盖贸易流通过程各种有形或无形产品所需的全球唯一标识代码，包括贸易项目、物流单元、服务关系、商品位置和相关资产等标识代码。EAN/UCC 标识代码随着产品或服务的产生在流通源头建立，并伴随着该产品或服务的流动贯穿全过程。

1. EPC 系统的特点

EPC 系统具有很多特点，EPC 系统是一个全球的大系统，供应链的各个环节、各个节点、各个方面都可从中受益，但低价值的识别对象(如食品、消费品等)对 EPC 系统引起的附加价格十分敏感。EPC 系统正在考虑通过革新相关技术，进一步降低成本，同时系统的整体改进将使得供应链管理得到更好的应用，以提高效益，抵消和降低附加价格。EPC 系统的主要特点包括开放的结构体系、独立的平台与高度的互动性以及灵活的可持续发展的体系。

1) 开放的结构体系

EPC 系统采用全球最大的公用的 Internet 网络系统，这就有效地避免了系统的复杂性，同时也大大降低了系统的成本，并且还有利于系统的增值。

2) 独立的平台与高度的互动性

EPC 系统识别的对象是一组十分广泛的实体，因而不可能有哪一种技术适用于所有识别对象。同时，不同地区、不同国家的射频识别技术标准也不尽相同。因此，开放的结构体系必须具有独立的平台和高度的互操作性。EPC 系统网络构建在 Internet 网络系统上，并且可以与 Internet 网络所有可能的组成部分协同工作。

3) 灵活的可持续发展的体系

EPC 系统是一个灵活的、开放的、可持续发展的体系，可在不替换原有体系的情况下做到系统升级。由于 EPC 系统实现了供应链中贸易项信息的真实可见性，因而使得组织运作更具效率。确切地说，通过高效的、顾客驱动的运作，供应链中诸如贸易项的位置、数目等即时信息会使组织对顾客及其需求做出更灵敏的反应。

2. EPCglobal 标准

EPCglobal 成立伊始，就致力于建立一套全球中立的、开放的、透明的标准，并为此进行了不懈的努力。该机构于 2004 年 4 月公布了第一代 RFID 技术标准，包括 EPC 标签数据规格、超高频 Class0 和 Class1 标签标准、高频 Class1 标签标准，以及物理标识语言内核规格。

　　EPC 系统是全球性、开放性的社会化大系统，信息交互需要一致的标准支持。EPC 系统的规划、建设以及相关产业的形成也需要标准化支持。在 EPC 系统中，涉及到的标准包括：标签数据标准；第二代(Gen 2)空中接口标准；读写器协议；读写器管理；数据传输协议；ALE(Application LevelEvent，应用水平事件)功能与控制；EPCIS(Electronic ProductCode Information Service，电子产品代码信息服务)协议；应用接口(API)；安全规范和事件注册等。

　　2004 年 12 月 17 日，EPCglobal 批准发布了第一个标准——超高频第二代空中接口标准(UHF Gen2)，迈出了 EPC 从实验室走向应用的里程碑意义的一步，符合 UHFGen2 标准的产品已于 2005 年第二季度问世。

　　从全球范围来说，EPC 的发展已经逐步走向实际应用，虽然还有不少问题(包括标准、技术、隐私、地区发展平衡等)有待解决，但其强劲的发展势头将是不可阻挡的。

3. EPCglobal RFID 标准体系框架

　　在 EPCglobal 标准组织中，体系架构委员会 ARC 的职能是制定 RFID 标准体系框架，协调各个 RFID 标准之间的关系，使它们符合 RFID 标准体系框架要求。ARC 首先给出 EPCglobal RFID 体系框架，它是 RFID 典型应用系统的一种抽象模型，它包含三种主要活动，如图 3-7 所示。

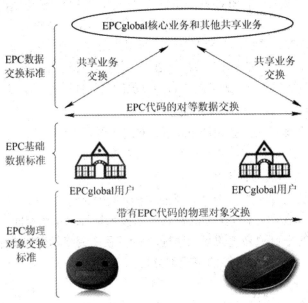

图 3-7　EPCglobal 体系框架

　　EPCglobal 体系的具体内容说明如下：

　　1) EPC 物理对象交换

　　用户与带有 EPC 编码的物理对象进行交互。对于许多 EPCglobal 网络终端用户来说，物理对象是商品，用户是该商品供应链中的成员，物理对象交换包括许多活动，诸如装载、接收等。还有许多与这种商业物品模型不同的其他用途，但这些用途仍然包括对物品使用标签进行标识。

　　EPCglobal 体系框架定义了 EPC 物理对象交换标准，从而能够保证当用户将一种物理对象提交给另一个用户时，后者将能够确定该物理对象有 EPC 代码并能较好地对其进行说明。

2) EPC 基础设施

为达成 EPC 数据的共享，每个用户开展活动时将为新生成的对象进行 EPC 编码，通过监视物理对象携带的 EPC 编码对其进行跟踪，并将搜集到的信息记录到组织内的 EPC 网络中。EPCglobal 体系框架定义了用来收集和记录 EPC 数据的主要设施部件接口标准，因而允许用户使用互操作部件来构建其内部系统。

3) EPC 数据交换

用户通过相互交换数据，来提高物品在物流供应链中的可见性，进而从 EPCglobal 网络中受益。EPCglobal 体系框架定义了 EPC 数据交换标准，为用户提供了一种点对点共享 EPC 数据的方法，并提供了用户访问 EPCglobal 核心业务和其他相关共享业务的方法。

在理解整个组织和 EPCglobal 体系框架时，对活动进行分类是有益的，但不要规定得过于严格。在许多情况下，前两类活动主要指跨企业的交互过程，而后一种则是指企业内部的交互，不过这也不完全正确。例如，一个组织可能使用 EPC 来跟踪内部资产的流动，在这种情况下，它将在非跨企业交换的情况下应用物理对象交换标准。EPCglobal 体系框架设计用来为 EPCglobal 用户提供多种选择，通过应用这些标准满足其特定的商业运作。

4. EPC 编码体系

1) EPC 编码简介

EPC 编码是 EPC 系统的重要组成部分，它是对实体及实体的相关信息进行代码化，通过统一的、规范化的编码来建立全球通用的信息交换语言。EPC 编码是 EAN/UCC 在原有全球统一编码体系基础上提出的，它是新一代全球统一标识的编码体系，是对现行编码体系的拓展和延伸。

EPC 编码体系是新一代与 GTIN 兼容的编码标准，也是 EPC 系统的核心与关键。EPC 的目标是为物理世界的对象提供唯一的标识，从而达到通过计算机网络来标识和访问单个物体的目标，就如在互联网中使用 IP 地址来标识和通信一样。

EPC 编码是与 EAN/UCC 编码兼容的新一代编码标准，在 EPC 系统中，EPC 编码与现行 GTIN 相结合，因而 EPC 并不是取代现行条形码标准的编码体系，而是由现行的条形码标准逐渐过渡到 EPC 标准或者是在未来的供应链中形成 EPC 和 EAN/UCC 系统共存的局面。EPC 是存储在射频标签中的唯一信息，且已经得到 UCC 和 EAN 两个主要国际标准监督机构的支持。

2) EPC 编码的方法与类型

EPC 编码具有一定的结构，EPC 代码是由一个版本号加上另外三段数据(依次为域名管理、对象分类、序列号)组成的一组数字，如表 3-4 所示。其中版本号用于标识 EPC 编码的版本次序，它使得 EPC 随后的码段可以有不同的长度；域名管理是描述与此 EPC 相关的生产厂商的信息的，例如可口可乐公司；对象分类记录产品精确类型的信息，例如美国生产的 330 ml 罐装减肥可乐(可口可乐的一种新产品)；序列号唯一标识货品，它会精确地指明 EPC 代码标识的是哪一罐 330 ml 罐装减肥可乐。

EPC 中码段的分配是由 EAN/UCC 来管理的。在我国，EAN/UCC 系统中 GTIN 编码是由中国物品编码中心(ANCC)负责分配和管理的。同样，中国物品编码中心也已启动 EPC

服务来满足国内企业使用 EPC 的需求。EPC 编码具有多种类型，目前，EPC 代码有 64 位、96 位和 256 位三种。为了保证所有物品都有一个 EPC 代码并使其载体——标签成本尽可能降低，建议采用 96 位，这样其拥有的代码数目可以为 2.68 亿个公司提供唯一标识，每个生产厂商可以有 1600 万个对象种类并且每个对象种类可以有 680 亿个序列号，这对未来世界所有产品已经非常够用了。

鉴于当前不用那么多序列号，因而可采用 64 位 EPC，这样会进一步降低标签成本。但随着 EPC-64 和 EPC-96 版本的不断发展，EPC 代码作为一种世界通用标识方案已不足以长期使用，因而出现了 256 位编码。至今已经推出 EPC-96I 型，EPC-64I 型、II 型、III 型、EPC-256I 型、II 型、III 型等编码方案，如表 3-3 所示。

表 3-3 EPC 编码结构

编码方案	编码类型	版本号	域名管理	对象分类	序列号
EPC-64	I 型	2	21	17	24
	II 型	2	15	13	34
	III 型	2	26	13	23
EPC-96	I 型	8	28	24	36
EPC-256	I 型	8	32	56	160
	II 型	8	64	56	128
	III 型	8	128	56	64

3) EPC 编码的特性

(1) 唯一性。与当前广泛使用的 EAN/UCC 代码不同的是，EPC 提供对物理对象的唯一标识。换句话说，一个 EPC 编码仅仅分配给一个物品使用。同种规格同种产品对应同一个产品代码，同种产品不同规格对应不同的产品代码。根据产品的不同性质，如重量、包装、规格、气味、颜色、形状等，赋予其不同的商品代码。

(2) 简单性。EPC 的编码既简单同时又能提供实体对象的唯一标识。以往的编码方案，很少能被全球各国和各行业广泛采用，原因之一是编码的复杂性导致其不适用。

(3) 可扩展性。EPC 编码留有备用空间，具有可扩展性。EPC 地址空间是可扩展的，具有足够的冗余，从而确保了 EPC 系统的升级和可持续发展。

(4) 保密性与安全性。与安全和加密技术相结合，EPC 编码具有高度的保密性和安全性。保密性和安全性是配置高效网络的首要问题之一。安全的传输、存储和实现是 EPC 能否被广泛采用的基础。

(5) 无含义特性。为了保证代码有足够的容量以适应产品频繁更新换代的需要，最好采用无含义的顺序码。

4) 影响 EPC 编码的因素

(1) 生产厂商和产品。目前世界上的公司估计超过 2500 万家，考虑今后的发展，10 年内这个数目有望达到 3900 万，EPC 编码中厂商代码必须具有一定的容量。对厂商来讲，产品数量的变化范围很大，如表 3-4 所示。通常，一个企业产品类型数均不超过 10 万种(参考 EAN 成员组织)。

表 3-4　生产厂商和产品数量的变化范围

领　域	中　值	范　围
新兴市场经济领域	37	0～8500
新兴工业经济领域	217	1～83 400
先进的工业国家	1080	0～100 000

(2) **内嵌信息**。在 EPC 编码中不嵌入有关产品的其他信息，如货品重量、尺寸、有效期、目的地等。

(3) **分类**。分类是指对具有相同特征和属性的实体进行管理与命名，这种管理和命名的依据不涉及实体的固有特征与属性，通常是管理者的行为。例如，一罐颜料在制造商那里可能被当成库存资产，在运输商那里可能是"可堆叠的容器"，而回收商则可能认为它是有毒废品。在各个领域，分类是具有相同特点物品的集合，而不是物品的固有属性。

(4) **批量产品编码**。给批次内的每一样产品分配唯一的 EPC 代码，同时也可将该批次产品视为单一的实体对象，为其分配一个批次的 EPC 代码。

(5) **载体**。EPC 标签是 EPC 代码存储的物理媒介，对所有的载体来讲，其成本与数量成反比。EPC 标签要广泛采用，必须尽最大可能地降低成本。

5. EPC 标签体系

EPC 标签是电子产品代码的信息载体，主要由天线和芯片组成。EPC 标签中存储的唯一信息是 96 位或者 64 位产品电子代码。为了降低成本，EPC 标签通常是被动式射频标签。根据其功能级别的不同，EPC 标签可分为 5 类，目前所开展的 EPC 测试使用的是 Class1Gen2 标签。

1) Class0 EPC 标签

Class0 EPC 标签是满足物流、供应链管理中，比如超市的结账付款、超市货架扫描、集装箱货物识别、货物运输通道以及仓库管理等基本应用功能的标签。Class0 EPC 标签的主要功能包括：必须包含 EPC 代码、24 位自毁代码以及 CRC 代码；可以被读写器读取；可以被重叠读取；可以自毁；存储器不可以由读写器进行写入。

2) Class1 EPC 标签

Class1 EPC 标签又称身份标签，它是一种无源的、后向散射式标签。该标签除了具备 Class0 EPC 标签的所有特征外，还具有一个电子产品代码标识符和一个标签标识符。Class1 EPC 标签具有自毁功能，能够使得标签永久失效，此外，还有可选的密码保护访问控制和可选的用户内存等特性。

3) Class2 EPC 标签

Class2 EPC 标签也是一种无源的、后向散射式标签，它除了具备 Class1 EPC 标签的所有特征外，还包括扩展的 TID(TagIdentifier，标签标识符)、扩展的用户内存、选择性识读功能。Class2 EPC 标签在访问控制中加入了身份认证机制，并将定义其他附加功能。

4) Class3 EPC 标签

Class3 EPC 标签是一种半有源的、后向散射式标签，它除了具备 Class2 EPC 标签的所有特征外，还具有完整的电源系统和综合的传感电路，其中，片上电源用来为标签芯片提供部分逻辑功能。

5) Class4 EPC 标签

Class4 EPC 标签是一种有源的、主动式标签,它除了具备 Class3 EPC 标签的所有特征外,还具有标签到标签的通信功能、主动式通信功能和特别组网功能。

6. ISO 与 EPCglobal 标准体系的差异

与 ISO 通用性 RFID 标准相比,EPCglobal 标准体系是面向物流供应链领域的,可以将其看成是一个应用标准。EPCglobal 的目标是解决供应链的透明性和追踪性问题,透明性和追踪性是指供应链各环节中所有合作伙伴都能够了解单件物品的相关信息,如位置、生产日期等信息。为此,EPCglobal 制定了 EPC 编码标准,它可以实现对所有物品提供单件唯一标识功能;也制定了空中接口协议、读写器协议。这些协议与 ISO 标准体系类似。在空中接口协议方面,目前 EPCglobal 的策略尽量与 ISO 兼容,如 EPCglobal 批准的 C1Gen2 UHF RFID 标准将成为 ISO 18000-6C 的标准。但 EPCglobal 空中接口协议有它的局限范围,仅仅关注 UHF 860~930 MHz。

除了信息采集以外,EPCglobal 非常强调供应链各方之间的信息共享,为此制定了信息共享的物联网相关标准,包括 EPC 中间件规范、ONS(Object Naming Service,对象名解析服务)、PML(Physical Markup Language,物理标记语言)。这样即可从信息的发布、信息资源的组织管理、信息服务的发现以及大量访问之间的协调等方面作出规定。“物联网”的信息量和信息访问规模大大超过普通的因特网。“物联网”系列标准是根据自身的特点参照因特网标准制定的。“物联网”是基于因特网的,与因特网具有良好的兼容性。

物联网标准是 EPCglobal 所特有的,ISO 仅仅考虑自动身份识别与数据采集的相关标准,数据采集以后如何处理、共享,ISO 并没有作出规定。物联网标准是 ISO 未来的一个目标,对当前应用系统建设来说具有指导意义。

3.2.3 日本 UID 制定的 RFID 标准体系

日本在射频标签方面的技术发展,始于 20 世纪 80 年代中期的实时操作系统 TRON。T-Engine 是其中核心的体系架构。

1. T-Engine 论坛的机构组成

在 T-Engine 论坛领导下,泛在识别(UID)中心于 2003 年 3 月成立,并得到日本政府经产省和总务省以及大企业的支持,目前包括微软、索尼、三菱、日立、日电、东芝、夏普、富士通、NTTD DoCoMo、KDDI、J-Phone、伊藤忠、大日本印刷、凸邦印刷、理光等重量级企业。T-Engine 论坛包括六个由 A 类会员构成的工作组,如图 3-8 所示。

2. 泛在识别中心的标准体系

泛在识别中心的泛在识别技术体系架构由

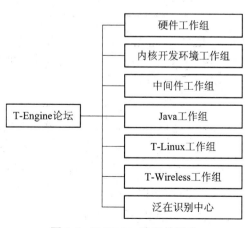

图 3-8　T-Engine 论坛的组成

泛在识别码(Ucode)、信息系统服务器、泛在通信器和 Ucode 解析服务器等四部分组成，如图 3-9 所示。

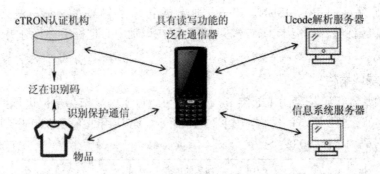

图 3-9　泛在识别技术体系架构

1) 泛在识别码

Ucode 是识别对象所必须的要素，ID 则是识别对象身份的基础。Ucode 是在大规模泛在计算模式中识别对象的一种手段。eTRON ID 在全过程都能得到很好的安全保证，并能支持接触和非接触等多种通信方式，从嵌入泛在技术的机器到智能卡、RFID 等，所有与泛在计算相关的要素都包含于所在网络中。Ucode 是以泛在技术多样化的网络模式为前提的，它能对应互联网、电话网、ISO 14443 非接触近距离通信、USB 等多种通信回路，而且 Ucode 本身还具有位置概念等特征。

2) 泛在通信器

泛在通信器主要由 IC 标签、读写器和无线广域通信设备等部分构成，主要用于将读取的 Ucode 码信息传送到 Ucode 解析服务器，并从信息系统服务器获取有关信息。泛在通信器将读取到的 Ucode 信息发送到 UID 中心的 Ucode 解析服务器上，即可获得附有该 Ucode 码的物品相关信息的存储位置，即宽带通信网上(例如因特网)的地址。在泛在通信器检索对应地址，即可访问产品信息数据库，从而得到该物况的相关信息。

3) 信息系统服务器

信息系统服务器存储并提供与 Ucode 相关的各种信息。出于安全考虑，采用了 eTRON，从而保证了具有防复制、防伪造特性的电子数据能够在分散的系统框架中安全地流通和工作。信息系统服务器具有专业的抗破坏性，它使用基于 PKI 技术的虚拟专用网(Virtual Private Network，VPN)，具有只允许数据移动而无法复制等特点。通过设备自带的 eTRON ID，信息系统服务器能够接入多种网络建立通信连接。利用 eTRON，信息系统服务器能实现电子票务和电子货币等有价信息的安全流通，以及离线状态下的小额付款机制费用的征收，同时还能保证各泛在设备间安全可靠的通信。

4) Ucode 解析服务器

Ucode 解析服务器确定与 Ucode 相关的信息存放在哪个信息系统服务器上，其通信协议为 Ucode RP 和 eTR(Entity Transfer Protocol，实体传输协议)，其中 eTP 是基于 eTRON(PKI) 的密码认证通信协议。

Ucode 解析服务器是以 Ucode 码为主要线索，对提供泛在识别相关信息服务的系统地址进行检索的分散型轻量级的目录服务系统。

Ucode 采用 128 位记录信息，提供了较大的编码空间，并能够以 128 位为单元进一步扩展到 256 位、384 位或 512 位。Ucode 能包容现有编码体系的元编码设计，可以兼容多种编码，包括 JAN、UPC、ISBN、IPv6 地址，甚至电话号码。Ucode 标签具有多种形式，包括条码、射频标签、智能卡、有源芯片等。泛在识别中心把标签进行分类，设立了 9 个级别的不同认证标准。

3. UID 编码结构

Ucode 的基本代码长度为 128 字节，视需要可以以 128 字节为单位进行扩充，备有 256 字节、384 字节、512 字节的结构，如图 3-10 所示。若使用 128 字节代码长度的 Ucode，则其包含的号码为 34 × 1038 个。

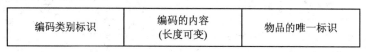

编码类别标识	编码的内容 (长度可变)	物品的唯一标识

图 3-10　UID 编码规范

Ucode 的最大特点是可兼容各种已有 ID 代码的编码体系。例如，通过使用 Ucode 的 128 字节这样一个庞大的号码空间，可将使用条形码的 JAN 代码、UPC 代码、EAN 代码、书籍的 ISBN 和 ISSN 编号、在因特网上使用的 IP 地址、分配在语音终端上的电话号码等各种号码或 ID 均包含在其中。

4. UID 编码特点

Ucode 标准的主要特点包括确保厂商独立的可用性、确保安全的对策、Ucode 标识的可读性和使用频率无强制性规定。

(1) 确保厂商独立的可用性。在有多个厂商提供的多个 Ucode 标签的环境下，使用任意厂商的 Ucode 标准进行读写，都能保证获取正确的信息。

(2) 确保安全的对策。在泛在计算和泛在网络的应用中，能够提供确保用户安全的技术和对策。

(3) Ucode 标识的可读性。接受过 Ucode 标准认定的标签和读写器，都能够通过 Ucode 标识来确认。

(4) 使用频率无强制性规定。日本 R/W(Read/Write，读/写)标准可使用 13.56 MHz、950 MHz、2.45 GHz 等多种频率；在其他国家，可根据该国情况决定使用频率。使用频率问题不是本质性的技术问题，尤其是被动标签，原理上采用共振电路结构，因而经常与多种频率相对应。

关于读写距离，输出电波的影响较大；关于空中协议，基本上是独自开发；关于健康问题等，是否可输出高频电波，尚存疑问。

Ucode 标签分级主要是根据标签的安全性进行划分，以便于进行标准化。目前主要分为 9 类：光学性 ID 标签(Class 0)、低级 RFID 标签(Class 1)、高级 RFID 标签(Class 2)、低级智能标签(Class 3)、高级智能标签(Class 4)、低级主动性标签(Class 5)、高级主动性标签(Class 6)、安全盒(Class 7)和安全服务器(Class 8)。

日本泛在中心制定 RFID 相关标准的思路类似于 EPCglobal，目标也是构建一个完整的标准体系，即从编码体系、空中接口协议到泛在网络体系结构，但是每一个部分的具体内容存在差异。

为了制定具有自主知识产权的 RFID 标准，在编码方面制定了 Ucode 编码体系，它能够兼容日本已有的编码体系，同时也能兼容国际其他的编码体系。在空中接口方面 Ucode 编码标准制定人员积极参与 ISO 的标准制定工作，也尽量考虑与 ISO 相关标准兼容。在信息共享方面主要依赖于日本的泛在网络，它可以独立于因特网实现信息的共享。

泛在网络与 EPCglobal 的物联网还是有区别的。EPC 采用业务链的方式，面向企业，面向产品信息的流动(物联网)，比较强调与互联网的结合。UID 采用扁平式信息采集分析方式，强调信息的获取与分析，比较强调前端的微型化与集成。

5. EPCglobal 与日本 UID 标准体系的主要区别

1) 编码标准不同

EPCglobal 使用 EPC 编码，代码为 96 位。日本 UID 使用 Ucode 编码，代码为 128 位。Ucode 的不同之处在于能够继续使用在流通领域中常用的"JAN 代码"等现有的代码体系。Ucode 使用泛在 ID 中心制定的标识符对代码种类进行识别。比如，希望在特定的企业和商品中使用 JAN 代码时，在 IC 标签代码中写入表示"正在使用 JAN 代码"的标识符即可。同样，在 Ucode 中还可以使用 EPC。

2) IC 标签代码检索商品详细信息的功能不同

EPCglobal 中心的最大前提条件是经过网络，而泛在 ID 中心还设想了离线使用的标准功能。Auto ID 中心和泛在 ID 中心在使用互联网进行信息检索的功能方面基本相同。泛在 ID 中心使用名为"读卡器"的装置，将所读取到的 ID 标签代码发送到数据检索系统中。数据检索系统通过互联网访问泛在 ID 中心的"地址解决服务器"来识别代码。如果是 JAN 代码，就会使用 JAN 代码开发商——流通系统开发中心的服务器信息，检索企业和商品的基本信息。然后再由符合条件的企业的商品信息服务器中得到生产地址和流通渠道等详细信息。除此之外，泛在 ID 中心还设想了不通过互联网就能够检索商品详细信息的功能。具体来说就是利用具备便携信息终端(PDA)的高性能读卡器，预先把商品详细信息保存到读卡器中，即便不接入互联网，也能够了解与读卡器中 IC 标签代码相关的商品详细信息。泛在 ID 中心认为："如果必须随时接入互联网才能得到相关信息，那么其方便性就会降低。如果最多只限定 2 万种药品等商品的话，将所需信息保存到 PDA 中就可以了。"

3) 频段不同

日本的电子标签采用的频段为 2.45 GHz 和 13.56 MHz。欧美的 EPC 标准采用 UHF 频段，例如 902~928 MHz。此外日本的电子标签标准可用于库存管理、信息发送和接收以及产品和零部件的跟踪管理等。EPC 标准侧重于物流管理、库存管理等。

3.2.4 RFID 三大国际标准的区别

目前，ISO/IEC 18000、EPCglobal、日本 UID 三个空中接口协议正在完善中。这三个标准相互之间并不兼容，主要差别在通讯方式、防冲突协议和数据格式这三个方面，在技术上差距其实并不大。

这三个标准都按照 RFID 的工作频率分为多个部分。在这些频段中，以 13.56 MHz 频段的产品最为成熟，处于 860~960 MHz 内的 UHF 频段的产品因为工作距离远且最可能成为全球通用的频段而最受重视，发展最快。

　　ISO/IEC 18000 标准是最早开始制定的关于 RFID 的国际标准，按频段被划分为 7 个部分。目前支持 ISO/IEC 18000 标准的 RFID 产品最多。EPCglobal 是由 UCC 和 EAN 两大组织联合成立、吸收了麻省理工 AutoID 中心的研究成果后推出的系列标准草案。EPCglobal 最重视 UHF 频段的 RFID 产品，极力推广基于 EPC 编码标准的 RFID 产品。目前，EPCglobal 标准的推广和发展十分迅速，许多大公司如沃尔玛等都是 EPC 标准的支持者。日本的泛在中心(Ubiquitous ID)一直致力于本国标准的 RFID 产品开发和推广，拒绝采用美国的 EPC 编码标准。与美国大力发展 UHF 频段 RFID 不同的是，日本对 2.4 GHz 微波频段的 RFID 似乎更加青睐，目前日本已经开始了许多 2.4 GHz RFID 产品的实验和推广工作。标准的制定面临越来越多的知识产权纠纷，不同的企业都想为自己的利益努力。同时，EPC 在努力成为 ISO 的标准，ISO 最终如何接受 EPC 的 RFID 标准，还有待观望。全球标准的不统一，硬件产品的兼容方面必然不理想，这样必会阻碍应用。

本 章 小 结

　　本章主要从频率划分和标准体系两方面介绍了 RFID 的分类方法。

　　从频率方面划分，RFID 可以分为低频、高频、超高频、微波四种。低频 RFID 抗干扰能力强，广泛应用于畜牧业，用于牲畜养殖管理等。高频 RFID 具有成本低、存储容量大等特点，应用更为广泛，在图书管理、校园一卡通、会员管理等多种场景具有广泛的应用。超高频 RFID 具有读写速度快等优点，在物流管理等领域应用广泛。微波通信通常采用有源标签方式，采用 2.4 GHz 频段通信，通信速率更快，通信距离更远，多应用于高速公路收费系统等。

　　目前，RFID 领域标准体系主要有 ISO 制定体系、EPCglobal 制定体系、UID 制定体系，三种体系各有优点，都具有较为广泛的应用。但是三者之间兼容性较差，对行业的发展带来不利影响。

习 题 3

　　3.1　射频标签根据频率可以分为哪四种类型？

　　3.2　低频段射频标签的工作频率及典型工作频率是什么？

　　3.3　高频段射频标签的工作频率及典型工作频率是什么？

　　3.4　超高频在中国通常使用的是哪种工作频率？

　　3.5　微波频段射频标签的工作频率及典型工作频率是什么？

　　3.6　ISO/IEC 的通用技术标准可以分为哪两大类？

　　3.7　ISO/IEC 18000、EPCglobal、日本 UID 的区别是什么？

第四章　编码与调制

读写器与电子标签之间消息的传递是通过电信号来实现的，以自由空间作为信道的无线电传输无法进行基带传输，需要借助"编码"和"调制"来实现信息的传递。本章介绍 RFID 的通信系统、RFID 通信的编码和调制及 RFID 的数据安全机制，重点与难点是 RFID 常用的编码方式。

4.1　通信与通信系统

4.1.1　信号

1. 数据

数据可定义为表意的实体。数据可分为模拟数据和数字数据。模拟数据在时间间隔上取连续的值，如语音、温度等。数字数据取离散值，如文本或字符串。在射频识别应答器中存放的数据是数字数据，如身份标识、商品标识的数字数据。

2. 信号

1) 模拟信号和数字信号

在通信系统中，数据以电气信号的形式由一点传向另一点。信号是数据的电气或者电磁形式的编码，分为模拟信号和数字信号。

模拟信号是连续变化的电磁波，可以通过不同的介质传输。模拟信号在时域表现为连续的变化，在频域其频谱是离散的，如图 4-1 所示。模拟信号用来表示模拟数据，代表消息的信号参量取值连续，例如麦克风输出电压。

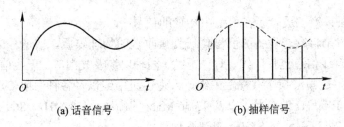

(a) 话音信号　　　　　(b) 抽样信号

图 4-1　模拟信号

数字信号是一种电压脉冲序列，它可以通过有线介质传输。数字信号用于表示数字数据，如图 4-2 所示。例如，二进制数字数据用数字信号表示，通常可用信号的两个稳态电平来表示，一个表示二进制数的 0，另一个表示二进制数的 1，代表消息的信号参量取值为有限个，例如电报信号、计算机输入输出信号。

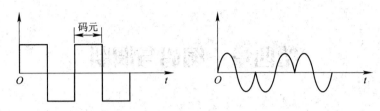

图 4-2 数字信号

2) 信号的频谱和带宽

信号的分析可以从时域和频域两个角度来进行。在时域就是研究电压 U 和时间 I 之间的关系。在频域，通常分析研究电压 U 在频率轴上的分布，即频谱分布的情况。在数据传输技术中，对信号频域的研究比对时域的研究要重要得多。

信号的带宽是指信号频谱的宽度。很多信号具有有限的带宽但是信号的大部分能量往往集中在较窄的一段频带中，这个频带称为该信号的有效带宽或带宽。

4.1.2 通信系统模型

人类的生活、生产和社会活动中总是伴随着消息(或信息)的传递，这种传递消息(或信息)的过程就叫做通信。

1. 通信系统模型

通信系统是指完成通信这一过程的全部设备和传输媒介，一般可概括为如图 4-3 所示的模型。

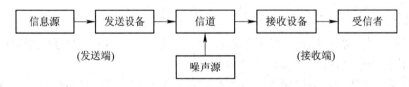

图 4-3 通信系统模型

(1) 信息源(简称信源)：把各种消息转换成原始电信号，如麦克风。信源可分为模拟信源和数字信源。

(2) 发送设备：产生适合于在信道中传输的信号。

(3) 信道：将来自发送设备的信号传送到接收端的物理媒质。信道分为有线信道和无线信道两大类。有线信道包括明线、对称电缆、同轴电缆及光缆等。无线信道有地波传播、短波电离层反射、超短波或微波视距中继、人造卫星中继以及各种散射信道等。射频识别所用频率为低于 135 kHz 的低频，以及 13.56 MHz 的高频，433 MHz、869 MHz、915 MHz 的超高频，以及 2.45 GHz、5.8 GHz 的微波频段。

(4) 噪声源：集中表示分布于通信系统中各处的噪声。噪声源主要有白噪声和脉冲噪声。在信号传输过程中经常遇到的干扰是噪声。理想的白噪声是由大量宽度为无限窄的脉冲信号随机叠加而成的，其概率分布服从高斯分布，所以一般称为高斯白噪声。从频域角度分析，它占有无限的带宽，而且它的能量均匀地分布在整个频率域。脉冲噪声是非连续的，具有突发性。在短时间里它具有不规则的脉冲或噪声峰值，并且幅值较大。它的产生原因包括各种意外的电磁干扰(如闪电)，以及系统中的故障和缺陷。脉冲噪声会造成数字信号传输中的一串位错误，也称为突发错误。

(5) 接收设备：从受到减损的接收信号中正确恢复出原始电信号。

(6) 受信者(信宿)：把原始电信号还原成相应的消息，如扬声器等。

2. 通信系统分类

通常，按照信道中传输的是模拟信号还是数字信号，可相应地把通信系统分为模拟通信系统和数字通信系统。

模拟通信系统，如图 4-4 所示，是利用模拟信号来传递信息的通信系统。

图 4-4　模拟通信系统模型

可见，在模拟通信系统中，发送设备简化为调制器，接收设备简化为解调器，主要是强调在模拟通信系统中调制的重要作用。

数字通信系统，如图 4-5 所示，是利用数字信号来传递信息的通信系统。

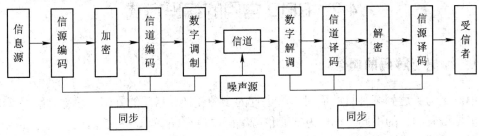

图 4-5　数字通信系统模型

信源编码与译码主要提高信息传输的有效性以及完成模/数转换。信道编码与译码可以增强抗干扰能力。加密与解密可以保证所传信息的安全性。数字调制与解调可以形成适合在信道中传输的带通信号。同步可以使收发两端的信号在时间上保持步调一致。

3. RFID 系统的基本通信模型

RFID 系统常采用数字信号。其主要特点有：

(1) 信号的完整性。RFID 采用非接触技术传递信息，容易遇到干扰，使信息传输发生改变。数字信号容易校验，并容易防碰撞，可以使信号保持完整性。

(2) 信号的安全性。RFID 系统采用无线方式传递信息，开放的无线系统存在安全隐患。数字信号的加密和解密处理比模拟信号容易得多。

(3) 便于存储、处理和交换。数字信号的形式与计算机所用的信号一致，都是二进制代码，便于与计算机互联，也便于计算机对数字信息进行存储、处理和交换，可使物联网的管理和维护实现自动化、智能化。

按读写器到电子标签的数据传输方向，RFID 系统的基本通信模型如图 4-6 所示，主要由读写器(发送器)中的信息编码(信号处理)和调制器(载波电路)，传输介质(信道)，以及电子标签(接收器)中的解调器(载波回路)和信息译码(信号处理)组成。

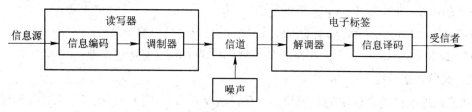

图 4-6　RFID 系统的基本通信模型

　　RFID 系统最终要完成的功能是对数据的获取，这种在系统内的数据交换有两个方面的内容：RFID 读写器向 RFID 电子标签方向的数据传输和 RFID 电子标签向 RFID 读写器方向的数据传输。信号编码系统是对要传输的信息进行编码，以便传输信号能够尽可能最佳地与信道相匹配，防止信息干扰或发生碰撞。调制器用于改变高频载波信号，即使得载波信号的振幅、频率或相位与调制的基带信号相关。射频识别系统信道的传输介质为磁场(电感耦合)和电磁波(微波)。解调器用于解调获取的信号，以便再生基带信号。信号译码系统对从解调器传来的基带信号进行译码，并将其恢复成原来的信息，同时识别和纠正传输错误。

4.2　RFID 常用的编码方式

4.2.1　编码与解码的概念

　　编码是为了达到某种目的而对信号进行的一种变换。相反的过程一般称为解码或者译码。根据编码的目的不同，编码方式有信源编码、信道编码和保密编码三种，主要应用场合有数字通信技术、自动控制技术、计算机技术等。

1. 信源编码与解码

　　信源编码是对信源输出的信号进行变换，即将需要转换的模拟信号通过采样、量化变成数字信号，然后对数据压缩以提高信号传输的有效性。信源解码则是信源编码的逆过程。信源编码的主要功能包括模数转换和提高信息传输的有效性。通常采用某种数据压缩技术，减少码元数目和降低码元速率。码元速率决定传输占用的带宽，而通信的有效性则是通过传输带宽来体现的。

2. 信道编码与解码

　　信道编码是对信源编码输出的信号进行再变换，包括为区分通路、适应信道条件和提高通信可靠性而进行的编码。信道解码是信道编码的逆过程。信道编码的主要目的是前向纠错，增强数字信号的抗干扰能力。数字信号在信道传输时受到噪声等影响会引起差错，为了减小差错，信道编码器对传输的信道码元按照一定的规则加入保护成分(监督码元)，组成抗干扰编码。接收端的信道解码器按照相应的逆规则进行解码，从中发现错误或纠正错误，以提高通信的可靠性。

3. 保密编码与解码

保密编码是对信号进行再变换，即为了使信息在传输过程中不易被人窃译而进行的编码。保密编码的目的是为了隐藏敏感信息，一般采用乱置、替换或者两种都有的方法实现，这种处理过程又称之为加密。保密解码是保密编码的逆过程，保密解码利用与发送端相同的密码，在接收端接收数据，实施解密，恢复信息。

4.2.2 编码基础

射频识别系统的结构与通信系统的基本模型相类似，满足了通信功能的基本要求。读写器与电子标签之间的数据传输需要三个主要的功能块，按读写器到电子标签的数据传输方向，分别是读写器(发送器)中的信号编码(信号处理)和调制器(载波电路)，传输介质(信道)，以及电子标签(接收器)中的解调器(载波回路)和信号译码(信号处理)。RFID 系统最终要完成的功能是对数据的获取，这种在系统内的数据交换有两个方面的内容：RFID 读写器向 RFID 电子标签方向的数据传输和 RFID 电子标签向 RFID 读写器方向的数据传输。信号编码系统的作用是对要传输的信息进行编码，以便传输信号能够尽可能最佳地与信道相匹配，这样的处理包括了对信息提供某种程度的保护，以防止信息受干扰或相碰撞，以及对某些信号特性的蓄意改变。调制器用于改变高频载波信号，即使载波信号的振幅、频率或相位与调制的基带信号相关。射频识别系统信道的传输介质为磁场(电感耦合)和电磁波(微波)。解调器的作用是解调获取信号，以便再生基带信号。信号译码的作用则是对从解调器传来的基带信号进行译码，恢复成原来的信息，并识别和纠正传输错误。

1. 数字基带与宽带信号

对于传输数字信号，最普遍而且最容易的方法是用两个电压电平来表示二进制数字 1 和 0。这样形成的数字信号的频率成分从零开始一直扩展到很高，这个频带是数字电信号本身所具有的，这种信号称为基带信号。直接将基带信号送入信道传输的方式称为基带传输方式。

当在模拟信道上传输数字信号时，要将数字信号调制成模拟信号才能传送，而宽带信号则是将基带信号进行调制后形成的可以实现频分复用的模拟信号。基带信号进行调制后，其频谱搬移到较高的频率处，因而可以将不同的基带信号搬移到不同的频率处，实现多路基带信号的同时传输，以实现对同一传输介质的共享，这就是频分多路复用技术。

表示模拟数据的模拟信号在模拟信道上传输时，根据传输介质的不同，可以使用基带信号，也可以采用调制技术。例如，语音可以在电话线上直接传输，而无线广播中的声音是通过调制后在无线信道中传输的。

2. 数字基带信号的波形

最常用的数字信号波形为矩形脉冲，矩形脉冲易于产生和变换。以下用矩形脉冲为例来介绍几种常用的脉冲波形和传输码型。

RFID 系统一般采用二进制编码，二进制编码是用不同形式的代码来表示二进制的"0"和"1"。射频识别系统通常使用下列编码方法中的一种：反向不归零(Non Return Zero，NRZ)编码、曼彻斯特(Manchester)编码、单极性归零(Unipolar RZ)编码、差动双相(DBP)编码、米勒(Miller)编码和差动编码等。图 4-7 所示为四种数字矩形码的脉冲波形。

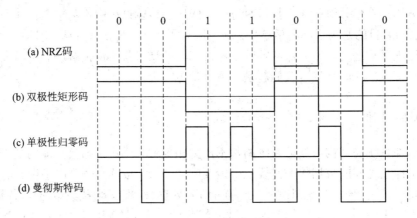

图 4-7　常用编码的脉冲波形

1) 反向不归零编码

反向不归零(NRZ)编码的脉冲波形如图 4-7(a)所示，是一种最简单的基带数字信号波形，也称为单极性矩形脉冲。此波形中，反向不归零编码用高电平表示二进制"1"，低电平表示二进制"0"，这种脉冲极性单一，具有直流分量，在码元脉冲之间无空隙间隔，在全部码元时间内传送码脉冲，称为不归零码。以二进制字符串"101100101001011"为例，其 NRZ 编码如图 4-8 所示。

图 4-8　NRZ 编码

这种编码方式仅适合近距离传输信息，原因如下：

(1) 有直流，一般信道难于传输零频附近的频率分量；

(2) 收端判决门限与信号功率有关；

(3) 不方便使用，要求传输线有一根接地；

(4) 不包含位同步成分，不能直接用来提取同步信号。

2) 双极性矩形码

这种编码信号用脉冲电平的正和负来表示 0 码和 1 码，如图 4-7(b)所示。从信号的一般统计特性来看，由于 1 码和 0 码出现的概率相等，所以波形无直流分量，可以传输较远的距离。

3) 单极性归零码

这种信号的波形如图 4-7(c)所示，码脉冲出现的持续时间小于码元的宽度，即代表数码的脉冲在小于码元的间隔内电平回到零值，所以又称为归零码。它的特点是码元间隔明显，有利于码元定时信号的提取，但码元的能量较小。

对于单极性归零(Unipolar RZ)编码，当发送码 1 时发出正电流，但正电流持续的时间短于一个码元的时间宽度，即发出一个窄脉冲。当发送码 0 时完全不发送电流。即单极性归零编码在第一个半个位周期中的高电平信号表示二进制"1"，而持续整个位周期内的低电平信号表示二进制"0"。二进制字符串"101100101001011"的单极性归零编码如图 4-9 所示。单极性归零编码可用来提取位同步信号。

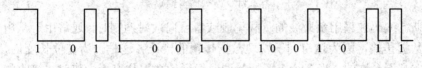

图 4-9　单极性归零编码

4) 曼彻斯特码

曼彻斯特码的波形如图 4-7(d)所示，在每一位的中间有一个跳变。位中间的跳变既作为时钟，又作为数据：从高到低的跳变表示 1，从低到高的跳变表示 0。曼彻斯特码也是一种归零码。

3. 数字基带信号的频谱

举例说明单个数字码的频谱如下：

数字码 $g(t)$ 如式(4-1)：

$$g(t) = \begin{cases} A & |t| \leqslant \dfrac{\tau}{2} \\ 0 & \text{其他} \end{cases} \tag{4-1}$$

转换为频域形式，见式(4-2)：

$$G(\omega) = \int_{-\infty}^{+\infty} g(t)\mathrm{e}^{-\mathrm{j}\omega t}\mathrm{d}t = A\tau \frac{\sin(\omega\tau/2)}{\omega\tau/2} = A\tau \mathrm{Sa}\left(\frac{\omega\tau}{2}\right) \tag{4-2}$$

其时域和频域波形如图 4-10 所示。

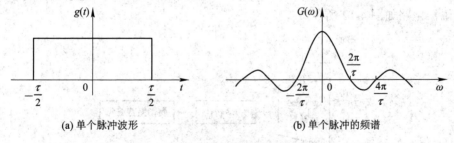

(a) 单个脉冲波形　　　　　　　　　　(b) 单个脉冲的频谱

图 4-10　单个脉冲的时域和频域波形

4.2.3　RFID 常用编码

1. 曼彻斯特(Manchester)编码

1) 编码方式

曼彻斯特编码也被称为相位编码(Split-Phase Coding)。在曼彻斯特编码中，某位的值是由该位长度内半个位周期时电平的变化(上升/下降)来表示的，在半个位周期时的负跳变表示二进制"1"，半个位周期时的正跳变表示二进制"0"，二进制字符串"101100101001011"的曼彻斯特编码如图 4-11 所示。

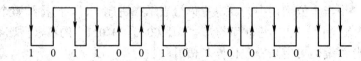

图 4-11　曼彻斯特编码

　　曼彻斯特编码在采用负载波的负载调制或者反向散射调制时，通常用于从电子标签到读写器的数据传输，因为这有利于发现数据传输的错误。这是因为在位长度内，"没有变化"的状态是不允许的。当多个电子标签同时发送的数据位有不同值时，接收的上升沿和下降沿互相抵消，导致在整个位长度内是不间断的副载波信号，由于该状态不允许，所以读写器利用该错误就可以判定碰撞发生的具体位置。曼彻斯特编码由于跳变沿都发生在每一个码元中间，接收端可以方便地利用它作为同步时钟。

　　ISO 14443 TYPE A 协议中电子标签向读写器传递数据时采用曼彻斯特编码。ISO 18000-6 TYPE B 读写器向电子标签传递数据时采用的也是曼彻斯特编码。

　　2) 编码器

　　曼彻斯特码是通过电平的跳变来对二进制数据"0"和"1"进行编码的，对于何种电平跳变对应何种数据，实际上有两种不同的数据约定：第一种约定是由 G. E. Thomas、Andrew S. Tanenbaum 等人在 1949 年提出的，它规定"0"是由低到高的电平跳变表示，"1"是由高到低的电平跳变表示；第二种约定则是在 IEEE 802.4(令牌总线)以及 IEEE 802.3(以太网)中规定的，由低到高的电平跳变表示"1"，由高到低的电平跳变表示"0"。在实际工程中，这两种约定在一定范围内均有应用。为了便于描述，若无特殊说明，曼彻斯特码的编码规则均采用第二种约定，即从低电平跳变到高电平表示"1"，从高电平跳变到低电平表示"0"。曼彻斯特码是用"01"和"10"来表示普通二进制数据中的"1"和"0"的，因此在实际电路设计中，我们可以采用一个 2 选 1 数字选择器来完成此项功能。编码器电路如图 4-12 所示。

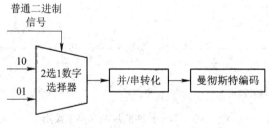

图 4-12　编码器电路

　　3) 解码器

　　曼彻斯特码与数据时钟异或便可恢复出 NRZ 码数据信号，对此这里不再介绍。曼彻斯特码解码工作是读写器的任务，读写器中都有 MCU，解码工作可由 MCU 的软件程序实现。

　　曼彻斯特解码电路设计的关键是如何准确地从曼彻斯特码的数据流中提取出"10"和"01"信号，并且把它们转换成普通二进制编码中的"0"和"1"。例如对于曼彻斯特码"01010101"，如果从第一位开始解码，得到的二进制编码就是"1111"，而若从第二位开始解码，得到的二进制编码就是"000"和头尾两个曼彻斯特码。由此可见，如果曼彻斯特码数据流中只有"1"或"0"是不能得到正确的译码结果的。如果曼彻斯特编码数据流中出现"00",则"00"前后的码元必定是"1";如果曼彻斯特编码数据流中出现"11",则"11"前后的码元必定是"0",因此,可以将"00"与"11"作为曼彻斯特码译码的标志位。

为了更准确地解码曼彻斯特码,需要一个频率不小于奈奎斯特频率的采样时钟,即采样时钟的频率至少是曼彻斯特码频率的两倍,曼彻斯特码的频率是普通二进制编码信号频率的两倍,因此采样频率至少是数据频率的 4 倍。

图 4-13 曼彻斯特解码器

在实际设计电路时,如图 4-13 所示,采用一个缓存器,储存上一个时钟采集到的信号和当前时钟采集到的信号,当缓存器的内容是"01"时输出"1";当缓存器的内容是"10"时输出"0";当缓存器的内容是"00"或"11"时,输出维持不变。

2. 密勒(Miller)编码

Miller 码也称延迟调制码,是一种变形双相码。其编码规则是:对原始符号"1"码元起始不跃变、中心点出现跃变时进行表示,即用 10 或 01 表示。对原始符号"0"则分成单个"0"还是连续"0"予以不同处理;单个"0"时,保持 0 前的电平不变,即在码元边界处电平不跃变,在码元中间点电平也不跃变;对于连续"0",则使连续两个"0"的边界处发生电平跃变。综上,简单来说由于密勒码是特殊的数字双相码(曼彻斯特编码),即当信息中数据为 1 的时候就用 01 或者 10 表示,当数据为 0 的时候,就用 00 与 11 进行交替。密勒编码在半个位周期内的任意边沿表示二进制"1",而经过下一个位周期中不变的电平表示二进制"0",位周期开始时产生电平交变。二进制字符串"101100101001011"的密勒编码如图 4-14 所示,密勒码波形与 NRZ 码、曼彻斯特码的波形如图 4-15 所示。密勒编码在半个位周期内的任意边沿表示二进制"1",而经过下一个位周期中不变的电用用二进制"0"表示。位周期开始时产生电平交变,如图 4-15 所示。因此,对接收器来说,位节拍比较容易重建。

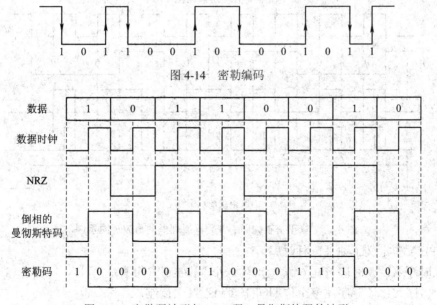

1 0 1 1 0 0 1 0 1 0 0 1 0 1 1

图 4-14 密勒编码

图 4-15 密勒码波形与 NRZ 码、曼彻斯特码的波形

Miller 码的编码规则如表 4-1 所示。

表 4-1　米勒码编码规则

bit(i–1)	bit i	密勒码编码规则
X	1	bit i 的起始位置不变化，中间位置跳变
0	0	bit i 的起始位置跳变，中间位置不跳变
1	0	bit i 的起始位置不跳变，中间位置不跳变

3. 差动编码

差动编码中，每个要传输的二进制"1"都会引起信号电平的变化，而对于二进制"0"，信号电平保持不变，二进制字符串"101100101001011"的差动编码如图 4-16 所示。

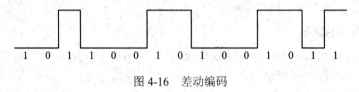

$$1\quad0\quad1\quad1\quad0\quad0\quad1\quad0\quad1\quad0\quad0\quad1\quad0\quad1\quad1$$

图 4-16　差动编码

4. 修正密勒(Miller)编码

二进制字符串"00110100"的修正密勒编码的编码器原理框图及波形图如图 4-17 所示。

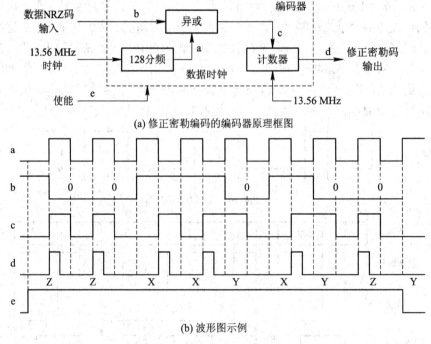

(a) 修正密勒编码的编码器原理框图

(b) 波形图示例

图 4-17　修正密勒编码的编码器原理框图与波形图示例

TYPE A 中定义了如下三种时序：

(1) 时序 X：该时序将在 64/f_c 处产生一个"pause"(凹槽)。

(2) 时序 Y：该时序在整个位期间(128/f_c)不发生调制。

(3) 时序 Z：这种时序在位期间的开始时产生一个"pause"。

在上述时序说明中，f_c 为载波 13.56 MHz，pause 凹槽脉冲的底宽为 0.5～3.0 μs，90% 幅度宽度不大于 4.5 μs。用这三种时序即可对帧进行编码，即修正密勒码。

逻辑"1"选择时序 X，逻辑"0"选择时序 Y。但有两种情况除外，第一种是在相邻有两个或更多的"0"时，应从第二个"0"开始采用时序 Z；第二种是在直接与起始位相连的所有位为"0"时，应当用时序 Z 表示。

另外，通信开始时，用时序 Z 表示。通信结束则用逻辑"0"加时序 Y 表示。无信息时，通常应用至少两个时序 Y 来表示。假设输入数据为 011010，波形 c 实际上是曼彻斯特的反相波形，用它的上升沿输出便产生了密勒码，而用其上升沿产生一个凹槽就是修正密勒码。由于负脉冲的时间很短，可以保证在数据传输的过程中从高频场中连续给电子标签提供能量。修正密勒编码在电感耦合的射频识别系统中用于从读写器到电子标签的数据传输。ISO/IEC 14443 标准(近耦合非接触式 IC 卡标准)的 TYPE A 中规定，读写器向电子标签传递数据时采用修正密勒码方式对载波进行调制。

5. 差动双相编码

差动双相(DBP)编码在半个位周期中的任意边沿表示二进制"0"，而非边沿处就是二进制"1"。二进制字符串"101100101001011"的差动双相编码如图 4-18 所示。此外，在每个位周期开始时，电平都要反相。因此，对接收器来说，位节拍比较容易重建。

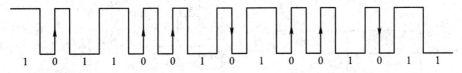

$$1\ 0\ 1\ 1\ 0\ 0\ 1\ 0\ 1\ 0\ 0\ 1\ 0\ 1\ 1$$

图 4-18 差动双相编码

6. 脉冲间歇编码

对于脉冲间歇编码来说，在下一脉冲前的暂停持续时间 t 表示二进制"1"，而下一脉冲前的暂停持续时间 $2t$ 则表示二进制"0"，如图 4-19 所示。

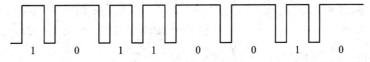

$$1\ 0\ 1\ 1\ 0\ 0\ 1\ 0$$

图 4-19 脉冲间歇编码

这种编码方法在电感耦合的射频系统中用于从读写器到电子标签的数据传输，由于脉冲转换时间很短，所以就可以在数据传输过程中保证从读写器的高频场中连续给射频标签供给能量。

7. 脉冲位置编码

脉冲位置编码(Pulse Position Modulation，PPM)与上述的脉冲间歇编码类似，不同的是，在脉冲位置编码中，每个数据比特的宽度是一致的。ISO 15693 协议中，数据编码采用 PPM。二进制字符串"00011011"的脉冲位置编码如图 4-20 所示，其中，脉冲在第一个时间段表示"00"，在第二个时间段表示"01"，在第三个时间段表示"10"，在第四个时间段表示"11"。

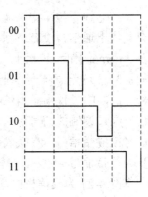

图 4-20 脉冲位置编码

8. 双向间隔编码

双相间隔(BiPhase Space，FM0)编码的工作原理是在一个位窗内采用电平翻转变化来表示逻辑。如果电平从位窗的起始处翻转，则表示逻辑"1"。如果电平除了在位窗的起始处翻转，还在位窗中间翻转则表示逻辑"0"。一个位窗的持续时间是 25 μs，如图 4-21 所示。ISO 18000-6 TypeA 由标签向读写器的数据发送采用 FM0 编码。

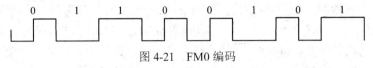

图 4-21　FM0 编码

9. 脉冲宽度编码

脉冲宽度(Pulse Interval Encoding，PIE)编码的原理是通过定义脉冲下降沿之间的不同时间宽度来表示数据。

在 ISO 18000-6 TypeA 标准的规定中，由读写器发往标签的数据帧由 SOF(帧开始信号)、EOF(帧结束信号)、数据 0 和 1 组成。在标准中定义了一个名称为"Tari"的时间间隔，也称为基准时间间隔，该时间段为相邻两个脉冲下降沿的时间宽度，持续为 25 μs，如图 4-22 所示。ISO 18000-6 Type A 由读写器向标签发送数据时采用 PIE 编码。

符号	Tari数
'0'	1
'1'	2
SOF	4
EOF	4

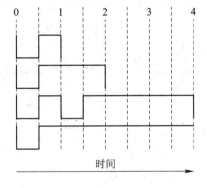

(a) PIE 符号与 Tari 数　　　　　　　　(b) 波形

图 4-22　PIE 编码

4.2.4　调制与解调

在无线电技术中，调制与解调占有十分重要的地位。假如没有调制与解调技术，就没有无线电通信，没有广播和电视，也没有今天的手持电话、传真、GPS 导航、计算机通信及 Internet 国际互联网。调制的目的是把传输的模拟信号或数字信号变换成适合信道传输的信号，这就意味着要把信源的基带信号转变为一个相对基带频率而言非常高的频带信号。调制的过程用于通信系统的发端，调制就是把基带信号的频谱搬移到信道通带中的过程。经过调制的信号称为已调信号，已调信号的频谱具有带通的形式，已调信号称为带通信号或频带信号。在接收端需将已调信号还原成原始信号，解调是将信道中的频带信号恢复为基带信号的过程。调制在无线电发信机中应用最广。

图 4-23 为发信机的原理框图。高频振荡器负责产生载波信号，把要传送的信号与高频振荡信号一起送入调制器后，高频振荡被调制，经放大后由天线以电磁波的形式辐射出去。

其中调制器有两个输入端和一个输出端。

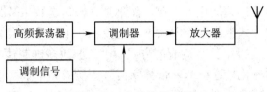

图 4-23　发信机原理图

　　这两个输入分别为被调制信号和调制信号。一个输出就是合成的已调制的载波信号。例如，最简单的调制就是把两个输入信号分别加到晶体管的基极和发射极，集电极输出的便是已调信号。为什么要用语言或音乐信号去控制高频振荡呢？因为要使信号的能量以电场和磁场的形式向空中发射出去传向远方，需要较高的振荡频率方能使电场和磁场迅速变化；同时信号的波长要与天线的长度相匹配。语言或音乐信号的频率太低，无法产生迅速变化的电场和磁场；相应地，它们的波长又太大，即使选用它的最高频率 20 kHz 来计算，其波长仍为 15 km，实际上是不可能架设这么长的天线的。要把信号传递出去，必须提高频率，缩短波长，可是超过 20 kHz 的高频信号人耳就听不见了。为了解决这个矛盾，人们把音频信号"搭乘"在高频载波上，也就是调制，借助于高频电磁波将低频信号发射出去，传向远方。

　　由于被调制信号参数的不同，调制的方式也不同。如果被控制的参数是高频振荡的幅度，则称这种调制方式为幅度调制，简称调幅；如果被控制的参数是高频振荡的频率或相位，则称这种调制方式为频率调制或相位调制，简称调频或调相(调频与调相又统称调角)。幅度调制的特点是载波的频率始终保持不变，它的振幅却是变化的。其幅度变化曲线与要传递的低频信号是相似的。它的振幅变化曲线称为包络线，代表了要传递的信息。幅度调制在中、短波广播和通信中使用甚多。幅度调制的不足是抗干扰能力差，因为各种工业干扰和天电干扰都会以调幅的形式叠加在载波上，成为干扰和杂波。解调是调制的逆过程，它的作用是从已调波信号中取出原来的调制信号。对于幅度调制来说，解调是从它的幅度变化中提取调制信号的过程。例如收音机里对调幅波的解调通常是利用二极管的单向导电特性，将调幅高频信号去掉一半，再利用电容器的充放电特性和低通滤波器滤去高频分量，就可以得到与包络线形状相同的音频信号，如图 4-24 所示。对于频率调制来说，解调是从它的频率变化提取调制信号的过程。频率解调要比幅度解调复杂，用普通检波电路是无法解调出调制信号的，必须采用频率检波方式，如各类鉴频器电路。

图 4-24　解调示意图

4.2.5　RFID 常用的调制方法

　　读写器与电子标签之间传递信息，首先需要编码，然后通过调制解调器调制，最后通过无线信道相互传送信息。一般来说，数字基带信号往往具有丰富的低频分量，在无线通信中必须用数字基带信号对载波进行调制，而不是直接传送数字基带信号，以使信号与信道的特性相匹配。用数字基带信号控制载波，把数字基带信号变换为数字已调信号的过程称为数字调制，RFID 主要采用数字调制的方式。用二进制(多进制)数字信号作为调制信号，去控制载波某些参量的变化，这种把基带数字信号变换成频带数字信号的过程称为数字调制，其相反的过程称为数字解调。数字调制分为 ASK(Amplitude Shift Keying，振幅键控)、FSK(Frequency Shift Keying，频移键控)、PSK(Phase Shift Keying，相移键控)。其中，ASK 属于线性调制，FSK、PSK 属于非线性调制。RFID 系统通常采用数字调制方式传送消息，调制信号(包括数字基带信号和已调脉冲)对正弦波进行调制。

1. 振幅键控

振幅键控是载波的振幅随着数字基带信号而变化的数字调制。当数字基带信号为二进制时，则为二进制振幅键控(2ASK)。二进制振幅键控信号可以表示成具有一定波形形状的二进制序列(二进制数字基带信号)与正弦型载波的乘积。通常，二进制振幅键控信号的产生方法有两种：一般的模拟幅度调制方法与数字键控方法。2ASK 信号的波形随着通断变化，所以又称为 OOK(On Off Keying，通断键控信号)。

在 2ASK 中，载波的幅度有两种变化态度，分别对应二进制信息"0"和"1"。一种常用的就是通断键控(OOK)，其表达式如式(4-3)所示。

$$e_{OOK} = \begin{cases} A\cos\omega t & \text{以概率 } P \text{ 发送 1 时} \\ 0 & \text{以概率 } 1-P \text{ 发送 0 时} \end{cases} \tag{4-3}$$

其典型波形如图 4-25 所示。可见，载波通过二进制基带信号 $s(t)$ 控制通断变化，所以这种键控又称为通断键控。在 OOK 中，某一种符号("0"或"1")用来表示有没有电压信号。

2ASK 信号的一般表达式如式(4-4)所示。

$$e_{2ASK}(t) = s(t)\cos\omega_c t \tag{4-4}$$

其中 $s(t)$ 如式(4-5)所示：

$$s(t) = \sum_n a_n g(t - nT_s) \tag{4-5}$$

式中：T_s 为码元持续时间；$g(t)$ 为持续时间为 T_s 的基带脉冲波形。为简便起见，通常假设 $g(t)$ 是高度为 1、宽度等于 a_n 的矩形脉冲；T_s 是第 n 个符号的电平取值。式(4-5)中，若

$$a_n = \begin{cases} 1 & \text{概率为} P \\ 0 & \text{概率为} 1-P \end{cases} \tag{4-6}$$

则相应的 2ASK 信号就是 OOK 信号。

2ASK 信号有两种基本的解调方法：相干解调和非相干解调(包络检波法)。相干解调需要在接收端产生一个本地载波，实现较复杂。

ASK 调制方式是根据信号的不同，调节正弦波的幅度。幅度键控可以通过乘法器和开关电路来实现。载波在数字信号 1 或 0 的控制下通或断：在信号为 1 的状态载波接通，此时传输信道上有载波出现；在信号为 0 的状态下载波被关断，此时传输信道上无载波传送。在接收端根据载波的有无还原出数字信号的 1 和 0。二进制幅度键控信号的频带宽度为二进制基带信号宽度的两倍。振幅键控调制的波形如图 4-25 所示。

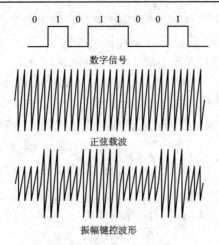

图 4-25 振幅键控调制波形图

多电平调制方式(MASK)又称为多进制数字振幅调制，是一种比较高效的传输方式，但由于它的抗噪声能力较差，尤其是抗衰落的能力不强，因而一般只适宜在恒参信道下采用。

2ASK 信号的产生方法通常有两种：模拟调制法(相乘器法)和键控法，相应的调制器如图 4-26 所示。其中图(a)就是一般的模拟幅度调制，用乘法器实现；图(b)是一种数字键控法，其中的开关电路受 $s(t)$ 的控制。

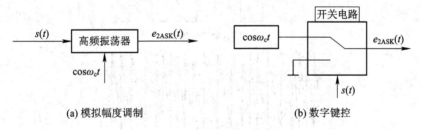

(a) 模拟幅度调制   (b) 数字键控

图 4-26 2ASK 信号调制器原理框图

2ASK 信号有两种基本的解调方法：非相干解调(包络检波法)和相干解调(同步检测法)，相应的接收系统组成方框图如图 4-27 所示。与模拟信号的接收系统相比，这里增加了一个"抽样判别器"方框，其对于提高数字信号的接收性能是必要的。

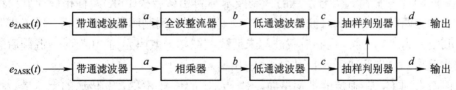

图 4-27 2ASK 信号调制器接收系统框图

2ASK 是 20 世纪初最早运用于无线电报中的数字调制方式之一。但是，ASK 传输技术受噪声影响很大。噪声电压和信号一起改变了振幅。在这种情况下，"0"可能变为"1"，"1"可能变为"0"。对于主要依赖振幅来识别比特的 ASK 调制方法，噪声是一个很大的问题。

2. 频移键控

用基带数据信号控制载波频率的调制方式称为频移键控(Frequency Shift Keying，

FSK)，是信息传输中使用得较早的一种调制方式。它的主要优点是实现起来较容易，抗噪声与抗衰减的性能较好，在中低速数据传输中得到了广泛的应用，最常见的是用两个频率承载二进制 1 和 0 的双频 FSK 系统，即二进制频移键控，利用二进制数字信号控制载波频率，当传送 "1" 码时输出一个频率 f_1，传送 "0" 码时输出另外一个频率 f_0。

频移键控是利用载波的频率变化传递数字信息。在 2FSK 中，载波的频率随二进制基带信号在 $f(\omega_1)$ 和 $f(\omega_2)$ 两个频率点间变化。故其表达式如式(4-7)所示。

$$e_{2FSK}(t) = \begin{cases} A\cos(\omega_1 t + \phi_n) & \text{发送 1 时} \\ A\cos(\omega_2 t + \theta_n) & \text{发送 0 时} \end{cases} \tag{4-7}$$

2FSK 信号的信号宽度如式(4-8)所示：

$$a_n = \begin{cases} 1, & \text{概率为} P \\ 0, & \text{概率为}(1-P) \end{cases} \tag{4-8}$$

从原理上讲，数字调频可用模拟调频法来实现，也可用键控法来实现。模拟调频法是利用一个矩形脉冲序列对一个载波进行调频，是频移键控通信方式早期采用的实现方法。键控法利用受矩形脉冲序列控制的开关电路对两个不同的独立频率源进行选通。键控法的特点是转换速度快、波形好、稳定度高且易于实现，故应用广泛。二进制频移键控波形如图 4-28 所示。

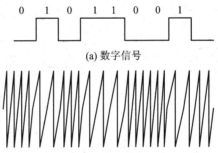

(a) 数字信号

(b) 频移键控的时间波形

图 4-28　频移键控调制波形图

3. 相移键控

用载波相位表示输入信号信息的调制技术称为相移键控(PSK)。移相键控分为绝对移相和相对移相两种。以未调载波的相位作为基准的相位调制叫做绝对移相。以二进制调相为例，取码元为 "1" 时，调制后载波与未调载波同相；取码元为 "0" 时，调制后载波与未调载波反相；"1" 和 "0" 时调制后载波相位差为 180。

根据香农理论，在确定的带宽里面，对于给定的信号 SNR，其传送的无差错数据速率存在着理论上的极限值，从另一个方面来理解这个理论，可以认为，在特定的数据速率下，信号的带宽和功率(或理解成 SNR)可以互相转换，这一理论成功地使用在传播状态极端恶劣的短波段，在这里具有活力的通信方式比快速方式更有实用意义。PSK 就是这一理论的成功应用。所谓 PSK 就是根据数字基带信号的两个电平使载波相位在两个不同的数值之间切换的一种相位调制方法。

2PSK 信号时域表达式如式(4-9)所示：

$$e_{2PSK} = s(t)\cos\omega_c t \tag{4-9}$$

这里，$s(t)$与 2ASK 及 2FSK 时的不同，为双极性数字基带信号，即如式(4-10)和式(4-11)所示：

$$s(t) = \sum_n a_n g(t - nT_s) \tag{4-10}$$

$$a_n = \begin{cases} +1, & \text{概率为} P \\ -1, & \text{概率为} (1-P) \end{cases} \tag{4-11}$$

因此，在某一个码元持续时间 T_s 内观察时，得到公式(4-12)：

$$e_{2PSK}(t) = \pm \cos \omega_c t = \cos(\omega_c t + \varphi_i) \quad (\varphi_i = 0 \text{或} \pi) \tag{4-12}$$

在 PSK 调制时，载波的相位随调制信号状态不同而改变。如果两个频率相同的载波同时开始振荡，这两个频率同时达到正最大值，同时达到零值，同时达到负最大值，此时它们就处于"同相"状态；如果一个达到正最大值时，另一个达到负最大值，则它们称为"反相"。把信号振荡一次(一周)作为 360°。如果一个波比另一个波相差半个周期，两个波的相位差 180°，也就是两个波反相。当传输数字信号时，"1"码控制发 0 相位，则"0"码控制发 180° 相位。

2PSK 信号的产生框图如图 4-29 所示。

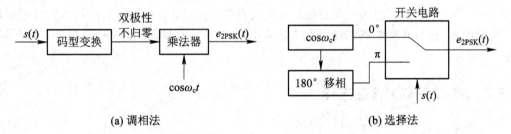

(a) 调相法   (b) 选择法

图 4-29 2PSK 信号的产生框图

PSK 信号的产生方法有调相法和选择法。

(1) 调相法：将基带数字信号(双极性)与载波信号直接相乘。

(2) 选择法：用数字基带信号去对相位相差 180 的两个载波进行选择。

相移键控的调制波形如图 4-30 所示。

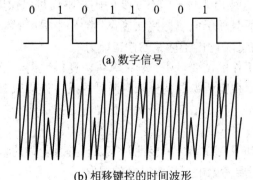

0 1 0 1 1 0 0 1

(a) 数字信号

(b) 相移键控的时间波形

图 4-30 相移键控的调制波形图

4.3　RFID 的数据安全设计

4.3.1　RFID 数据的差错控制

在 RFID 系统中，数据传输的完整性存在两个方面的问题：外界的各种干扰可能使数据传输产生错误及多个应答器同时占用信道使发送数据产生碰撞。运用数据检验(差错检测)和防碰撞算法可分别解决这两个问题。在实际信道上传输数字信号时，由于信道传输特性不理想及加性噪声的影响，接收端所收到的数字信号不可避免地会发生错误。为了在已知信噪比情况下达到一定的误比特率指标，首先应该合理设计基带信号，选择调制解调方式，采用时域、频域均衡，使误比特率尽可能降低。但若误比特率仍不能满足要求，则必须采用信道编码(即差错控制编码)，将误比特率进一步降低，以满足系统指标要求。随着差错控制编码理论的完善和数字电路技术的发展，信道编码已经成功地应用于各种通信系统中，并且在计算机、磁记录与存储中也得到日益广泛的应用。差错控制编码的基本思路：在发送端将被传输的信息附上一些监督码元，这些多余的码元与信息码元之间以某种确定的规则相互关联(约束)。接收端按照既定的规则校验信息码元与监督码元之间的关系，一旦传输发生差错，则信息码元与监督码元的关系就受到破坏，从而接收端可以发现错误乃至纠正错误。研究各种编码和译码方法是差错控制编码所要解决的问题，在第六章将详细展开讨论。

4.3.2　RFID 编码方式的选择

选择各种编码方法的考虑因素如下：

(1) 编码方式的选择要考虑电子标签能量的来源。

在 RFID 系统中使用的电子标签常常是无源的，而无源标签需要在与读写器的通信过程中获得自身的能量供应。为了保证系统的正常工作，信道编码方式必须保证不能中断读写器对电子标签的能量供应。

在 RFID 系统中，当电子标签是无源标签时，经常要求基带编码在每两个相邻数据位元间具有跳变的特点，这种相邻数据间有跳变的码，不仅可以保证在连续出现"0"时对电子标签的能量供应，而且便于电子标签从接收到的码中提取时钟信息。

(2) 编码方式的选择要考虑电子标签的检错能力。

出于保障系统可靠工作的需要，还必须在编码中提供数据一级的校验保护，编码方式应该提供这种功能，可以根据码型的变化来判断是否发生误码或有电子标签冲突发生。

在实际的数据传输中，由于信道中干扰的存在，数据必然会在传输过程中发生错误，这时要求信道编码能够提供一定程度的检测错误的能力。

曼彻斯特编码、差动双向编码、单极性归零编码具有较强的编码检错能力。

(3) 编码方式的选择要考虑电子标签时钟的提取。

在电子标签芯片中，一般不会有时钟电路，电子标签芯片一般需要在读写器发来的码流中提取时钟。曼彻斯特编码、密勒编码、差动双向编码容易使电子标签提取时钟。

4.3.3 RFID 数据的完整性实施及安全设计

完整性是指信息未经授权不能进行改变的特性，即信息在存储或传输过程中保持不被偶然或蓄意地删除、修改、伪造、乱序、重放、插入等破坏和丢失的特性。完整性是一种面向信息的安全性，它要求保持信息的原样，即信息的正确生成、正确存储和传输。完整性与保密性不同，保密性要求信息不被泄漏给未授权的人，而完整性则要求信息不致受到各种原因的破坏。影响信息完整性的主要因素有：设备故障、误码(传输、处理和存储过程中产生的误码，定时的稳定度和精度降低造成的误码，各种干扰源造成的误码)、人为攻击、计算机病毒等。保证信息完整性的主要方法包括以下几种：

(1) **安全协议**。通过各种安全协议可以有效地检测出被复制的信息、被删除的字段、失效的字段和被修改的字段。

(2) **纠错编码方法**。通过纠错编码完成检错和纠错功能。最简单和常用的检错编码方法是奇偶校验法。

(3) **密码校验和方法**。这是抗篡改和检测传输失败的重要手段。

(4) **数字签名**。通过数字签名保障信息的真实性。

(5) **公证**。通过公证请求网络管理或中介机构证明信息的真实性。

RFID 系统采取无接触的方式进行数据传输，因此数据在传输过程中很容易受到干扰，包括系统内部的热噪声和系统外部的各种电磁干扰等，这些都会使传输的信号发生畸变，从而导致传输错误，如图 4-31 所示。

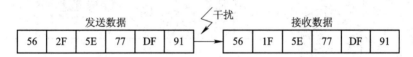

图 4-31　干扰导致数据传输发生错误

当接收读写器发出的命令以及数据信息发生传输错误时，如果被电子标签接收到，可能会导致以下结果：

(1) 电子标签错误地响应读写器的命令；

(2) 电子标签的工作状态发生混乱；

(3) 电子标签错误地进入休眠状态。

当电子标签发出的数据发生传输错误时，如果又被读写器接收到，可能导致以下结果：

(1) 不能识别正常工作的电子标签，误判电子标签的工作状态。

(2) 将一个电子标签判别为另一个电子标签，造成识别错误。

因传输的信号畸变而导致的数据传输出错在 RFID 系统的数据通信中是不能容忍的，解决的方法有两种：

(1) 加大读写器的输出功率，从而提高信噪比，但这种方式有一定的局限性，读写器发出的功率有限制，如果超限，会造成电磁污染。

(2) 在原始数据的后面加上一些校验位，这些校验位和前边的数据之间具有某种关联，接收端根据收到的数据位和校验位之间是否满足这种关联关系来判断信号有没有发生畸变，这就是差错控制编码。

4.3.4　RFID 的安全设计

RFID 的应用始于二战，长久以来多用于军事。与传统的条形码技术相比，它具有非接触读取、无需光学对准、工作距离长、适于恶劣环境、可识别运动目标等明显优势，又得益于电子技术的发展，因此逐渐得到了广泛的应用。其典型的应用包括火车和货运集装箱的识别、高速公路自动收费及交通管理、仓储管理、门禁系统、防盗与防伪等方面。

当前的 RFID 技术研究主要集中于天线设计、安全与隐私防护、标签的空间定位和防碰撞技术等方面。

RFID 系统在进行前端数据采集工作时，标签和识读器采用无线射频信号进行通信。这在给系统数据采集提供灵活性和方便的同时也使传递的信息暴露于大庭广众之下，这无疑是信息安全的重大威胁。随着 RFID 技术的快速推广应用，其数据安全问题已经成为一个广为关注的问题。

对于 RFID 系统前端数据采集部分而言，信息安全的威胁主要来自于对标签信息的非法读取和改动、对标签的非法跟踪、有效身份的冒充和欺骗三个方面。图 4-32 为 RFID 前端数据采集系统示意图。识读器和数据库服务器之间用可信任的安全信道相连。而识读器和标签之间则是不安全不可信任的无线信道，存在被窃听、欺骗和跟踪等危险。

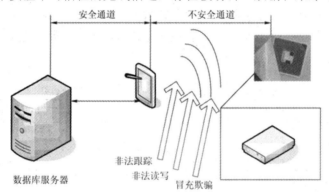

图 4-32　RFID 前端数据采集系统示意图

针对 RFID 系统应用的不同领域，其数据安全防护的重点也不尽相同。在零售业，商家需要防止有人非法改动商品的价格。在物流领域，不仅要防止商业间谍窃取标签内货物的信息，也要防止他们通过跟踪标签来跟踪货物的流向，通过对标签进行计数来估计货物的数量。在门禁和自动收费的应用中要防止非法标签冒充合法标签来通过身份验证。

针对 RFID 系统数据安全的问题，现在已经提出各种解决方法，其中有代表性的方法有以下几种：物理隔离、停止标签服务、读取访问控制、双标签联合验证。下面将具体介绍和分析这几种方法。

1. 物理隔离

这种方法主要思想是：在不希望标签被读取的时候使用物理方法阻断电磁波传递路径。例如有人购买了贴有 RFID 标签的商品，在回家的路上他可以使用一种特殊的可阻断电磁波的包装袋来保护他的个人隐私不被人知晓。信息安全厂商 RSA 在这方面做了很多努力，他们已经开发出这种可以阻断 RFID 信号的包装袋。另外，RSA 还在开发一种沙粒大小的微型芯片来阻断 RFID 标签与 RFID 识读器之间的通信。这种方法适用于零售小商品、医药、邮政包裹、档案文件等需要 RFID 标签保密的场合。

2. 停止标签服务

停止标签服务就是在 RFID 标签的应用周期完成之后，部分或者完全地停止标签的信息服务，有人把这叫做"kill tag"。这种方法主要是针对那种只存储标签 ID 的无源标签。这种标签的 ID 号是唯一的，往往是由产品的分类号和一个局部唯一的序列号组成。举个例子，可以在商品售出或货物易手时去掉 RFID 标签的序列号，只保留厂家和产品类型信息，或是干脆停止标签的工作。

3. 读取访问控制

读取访问控制(Read Access Control)是利用 Hash 函数进行加密和验证的方案。进行读取访问控制时，RFID 标签只响应通过验证的识读器。除 RFID 识读器和 RFID 标签以外，读取访问控制还需要数据库服务器的支持。这是一种能够提供较完整的数据安全保护的方案，也是近来研究比较多的方案。下面将介绍其典型的实现方法。

Hash 函数是一种单向函数，它的计算过程如下：输入一个长度不固定的字符串，返回一串定长度的字符串，又称 Hash 值。单向 Hash 函数用于产生信息摘要。Hash 函数主要解决以下两个问题：在某一特定的时间内，无法查找经 Hash 操作后生成特定 Hash 值的原报文；也无法查找两个经 Hash 操作后生成相同 Hash 值的不同报文。初始化过程：方案对硬件的要求较高，标签的 ROM 存储标签 ID 的 Hash 函数值 Hash(TagID)。RAM 存储经授权的有效识读器的 ReaderID。另外要求标签具有简单逻辑电路，可以做简单计算如计算 Hash 函数和产生随机数。Reader 与 Tag 和数据库服务器相联系，并被分配 ReaderID。后台数据库存储 TagID 和 Hash(TagID)数据。验证过程：识读器首先发出请求，标签产生一个随机数 k 作为回应。服务器从识读器得到 k 值并计算 k 和 ReaderID 相异或的值(本文中记为 $k \oplus \text{ReaderID}$)，然后对其进行 Hash 运算得到 $a(k)=\text{Hash}(k \oplus \text{ReaderID})$ 并通过识读器将 $a(k)$ 发给标签。与此同时，标签也用自己存储的 k 值和 ReaderID 值按同样的方法计算出 $a(k)'$。标签比较 $a(k)$ 和 $a(k)'$，相同则识读器拥有正确的 ReaderID，验证通过，否则标签沉默。

信息传递过程是：验证通过之后，标签会将其有效信息 Hash(TagID)发给识读器，数据库服务器从识读器处取得 Hash(TagID)并在数据库中查找出对应的 TagID 值，这就完成了信息传送。具体验证过程如图 4-33 所示。

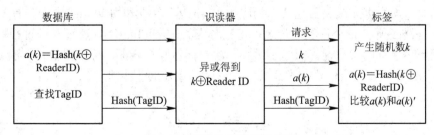

图 4-33　读取访问控制的验证

更新 ReaderID 过程：需要更新合法 ReaderID 时，用新的 ReaderID 和原来的 ReaderID

相异或，发给标签，标签可以使用原有的 ReaderID 值算出新的 ReaderID 值。

4. 双标签联合验证

双标签联合验证法是 Ari Juels 等人提出的一种面向低端、无源、计算能力低的 RFID 标签的安全验证方法。这种机制将在 RFID 标签数据要随货物多次易手的较复杂的情况下保持物流链中 RFID 标签信息的完整性。这种方法的主要思想是在两个相对应的 RFID 标签被识读器同时读到时，使用读取设备作为中介进行互相验证。即使在识读器不被信任的情况下，标签也能够脱机进行验证。此方法适合某些特殊的应用，如药品分发中保证药品说明书和药瓶一同运输，保证某些飞机零件出厂时有安全阀。

此方法的关键是两个标签同时被读到，但不一定是这些标签一定是被同一设备所读取。入侵者要从远端满足同时读取的条件是非常困难的，这提高了它的安全性。

5. RFID 数据安全的比较及研究方向

物理隔离的方法简单、直接并且有效，适用于 RFID 的简单应用场合。但是它的简单安全机制也限制了它的应用范围：首先，贴有 RFID 标签的物品必须适于装在这种电磁隔离的包装中，因此体积不能太大，而无线通讯设备也不适于这种电磁屏蔽的方法。其次，处于屏蔽隔离状态中的 RFID 标签虽保护了其中的信息，但此时标签也不能提供服务。另外，无论是特殊的包装还是阻隔电磁波的芯片都会增加 RFID 标签的成本，然而 RFID 标签的成本目前还需要进一步降低才能真正被广泛应用。停止标签服务的方法简单易行，但只提供最简单的信息保护，能够适用的范围很小。如果只清除了标签序列号，他人仍可以得到标签中的其他信息，也可以凭此对标签进行跟踪。如果完全停止了标签的工作，那么就无法对标签进行进一步的利用。从资源和效率的方面讲，这都是很不经济的。另外，消费者并不容易检测到他所买的商品上的 RFID 标签是否得到了有效的停止，换句话说，只要商家愿意，他们仍然可以跟踪消费者并窥探其隐私。所以目前需要解决的是如何能保证停止标签的有效性问题和如何对标签进行重用的问题。读取访问控制的方法对识读器通信的全程都进行了加密防护，特别是对验证过程加入了随机数，具有防窃听、防跟踪、防欺骗的能力，并且可安全地更换合法的 ReaderID。然而它对硬件的要求很高，尤其是标签要实现比较多的逻辑运算并要求有可读写的存储器。对于这种方法，关键是提高标签芯片的计算和存储能力，以及对验证方法的改进和简化。双标签联合验证的方法以精简的加密算法实现，即以小代价，达到了一定的安全强度。然而它仍然要求计算 Hash 函数并且要求标签有 360 bit 的存储器，对于无源标签来讲还有待于 RFID 硬件技术的进步才能实现。为了进行一次读取访问控制验证，标签必须有一次产生随机数的运算、一次 Hash 运算和一次比较运算；而数据库服务器也要做相应的 Hash 运算，另外如果系统中一共有 n 个标签的话，服务器必须在 n 个标签的记录中查找对应的 Hash(TagID)。整个验证过程标签和识读器之间至少进行两次对话。而为了进行一次双标签联合验证，标签需要作一次 Hash 运算、两次 MAC 运算还有两次增量运算，标签和识读器间至少进行三次对话。

本 章 小 结

本章主要介绍了数据通信的基础知识，常用的编码方式、调制与解调方法。

　　模拟信号是连续变化的电磁波,可以通过不同的介质进行传输。数字信号是一种电压脉冲序列,它可以通过有线介质进行传输。数字信号用于表示数字数据。

　　通信系统是指完成通信这一过程的全部设备和传输媒介,一般可概括为以下模型:

　　(1) 信息源(简称信源):把各种消息转换成原始电信号,如麦克风。信源可分为模拟信源和数字信源。

　　(2) 发送设备:产生适合于在信道中传输的信号。

　　(3) 信道:将来自发送设备的信号传送到接收端的物理媒质。信道又分为有线信道和无线信道两大类。

　　(4) 噪声源:集中表示分布于通信系统中各处的噪声。主要有白噪声和脉冲噪声。

　　(5) 接收设备:从受到减损的接收信号中正确恢复出原始电信号的设备。

　　(6) 信宿:把原始电信号还原成相应的消息,如扬声器等。

　　RFID 的射频识别系统通常使用下列编码方法中的一种:反向不归零(NRZ)编码、曼彻斯特(Manchester)编码、单极性归零(UnipolarRZ)编码、差动双相(DBP)编码、密勒(Miller)编码和差动编码。

　　曼彻斯特编码也被称为相位编码(Split-Phase Coding)。在曼彻斯特编码中,某位的值是由该位长度内半个位周期时电平的变化(上升/下降)来表示的,在半个位周期时的负跳变表示二进制"1",半个位周期时的正跳变表示二进制"0"。

　　Miller 码也称延迟调制码,是一种变形双相码。其编码规则是:对于原始符号"1",码元起始不跃变,中心点出现跃变时用 10 或 01 表示。对于原始符号"0",则分成单个"0"还是连续"0"予以不同处理。单个"0"时,保持 0 前的电平不变,即在码元边界处电平不跃变,在码元中间点电平也不跃变;对于连续"0",则使连续两个"0"的边界处发生电平跃变。

　　调制解调的概念是:基带数字信号变换成频带数字信号的过程称为数字调制,其相反的过程称为数字解调。数字调制分为振幅键控(ASK)、频移键控(FSK)、相移键控(PSK)。其中,ASK 属于线性调制,FSK、PSK 属于非线性调制。RFID 系统通常采用数字调制方式传送消息,调制信号(包括数字基带信号和已调脉冲)对正弦波进行调制。

习 题 4

4.1　信号可以分为哪两种?

4.2　通信系统的模型有哪几种?

4.3　根据编码的目的不同,编码理论有哪几种?

4.4　射频识别系统通常使用的编码方法有哪几种?

4.5　曼彻斯特编码及编码格式各是什么?

4.6　密勒(Miller)编码及编码格式各是什么?

4.7　差动编码及编码格式各是什么?

4.8　选择编码方法需考虑的因素有哪些?

4.9　什么是数字调制,常用的调制方式有哪些?

4.10　什么是相移键控?相移键控的分类及二进制调相的调制原理是什么?

第五章　RFID 系统中的数据校验和防碰撞技术

在射频识别系统数据通信的过程中，数据传输的完整性和正确性是保证系统识别性能的关键，与以下两个方面的因素有关：一个是多个标签或者多个读写器同时占用信道发送数据而产生信号的干涉，称为数据碰撞；另一个是周围环境的各种干扰叠加到信号上引起的识别错误。其中，数据碰撞是 RFID 应用中最常遇到，影响最大的问题。本章将对防碰撞算法和数据校验进行详细阐述。

5.1　防碰撞概述

5.1.1　背景介绍

防碰撞机制是 RFID 技术中特有的问题。在接触式 IC 卡的操作中是不存在冲突的，因为接触式智能卡的读写器有一个专门的卡座，而且一个卡座只能插一张标签，不存在读写器同时面对两张以上标签的问题。而在 RFID 应用中，阅读器和标签通过公共空间以传播电磁场方式通信，极大地拓宽了多个阅读器或者标签在同一空间相互通信的情况，但由此也产生了碰撞问题。碰撞的发生存在于以下两种情形中。

(1) 标签碰撞。RFID 读写器正常情况下一个时间点只能对识别区域内的一张 RFID 卡进行读或写操作，但是实际应用中经常有多张标签同时进入读写器的射频场，多个电子标签同时"发言"(回复读写器的指令)，导致读写器无法"听清"某一张 RFID 卡的信息。

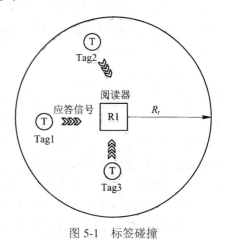

如图 5-1 所示，在阅读器 R1 的接收半径范围内，同时存在标签 Tag1、Tag2、Tag3，由阅读器 R1 发出的指令会被这三张标签接收，如果下一个时刻多张标签同时回复读写器，那么多张标签的信号会互相干扰，造成读写器无法正确获取某一张标签的信息。

图 5-1　标签碰撞

(2) 读写器碰撞。传统上，很多 RFID 系统都被设计成只有一个读写器，但是，随着 RFID 相关技术的发展和应用规模的扩大，很多时候，一个读写器满足不了实际应用中的需求。有些应用场合需要在一个很大的范围内的任何地方都可以阅读标签。由于读写器和标签通信具有范围限制，必须在这个范围内高密度地布置读写器才能满足系统应用的要求。高密度的读写器必然会导致读写器的询问区域出现交叉，那么询问交叉区域的读写器之间就可能发生相互干扰，甚至在读写器询问区域没有重叠的情况下，也有可能会发生相互干扰，这些由多个读写器引起的干扰都称为读写器碰撞。

由于读写器可以检测碰撞并且相互之间可以通信，读写防碰撞问题的解决相对容易。读写器碰撞一般存在如下三种类型：

1) 频率干扰

读写器在工作时发射的无线信号的功率较大，大约为 30～36 dBm，因而它的辐射范围是比较广的，而标签反向散射调制的工作方式决定了它返回读写器的信号的能量很弱，这就导致当一个读写器处于发射状态，而另一个读写器处于接收状态，并且两者之间的距离并非足够远，两读写器工作频率相同或者相近时，读写器发射的电磁信号会干扰接收读写器接收到标签返回的应答信号，造成无法正常读取标签信息的状况发生，这种干扰称之为频率干扰。

从图 5-2 可见，R_t 为阅读器发送半径，R_r 为阅读器接收半径，标签 Tag1 处于阅读器 R1 的接收范围内，但是却受到阅读器 R2 的发射信号的影响，如果两读写器工作频率相同或者相近，将造成阅读器 R1 无法正确接收标签 Tag1 的信息。

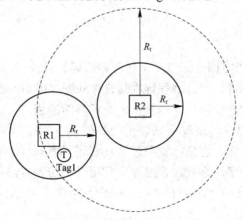

图 5-2　由于频率干扰产生碰撞

2) 标签干扰

当一个标签同时位于两个或者多个读写器询问区域时，多个读写器同时尝试与这个标签进行通信，这时发生的是标签干扰。

从图 5-3 可见，标签 Tag1 同时处于两个阅读器 R1、R2 的接收半径内，Tag1 接收到的信息为 R1、R2 两个读写器发射信号的矢量和，是一个未知信号。

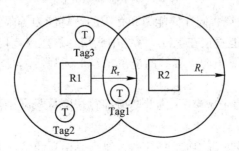

图 5-3　由于标签干扰产生碰撞

3) 隐藏终端干扰

由图 5-4 可知，R1 和 R2 的阅读区域没有重叠，但是从 R2 发出的信号在标签 Tag1 上会干扰读写器 R1 发出的信号。这种情形也会发生在两个读写器不在彼此的感应范围内的状态下。

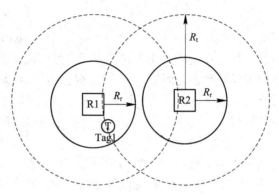

图 5-4　由于隐藏终端干扰产生碰撞

5.1.2　解决方法

综合前述，从碰撞产生的来源出发，可将防碰撞问题分为标签防碰撞和读写器防碰撞。由于读写器内置嵌入式芯片，通过编程解决其碰撞问题很简单，而标签防碰撞的解决难度相对较大，所以目前提到的防碰撞问题都指的是标签防碰撞。

解决标签防碰撞问题的实质就是采取正确的处理方式让一个时刻读写器只选出特定的一张标签进行读或写操作，避免标签同时"发言"而将不同标签分开。从多个电子标签到一个读写器的通信称为多路存取，多路存取常用以下四种方法将不同的标签信号分开：空分多路法(SDMA)、频分多路法(FDMA)、时分多路法(TDMA)和码分多路法(CDMA)，如图 5-5 所示。

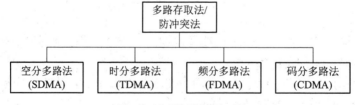

图 5-5　四种防碰撞机制

但受电子标签的低功耗、低存储能力和有限的计算能力等限制，导致许多成熟的防碰撞算法(如空分多路法)不能直接在 RFID 系统中应用。这些限制可以归纳如下：

(1) 无源标签没有内置电源，标签的能量来自于读写器，要求算法在执行的过程中标签功耗尽量低。

(2) RFID 系统的通信带宽有限，因此防碰撞算法应尽量减少读写器和标签之间传输信息的比特数目。

(3) 标签不具备检测冲突的功能而且标签间不能相互通信，因此冲突判决需要读写器来实现。

(4) 标签的存储和计算能力有限，这就要求防碰撞协议尽可能简单，标签端的设计不能太复杂。

下面我们分别对 RFID 系统应用的防碰撞的四种方式予以介绍。

1. 空分多路法(空间分割多重存取)

空分多路法(SDMA)是利用空间分割构成不同的信道。如在一颗卫星上使用多个天线，每个天线的波束分属地球表面不同区域。地面上不同地区的地球站在同一时间即使使用相同的频率进行工作，它们之间也不会形成干扰。

由图 5-6 可见，空间中不同位置的标签为 T，通过读写器不同方向的扫描来进行空间上的分组。空分多路是一种信道增容的方式，可以实现频率的重复使用，以便充分利用频率资源。

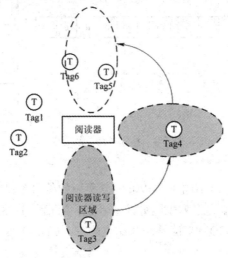

图 5-6　空分多路法示意图

2. 频分多路法

频分多路法(FDMA)是将信道频率分割为若干更窄的互不相交的频带(称为子频带)，划分后的每个子频带(如图 5-7 中的 f_1、f_2、f_3、f_4、f_5、f_6 六个子频带)分别给一个用户专用(地址)，即系统把不同载波频率的传输通道分别提供给标签用户 T，如图 5-7 所示。

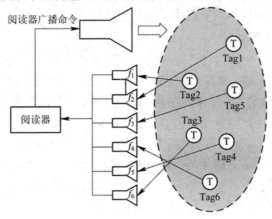

图 5-7　频分多路法示意图

频分多路法可将需要传输的每路信号调制到不同的载波频率上，传输过程中不同频率的各路信号不会相互干扰，缺点是每个接收通路必须有自己单独的接收器，读写器的费用高。

3. 时分多路法

时分多路法(TDMA)是把整个可供使用的信道容量按时间分配给多个用户的技术。如图 5-8 所示，不同标签 T 占用不同的时间段与阅读器进行通信(如标签 1 占用时间段 a、a')，也就是通过系统调度把整个可供使用的信道容量按时间分配给多个标签。对标签来说，在某个时间内只建立唯一的读写器和标签的通信关系，这样可以很好地解决标签碰撞问题。

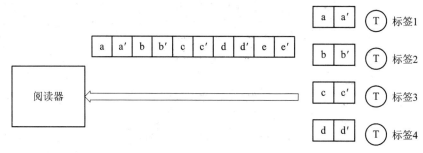

图 5-8　时分多路法示意图

4. 码分多路法

码分多路法(CDMA)中，不同用户传输信息所用的信号不是靠频率不同或时隙不同来区分，而是用各自不同的编码序列来区分，或者说，靠信号的不同波形来区分。如果从频域或者时域来观察，多个 CDMA 信号是互相重叠的，CDMA 是利用不同的码系列分割成不同信道的多址技术。

CDMA 的频带利用率低，信道容量较小，地址码选择较难，接收时地址码捕获时间较长，其通信频带和技术复杂性在 RFID 系统中难以应用。

针对 RFID 系统低成本、硬件资源较少和数据传输速度高以及数据可靠性强的要求，标签防碰撞机制大多基于时分多路法(TDMA)，由此发展出来的防碰撞算法应用在阅读器和标签中，碰撞发生时按照防碰撞算法的工作流程处理，可以解决碰撞问题，进而正确读取标签信息。常用的防碰撞机制思路主要有以下几种：

1) 面向比特的防碰撞机制

高频的 ISO 14443A 使用这种防碰撞机制，其原理是基于标签有一个全球唯一的序列号。比如 Mifare1 卡，每张标签有一个全球唯一的 32 位二进制序列号。显而易见，序列号的每一位上不是"1"就是"0"，而且由于是全世界唯一的，所以任何两张标签的序列号总有一位的值是不一样的，也就是说总存在某一位，一张标签上是"0"，而另一张标签上是"1"。

当两张以上标签同时进入射频场，读写器向射频场发出卡呼叫命令，问射频场中有没有标签。这些标签同时回答"有标签"；然后读写器发送防碰撞命令："把你们的序列号告诉我"，收到命令后所有标签同时回送自己的序列号。

可能这些标签序列号的前几位都是一样的。比如前四位都是 1010，第五位上有一张标签是"0"而其他标签是"1"，于是所有标签在一起说自己的第五位序列号的时候，由于有标签说"0"，有标签说"1"，读写器即听出来发生了碰撞。

读写器检测到碰撞后，对射频场中的标签说："让序列号前四位是'1010'、第五位是'1'的标签继续说自己的序列号，其他的标签不要发言了。"

结果第五位是"1"的标签继续发言，可能第五位是"1"的标签不止一张，于是在这些标签回送序列号的过程中又发生了碰撞，读写器仍然用上面的办法让冲突位是"1"的标签继续发言，其他标签禁止发言，最终经过多次的防冲突循环，当只剩下一张标签的时候，就没有冲突了，最后胜出的标签把自己完整的序列号回送给读写器，读写器发出卡选择命令，这张标签就被选中了，而其他标签只有等待下次卡呼叫时才能再次参与防碰撞过程。

上述防碰撞过程中，当碰撞发生时，读写器总是选择碰撞位为"1"的标签胜出，当然也可以指定冲突位为"0"的标签胜出。

上述过程有点拟人化了，实际情况下读写器是怎么知道发生碰撞了呢? 在前面的数据编码中已经提到，标签向读写器发送命令使用副载波调制的曼彻斯特(Manchester)码，副载波调制码元的右半部分表示数据"0"，副载波调制码元的左半部分表示数据"1"，当发生冲突时，由于同时有标签回送"0"和"1"，导致整个码元都有副载波调制，读写器收到这样的码元就知道发生碰撞了。

这种方法可以保证任何情况下都能选出一张标签，即使把全世界同类型的所有标签都拿来防冲突，最多经过 32 个防碰撞循环就能选出一张标签。其缺点是由于卡序列号是全世界唯一的，而序列号的长度是固定的，所以某一类型的标签的生产数量也是一定的，比如常见的 Mifare1 卡，由于只有 4 个字节的卡序列号，所以其生产数量最多为 2^{32} 个，即 4 294 967 296 张卡。

2) 面向时隙的防冲突机制

ISO 14443B 中使用这种防碰撞机制。这里的时隙(Slot)其实就是个序号。这个序号的取值范围由读写器指定，可能的范围有 1-1、1-2、1-4、1-8、1-16。当两张以上标签同时进入射频场，读写器向射频场发出卡呼叫命令，命令中指定了时隙的范围，让标签在这个指定的范围内随机选择一个数作为自己的临时识别号。然后读写器从 1 开始叫号，如果叫到某个号恰好只有一张标签选择了这个号，则这张标签被选中胜出。如果叫到的号没有标签应答或者有多于一张标签应答，则继续向下叫号。如果取值范围内的所有号都叫了一遍还没有选出一张标签，则重新让标签随机选择临时识别号，直到叫出一张标签为止。

这种办法不要求标签有一个全球唯一的序列号，所以标签的生产数量没有限制，但是理论上存在一种可能，就是永远也选不出一张标签来。Felica 采用的也是这种机制。

3) 位和时隙相结合的防碰撞机制

ISO 15693 中使用位和时隙相结合的防碰撞机制。一方面每张标签有一个 7 字节的全球唯一序列号，另一方面读写器在防碰撞的过程中也使用时隙叫号的方式，不过这里的号不是标签随机选择的，而是标签唯一序列号的一部分。

叫号的数值范围分为 0~1 和 0~15 两种。其大体过程是，当有多张标签进入射频场时，读写器发出清点请求命令，假如指定标签的叫号范围是 0～15，则标签序列号最低 4 位为 0000 的标签回送自己的 7 字节序列号。如果没有冲突，标签的序列号就被登记在 PCD 中。然后读写器发送一个帧结束标志，表示让标签序列号最低 4 位为 0001 的标签作出应答；之后读写器每发送一个帧结束标志，表示序列号的最低 4 位加 1，直到最低 4 位为 1111 的标签被要求应答。如果此过程中某一个标签回送序列号时没有发生冲突，读写器就可选择此张标签；如果巡检过程中没有标签反应，表示射频场中没有标签；如果有标签响应的时隙发生了冲突，比如最低 4 位是 1010 的标签回送序列号时发生了冲突，则读写器在下一次防冲突循环中指定只有最低 4 位是 1010 的标签参与防冲突，然后用标签的 5～8 位作为时隙，重复前面的巡检。如果被叫标签的 5～8 位时隙也相同，之后再用标签的 9～12 位作为时隙，重复前面的巡检，依次类推。读写器可以从低位起指定任意位数的序列号，让序列号低位和指定的低位序列号相同的标签参与防碰撞循环，标签用指定号前面的一位或 4 位作为时隙对读写器的叫号作出应答。由于标签的序列号全球唯一，所以任何两张标签总有某个连续的 4 位二进制数不一样，因而总能选出一张标签。需要指出的是，当选定的时隙数为 1 时，这种防冲突机制等同于面向比特的防碰撞机制。

另外需要说明的是，TTF(Tag Talk First，标签先发言方式)的标签一般是无法防碰撞的。这种标签一进入射频场就主动发送自己的识别号，当有多张标签同时进入射频场时就会发生不读卡的现象。这时只有靠标签的持有者自己去避免冲突了。

5.1.3 碰撞检测

碰撞发生后，不管使用哪一种防碰撞算法，都需要判断是在哪里发生了碰撞才能进行进一步的操作。因此碰撞检测是实现防碰撞算法和协议必不可少的重要环节。

不同的防碰撞算法对碰撞检测的要求会有不同。例如，要实现 ISO/IEC 14443 标准中的 TYPE A 防碰撞协议，必须辨别碰撞是在哪一位发生的。对于时隙 ALOHA 算法，可以不必追究是在哪一位发生了碰撞，只要判别在该时隙是否发生了碰撞即可。

判断是否产生了数据信息的碰撞可以采用下述三种方法：

(1) 检测接收到的电信号参数(如信号电压幅度、脉冲宽度等)是否发生了非正常变化，但是对于无线电射频环境，门限值较难设置；

(2) 通过差错检测方法检查有无错码，虽然应用奇偶检验、CRC 码检查到的传输错误不一定是数据碰撞引起的，但是这种情况的出现也被认为是出现了碰撞；

(3) 利用某些编码的性能，检查是否出现非正常码来判断是否产生数据碰撞，如曼彻斯特(Manchester)码，若以 2 倍数据时钟频率的 NRZ 码表示曼彻斯特码，则出现 11 码就说明产生了碰撞，并且可以知道碰撞发生在哪一位。

曼彻斯特编码用逻辑"1"表示发送数据由 1 到 0 的转变即下降沿跳变，用逻辑"0"表示发送数据由 0 到 1 的转变即上升沿跳变。若无状态跳变，视为非法数据，作为错误被识别。当两个或多个标签同时返回的数位有不同之值时，则上升沿和下降沿互相抵消，以至无状态跳变，读写器可知该位出现碰撞，产生了错误，应进一步搜索。利用 Manchester 编码识别碰撞位示意图如图 5-9 所示。假如有两个标签，其 ID 号为 10011111 和 10111011，利用 Manchester 可识别出 3 和 6 位碰撞。

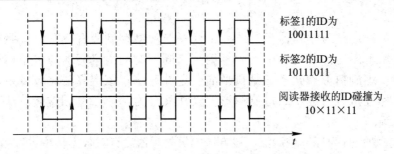

标签1的ID为
10011111

标签2的ID为
10111011

阅读器接收的ID碰撞为
10×11×11

图 5-9　Manchester 按位识别碰撞位

另一种是基于 FSK 脉冲调制方式的碰撞检测方法，125 kHz 标签的防碰撞技术目前尚未形成统一的标准，很多厂家都拥有自己的专利。例如对于 MCRF250 芯片的读写器设计，其主要特点是要具有防碰撞能力，即读写器应具有提供载波信号中断时隙(Gap)和碰撞检测的能力。读写器提供的 Gap 用于保证时间上的同步，碰撞检测可判断有无碰撞发生，而该碰撞检测方法基于 FSK 脉冲调制方式通过检测位宽的变化来判断碰撞是否发生。

当采用 NRZ 码 FSK 脉冲调制时，位宽的变化和调制方式有关，如果位 0 和位 1 发生碰撞，其合成波形的位宽会有比较明显的变化。如图 5-10 所示，数位 0 的 FSK 频率为 $f_c/8$，数位 1 的 FSK 频率为 $f_c/10$，f_c 为载波频率(125 kHz)，T_c 为载波周期，NRZ 码数位宽为 $40T_c$。

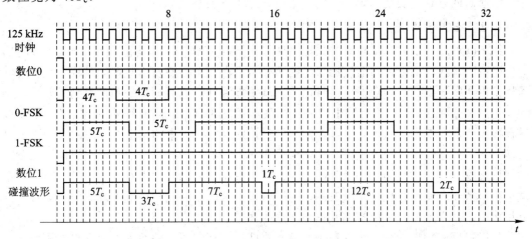

图 5-10　碰撞情况的时序图

经放大滤波整形电路后，若数位 1 和数位 0 产生碰撞，则碰撞冲突后的波形将出现 $7T_c$ 和 $12T_c$ 宽的脉冲，而正常情况下，0 的 FSK 调制脉宽为 $4T_c$，1 的 FSK 调制脉宽为 $5T_c$。因此，用计数器进行位宽检测，判断是否出现大于 $5T_c$ 的脉宽，就可以判断是否出现了碰撞。

5.2　防碰撞算法

为了解决一个阅读器同时读取多个标签产生的标签碰撞问题，需要一种防碰撞技术来识别多个标签，解决碰撞的算法称为防碰撞算法，以下提到的防碰撞算法正是标签防碰撞算法。标签防碰撞算法采用的是基于时分多路法(TDMA)的算法，分为确定性算法和概率性算法两种。

确定性算法也称为读写器控制法，由读写器观察控制所有标签。按照规定算法，在读写器作用范围内，首先选中一个标签，在同一时间内读写器与一个标签建立通信关系，其中二进制树形搜索算法是典型的确定性算法，该类算法比较复杂，识别时间较长，但无标签饥饿问题，二进制树形搜索法又分为基本二进制搜索算法、动态二进制搜索算法等。

概率性算法也称为标签控制法，该方法中，读写器没有对数据传输进行控制，并且读写器和标签的工作是非同步的，标签获得处理的时间不确定，因此标签存在"饥饿"问题。标签控制法主要有 ALOHA 法(一种非常简单的 TDMA 算法，多采用"标签先发言"方式的随机接入算法)，读写器控制法有轮询法和二进制搜索法。其中，ALOHA 法又分为纯 ALOHA 算法、时隙 ALOHA 算法、Q 值 ALOHA 算法等。

标签防碰撞算法发展至今已得到广泛使用。用户可以根据应用场合不同，而采取不同的防碰撞算法。下面我们以几种常用的防碰撞算法为例进行介绍。

5.2.1　概率性算法

基于 ALOHA 的防碰撞算法是一种典型的非确定性(概率性)算法，采用的是一种随机接入信道访问方式，实现简单，广泛用于解决标签的碰撞问题。

1. 纯 ALOHA 算法

纯 ALOHA 算法的基本思想是采取"标签先发言"的方式，即电子标签一进入读写器的作用范围，就自动向读写器发送自身的序列号，在一个标签发送数据的过程中，若有其他标签也在发送数据，将会发生信号重叠，从而导致冲突。读写器检测接收到的信号，判断有无冲突(碰撞)发生，一旦发生冲突，读写器就发送命令让标签暂时停止发送，电子标签在接收到命令信号之后，就会停止发送信息，并会在接下来的一个随机时间段内进入到待命状态，只有当该时间段过去后，才会重新向读写器发送信息。由于每个数据帧的发送时间只是重复发送时间的一小部分，以致在两个数据帧之间产生相对长的间隔，而且各个电子标签待命时间片段长度是随机的，这样可以减少一个时间段中发生冲突的可能性，或者说在一定概率上使两个标签的数据帧不产生碰撞。

当读写器成功识别某一个标签后，就会立即对该标签下达命令使之进入到休眠状态，未完成识别的其他标签则会一直对读写器所发出命令进行响应，并重复发送序列号给读写器，当标签被识别后，就会一一进入到休眠状态，直到读写器识别出所有在其工作区内的标签后，识别过程才结束。

纯 ALOHA 算法的主要特点是各个标签发射时间不需要同步，是完全随机的，实现起来比较简单，并且适用于标签数量不定的场合。但 ALOHA 算法也存在如下一些问题：

(1) 错误判决，即对于同一个标签，如果连续多次发生碰撞，则将导致读写器出现错误判断，认为标签不在读写器作用范围内。

(2) 数据帧的发送过程中发生碰撞的概率很大。过多的碰撞导致吞吐量下降，系统性能降低。

所以这种方法适用于只读标签并且标签不多的情况。数学分析指出，公共信道上在单

位时间 T 内平均发送的数据帧数 G 和传输通路的吞吐率 S 的关系见式(5-1)和式(5-2)。

$$G = \sum_{1}^{n} \frac{\tau}{t} \cdot r_n \tag{5-1}$$

$$S = G \cdot e^{-2G} \tag{5-2}$$

其中，n 是系统中标签的数量，r_n 是 T 时间内由电子标签 n 发送的数据帧数。

　　根据发送的数据帧数 G 和吞吐率 S 之间的关系，可以得出，当 $G=0.5$ 时，S 的最大值为 18.4%，如图 5-11 所示。这说明 80% 以上的信道容量没有被利用，对于较小的数据包量，无线通道的大部分时间没有被利用，而随着数据包量的增加，电子标签碰撞的概率又会明显增加，所以该方法防碰撞的效率代价较高，常用于实时性不高的场合。

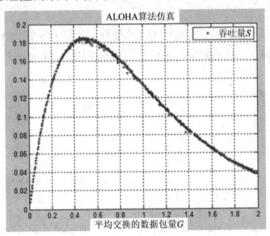

图 5-11　吞吐率与数据包数关系曲线

2. 时隙 ALOHA 算法与帧时隙 ALOHA 算法

1) 时隙 ALOHA 算法

　　在纯 ALOHA 算法中的信号碰撞分两种情况：一种是信号部分碰撞，即信号的一部分发生了冲突；一种则是信号的完全碰撞，是指数据完全发生了冲突。如图 5-12 所示，不管是部分碰撞还是完全碰撞，发生冲突的数据都无法被读写器所识别。

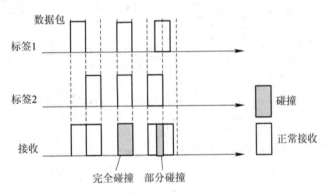

图 5-12　ALOHA 算法中的信号碰撞

　　如果将时间分成多个离散的相同大小的时隙(Slot)，每个时隙长度等于或稍大于一个帧，读写器以一个周期发送查询命令。当电子标签接收到读写器的请求命令时，所有收到请求命令的标签通过随机挑选一个时隙,并且只能选择在每个时隙的开始处(即按时刻在起始点同步)才能发送数据给读写器。通过划分离散时隙,标签或发送成功或完全冲突,避免了纯 ALOHA 算法中存在的部分冲突问题,由此将原先 ALOHA 算法中产生冲突的时间间隔 $T = 2\tau$ 缩减到 $T = \tau$。根据公式 $S = G \cdot e^{-2G}$ 可以得到当 $G = 1$ 时吞吐率 S 达到最大值 36.8%。这个改进的 ALOHA 算法称为时隙 ALOHA(Slotted ALOHA)算法。时隙 ALOHA 算法相比纯 ALOHA 算法信道利用率最大提高了一倍,时隙 ALOHA 算法需要读写器对其识别区域内的标签校准时间。

如图 5-13 所示,每个时隙都是以下的三种情况之一:

(1) 时隙内,标签发送的信息成功被阅读器正常接收,则称该时隙为成功传输时隙(Successful Slot-S Slot)。

(2) 时隙内,无标签向阅读器发送信息,该时隙称为空闲时隙(Empty Slot-E Slot)。

(3) 时隙内,多个标签向阅读器发送信息,该时隙称为碰撞时隙(Collision Slot-C Slot),发生碰撞的标签会在下一帧继续尝试。

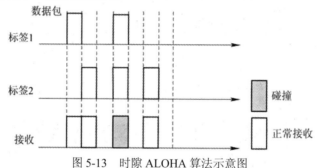

图 5-13　时隙 ALOHA 算法示意图

2) 帧时隙 ALOHA 算法

相比时隙 ALOHA 算法,帧时隙 ALOHA 算法(FSA)按照阅读器的广播帧长度(由估计的标签数量决定)来划分时隙,以阅读器检测帧结束状态来确定标签识别过程是否结束。如图 5-14 所示,该算法确定了一个有效的标签识别终止时间,以重启新一轮识别过程,本轮已经识别的标签会进入休眠状态,避免新一轮识别过程中重复占用信道。

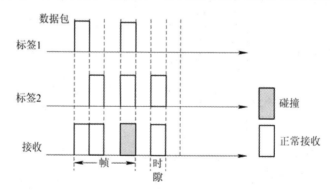

图 5-14　帧时隙 ALOHA 算法示意图

不管是时隙 ALOHA 算法还是帧时隙 ALOHA 算法,虽然避免了部分碰撞情况的发生,提高了系统的识别效率,但是由于要求所有的电子标签必须由读写器同步控制,且进行数据传输所需的时隙数是固定的，不能随意进行动态调整，并且当标签数量多时，时隙数不够用，导致时隙内标签的碰撞率急剧上升，读取标签的时间会大大增加，甚至有的标签永远也不被读到，造成"饿死"现象。当标签个数远小于时隙个数时，如有的时隙内没有标签在传输数据，则会产生许多空时隙，造成时隙的浪费。

3. 动态帧时隙 ALOHA 算法(DFSA)

帧时隙 ALOHA 算法存在标签数目与帧长度相差越多时系统性能越差这个缺点，动态帧时隙 ALOHA(Dynamic Framed Slotted ALOHA，DFSA)算法解决了上述问题，具体做法是使一个帧内的时隙数随着区域内的标签数目动态改变，使得每帧内的时隙数接近系统中标签的数目，是一种改进的 FSA 算法。该算法中，通过阅读器不断动态调整下一次阅读循环中每帧的时隙数目。动态帧时隙 ALOHA 算法具体步骤如下：

步骤 1：标签进入读写器的读取范围并接收到阅读器的初始化指令后，进入识别状态。(初始化命令包含初始帧长度，有 N 个时隙)。

步骤 2：进入识别状态的标签，随机在帧内选择一个时隙与读写器通信，同时将自己的时隙计数器复位为 1。

步骤 3：当标签选择的时隙数等于自身时隙计数器数值时，标签向读写器发送数据；而当二者不等的时候，标签保留自己的时隙数，并等待下一个命令，这时候，可能会有以下三种情况出现：

(1) 当读写器没有检测到标签的信息时，将发送结束时隙命令。处于识别状态而没有响应读写器的标签，在接受命令后将自己的时隙计数器加 1，然后重复步骤 3。

(2) 当读写器检测到多个标签响应后，将发送接收时隙命令，处于识别状态的标签接收到命令后，将自己的时隙计数器都加 1，然后重复步骤 3。

(3) 当读写器接收到一个正确的标签响应时，读写器将发送下一条时隙命令，处于识别状态的标签接收到命令后，将自己的时隙计数器加 1。而刚响应过的标签在收到正确的休眠指令后，进入休眠状态，否则标签将继续停留在识别状态，然后跳到步骤 3 继续循环。

步骤 4：当读写器检测到时隙量等于命令中规定的帧长度 N 时，本次循环结束。读写器发送初始化命令进入步骤 2 开始新的循环，新的帧长度 N 根据前一次循环的识别情况(碰撞时隙与空闲时隙的比例)确定。

该算法每帧的时隙个数 N 都是动态产生的，解决了帧时隙 ALOHA 算法中的时隙浪费问题，适应标签数量动态变化的情形。由于读写器作用范围内的标签数量是未知的，而且在识别的过程中未被识别的标签数目是改变的，因此如何估算标签数量以及合理地调整帧长度成为动态帧时隙 ALOHA 算法的关键。由理论推导可知，在标签数目和帧长度接近的情况下，系统的识别效率最高，也就是说待识别标签的数目就是帧内时隙数的最佳选择。

在实际应用中，动态帧时隙算法是在每帧结束后，根据上一帧的反馈情况检测标签发生碰撞的次数(碰撞时隙数)、电子标签被成功识别的次数(成功时隙数)和电子标签在某个时隙没有返回数据信息的次数(空闲时隙数)来估计当前未被正确识别的电子标签数目，然后选择最佳的下一帧的长度，把它的帧长度作为下一轮识别的帧长，如图 5-15 所示，直到读写器工作范围内的电子标签全部识别完毕。

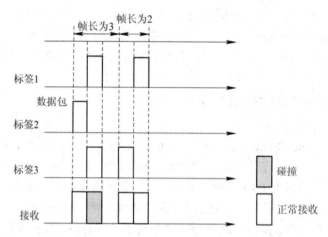

图 5-15 动态帧时隙 ALOHA 运用于 RFID 系统示意图

以上介绍的 ALOHA 类标签防碰撞算法为基本的 ALOHA 标签防碰撞算法，随着相关研究的深入，出现了基于 ALOHA 的新算法。

4. 基于 Q 值的 DFSA 算法

DFSA(Dynamil Framed Slotted Aloha)即动态帧时隙算法，该算法是对待识别的标签数量进行预测，然后动态调整最优帧长，与帧时隙算法相比，该算法可使系统的效率明显改善。但是当标签数量较多(特别是标签数量大于 500)时，采用由预测标签数量设置最优帧长的方案会使系统效率急剧下降。因此，在标签数量较多的情况下，采用 Q 值算法可实时自适应地调整帧长，从而提高效率。

在基于 Q 值的 DFSA 算法中，阅读器首先发送询问(Query)命令作为初始化指令，向所有待识别标签广播计数参数 Q(取值范围为 0~15)，接收到命令的标签可在 $[0, 2^Q-1]$ 范围内(称为帧长)随机选择时隙，并将选择的值存入自己的时隙计数器(Slot Counter，SC) 中，只有 SC 的值为 0 的标签才能响应当前时隙。接收到阅读器发送的重复查询(QueryRep) 命令时，标签将其时隙计数器减 1，若减为 0，则给阅读器发送一个应答信号(16 位随机数 RN16)，其余标签保持沉默状态。当阅读器正确接收后，则通过 ACK 命令向标签确认此 RN16 应答信号以确立通信，阅读器在其后一个通话中传输 Query 命令，则将开始一个新的盘存周期。

标签被成功识别后，退出这轮盘存。当有两个以上标签的计数器都为 0 时，它们会同时对阅读器进行应答，造成碰撞。阅读器检测到碰撞后，发出指令将产生碰撞的标签时隙计数器设为最大值(2^Q-1)，继续留在这一轮盘存周期中，系统继续盘存直到所有标签都被查询过，然后阅读器发送重置命令，使碰撞过的标签生成新的随机数。

根据上一轮识别的情况，阅读器发送调整查询(QueryAdjust)命令来调整 Q 的值，当标签接收到 QueryAdjust 命令时，先更新 Q 值，然后在 $[0, 2^Q-1]$ 范围内选择随机值。EPC Class1 Gen2 标准提供了一种通过常数 C 实现对空闲和碰撞时隙的统计，从而调整 Q 值的方法，如图 5-16 所示。其中，Q_{fq} 为浮点数，其初值一般设为 4.0，对 Q_{fq} 四舍五入取整后得到的值即为 Q；C 为调整步长，其典型取值范围是 $0.1 < C < 0.5$，通常当 Q 值较大时，C 取较小的值，而当 Q 较小时，C 取较大的值。

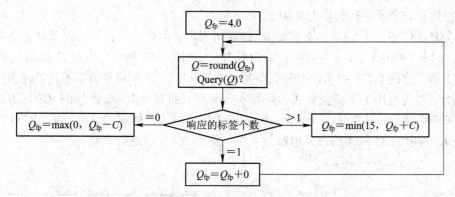

图 5-16 Q 值调整算法

当阅读器发送 Query 命令进行查询时，若应答标签数等于 1，则 Q 值不变；若应答标签数等于 0(空闲时隙)，则减小 Q 值；若应答标签数大于 1(碰撞时隙)，则增大 Q 值，如图 5-16 所示。

该算法在参数 C(调整步长)的辅助下对 Q 值进行动态调整，但是 C 太大会造成 Q 值变化过于频繁，导致帧长调整过于频繁；C 太小又不能快速地实现最优帧的选择。因此，研究者们对 Q 值的调整进行了各种优化，提出了基于最大吞吐量调整 Q 值算法和基于分组的位隙 ALOHA 算法等手段。

5. 自适应分组标签防碰撞算法

在 RFID 系统中标签的总数目通常是未知的，因此根据标签的数目来确定最佳帧长的做法比较困难，而时隙 ALOHA 算法中帧长是影响系统性能的关键因素，动态时隙 ALOHA 算法虽然可以动态调整帧长，但是识别过程却很长，随着标签数量的增加，算法效率会降低。目前，通常使用 ALOHA 算法都没有很好地解决这个问题，而采用标签自动分组技术的 ALOHA 算法可以根据具体的识别情况动态地对标签进行分组和确定帧长，大大提高了标签的识别效率。

1) 算法思路

自适应分组标签防碰撞算法的算法思路是：将系统的标签分成若干组，并对各组进行编号，按照一定的顺序对各组进行识别，用总的识别结果对整个系统的标签数目进行估计，根据估计的结果动态地调整分组数目和帧长度。

2) 工作状态

在介绍自适应分组标签防碰撞算法之前，先介绍一下自适应分组标签防碰撞算法涉及的标签的几个工作状态：

- **准备态(READY)**：处于读写器的询问区域中的标签且其接受到足够支持其工作的能量，此时标签所处的状态称为准备态(READY)。

- **待命态(STANDBY)**：读写器对所有处于其询问区域中的准备态的标签进行初始化后，选出一组标签来执行组内识别算法——"子程序 1"。这组被选中的标签所处的工作状态称为待命态(STANDBY)。

- **静默态(QUIET)**：标签被读写器正确读取后，不参与随后的识别过程的状态称为静默态(QUIET)。

各标签状态之间的转移情况如图 5-17 所示。

这个算法使用一个 8 bit 的寄存器 REG(也可根据实际应用的情况采用其他大小的寄存器，如 16 bit、4 bit 等)和一个随机数发生器 RG，如图 5-18 所示。寄存器 REG 存储有随机数发生器产生的 0/1 字符串，存储顺序是从 R7 到 R0，这 8 bit 的 0/1 字符串称为防碰撞算法 ID，它是为适用于防碰撞算法的标签本身所固有的 ID。由 RG 产生的 REG 的高 M bit 的 0/1 字符串用于标签的分组，而低 A bit 的 0/1 字符串用于标签的组内识别，REG 的其余比特置 0。其中的 M 和 A 的最大值都是 4，可根据实际情况进行调整。

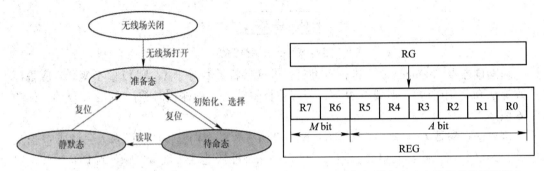

图 5-17　标签状态转移图　　　　图 5-18　标签的寄存器和随机发生器结构

3) 阅读器指令

下面再介绍算法中用到的阅读器指令：

Subtract Command(减命令)：接收到这个指令后，已经被识别的标签进入"静默"态，对于那些处于"待命"态的标签，如果它们的高 M bit 字符全为 0 但是整个寄存器不全为 0，则寄存器的低 4 bit 减 1。

Plus Command(加命令)：接收到这个指令后，如果寄存器为全 0，则寄存器随机加上 0 或者 1。对于其他处于"待命"态的标签，如果寄存器的高 M bit 字符全为 0 但是这个寄存器不全为 0，则寄存器低 4 bit 加 1。但是，如果寄存器的低 4 bit 已经全为"1111"，则寄存器保持不变。

4) 算法步骤

自适应标签防碰撞算法的具体步骤如下：

步骤 1： 阅读器对位于其询问区域内处于"准备"态的标签进行初始化，初始化参数为 M，A，帧长为 Count(Count 的原始值设为 2^M)。

其中，寄存器的高 M bit 0/1 随机数用于分组，这样将所有处于"准备"态的标签分成 2^M 组。例如，假设 $M = 2$，第一组的组号为 00，第二组为 01，以此类推。同时，由 RG 产生的低 A bit 0/1 随机数(随机时隙数)用于组内识别。

步骤 2： 阅读器选定一组标签。

如果某标签的寄存器的高 M bit 全为 0，这就意味着这个标签属于第一组。阅读器选定所有属于第一组的标签，使它们处于"待命"态。

步骤 3： 阅读器采用组内识别算法子程序 Subroutine 1 去识别处于"待命"态的标签，并输出这一组的识别情况 α_1、α_0 和 α_m。(α_1、α_2 和 α_m 分别表示 S slot、E slot、C slot，即后面要引入的成功时隙、空闲时隙和冲突时隙的数目)。

步骤 4：根据步骤 3 中的识别情况，即根据 α_1、α_0 和 α_m 来调整 M、A 和 Count 的值。如果，M、A 和 Count 的值是还没有经过调整的原始值，则回步骤 1，用调整过的参数重新初始化"准备"态标签，进行分组和组内识别。如果 M、A 和 Count 的值已经是调整后的值，则进入步骤 5。

步骤 5：如果系统还有处于"准备"态的组的数目 $R > 0$，则所有标签寄存器的高 M bit 减 1，也就是所有标签的组号减 1，同时待识别组的数目减 1($R - 1$)。此时回步骤 1，用调整过的参数重新初始化"准备"态标签，进行分组和组内识别。如果系统中所有处于"准备"态的标签都已被处理，即 $R = 0$，则此时退出算法。

算法流程图如图 5-19 所示。

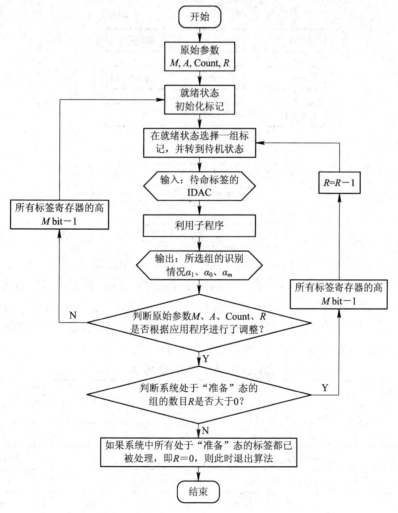

图 5-19 自适应分组标签防碰撞算法流程图

下面再来介绍步骤 3 中用到的组内识别算法 Subroutine 1 的步骤：

如果标签的寄存器全为 0，则标签发送自身固有 ID 给阅读器。在一个时隙内：

(1) 如果只有一个标签与阅读器通信，则通信成功，该时隙为成功时隙(S slot)，阅读器发回 Subtract Command 指令，Count 减 1。

(2) 如果有多于一个的标签与阅读器通信，则发生冲突，该时隙为冲突时隙(C slot)，阅读器发回 Plus Command 指令，Count 加 1。

(3) 如果没有一个标签与阅读器通信，则该时隙为空闲时隙(E slot)，阅读器发回 Subtract Command 指令，Count 减 1。

组内识别算法 Subroutine 1 的流程图如图 5-20 所示。

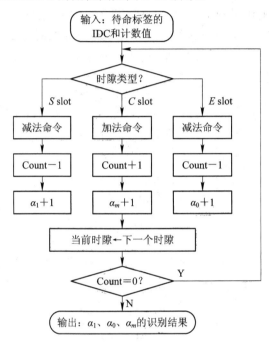

图 5-20　组内识别算法 Subroutine1 流程图

最后，说明步骤 4 中提到的 M、A 和 Count 的调整方法。将寄存器低 A bit 的每一个 0/1 对应一个时隙，组内识别的时隙的个数就是 2^A。如果时隙的个数等于组内标签的数目 n_1，也就是 $n_1 = 2^A$，那么算法可以得到最好的性能。基于此，可以确定 A 的值，从而确定 M、A 和 Count 的调整策略。M、A 的取值如表 5-1 所示。

表 5-1　M、A 的取值表

M \ A	4	3	2	1
4	$n \geqslant 256$			
3	$n = 128$			
2	$n = 64$			
1	$n = 32$	$n = 16$	$n = 8$	$N \leqslant 4$

如果标签的总数目在上表中找不到，则可用最接近的值代替。当 M 和 A 的值确定后，Count $= 2^A$，这样就可根据系统中的处于阅读器询问区域内标签的总数目来调整 M、A 和 Count。而标签的总数目 n 的估计值 $\hat{n}$ 可以经过组内识别算法 Subroutine 1 中得出的结果估算出来。

位于阅读器询问区域组内标签的总数目为 n_1 的估计值为 α_1，因此阅读器询问区域内标签的总数目 n 的估计值 $\hat{n} = 2^M \cdot n_1 = 2^M \cdot \alpha_1$。

5.2.2　确定性算法

二进制树型搜索算法是目前 RFID 防碰撞算法中应用最广泛的一种确定性算法，通常使用曼彻斯特编码以检测碰撞比特位。在算法执行过程中，读写器要多次发送命令给标签，每次命令都把标签分成两组，多次分组后最终得到唯一的一个标签，在不断的分组过程中，将对应的命令参数以节点的形式存储起来，就可以得到一个数据的分叉树，而所有的这些数据节点又是以二进制的形式出现的，所以称为"二进制树"。与 ALOHA 法相比，二进制搜索法识别率较高，随着识别区域内标签数量的增加，效率会保持并逼近在 50%，并且该算法不存在错误判断的问题。

如图 5-21 所示，有两个子集 0 和 1，先查询子集 0，若没有碰撞，则正确识别标签，若仍有碰撞则分裂，把 0 子集分成 00 和 01 两个子集，直到识别子集 0 中所有标签，完成后再按同样的方法查询子集 1。

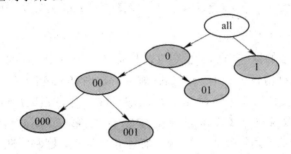

图 5-21　树型搜索算法模型图

在二进制树型搜索算法中，读写器和多个标签之间按规定的相互握手(命令和应答)的顺序进行数据交换时，往往要传送序列号的部分或者全部位，传输顺序为：先发送低位，再发送高位。在接收到标签应答的读写器中，遵循同样的原则从低位开始比较各个数据位，即两数 A、B 相比较，从低位开始的第一个不相等位的大小决定了两数的大小，只有两数全部位相等时，两个数才相等。

在二进制搜索算法的实现中，起决定作用的是读写器所使用的信号编码必须能够确定碰撞的准确比特位置。曼彻斯特码可在多卡同时响应时译出错误码字，可以按位识别出碰撞，这样可以根据碰撞的位置，按一定法则重新搜索射频卡。

定义为从开始碰撞产生，到所有碰撞问题得以解决的这段时间称为解决碰撞的时间间隔 CRI(Collision Resolution Interval)，即解决一个读写器工作范围内碰撞所需要的时隙数。对二进制树算法的评价，一些常用的性能指标如下：

首先是算法执行效率 η，定义如下：在算法执行过程中，一共有 L_n 个时隙，识别了 n 个标签，则 $\eta = n/L_n$ 表示算法的执行效率。

分析如下：$n = 1$ 时，显然在第一个时隙内部没有发生碰撞，可以成功识别该标签；当 $n \geqslant 2$ 时，由于标签序列号的唯一性，将有碰撞发生。所以在一个时隙内，发生碰撞的概率 p 是一个随机事件，在 n 个标签信息包中，第 i 个发生碰撞的概率如式(5-3)所示。

$$Q_i(n) = \binom{n}{i} p^i (1-p)^{n-i} \qquad 0 \leqslant i \leqslant n \tag{5-3}$$

给出 i 个碰撞，则 CRI 的长度见式(5-4)：

$$L_{n|i} = 1 + L_i + L_{i-1} \tag{5-4}$$

其中 1 是 n 个信息包最初的一个时隙，L_i 是 i 个碰撞顺利传输的时隙，L_{i-1} 是 $n - i$ 个碰撞的无碰撞传输的时隙，见式(5-5)。

$$L_n = \frac{1 + \sum_{i=0}^{n-1} Q_i(n) L_i + \sum_{i=0}^{n-1} Q_i(n) L_{n-i}}{1 - Q_0(n) - Q_n(n)} = \frac{1 + \sum_{i=0}^{n-1} [Q_i(n) + Q_{n-i}(n)] L_i}{1 - Q_0(n) - Q_n(n)} \qquad n \geqslant 2 \tag{5-5}$$

根据式(5-3)，式(5-5)可化为式(5-6)：

$$L_n = 1 + \sum_{k=2}^{n} \binom{n}{k} \frac{2(k-1)(-1)^k}{[1 - p^k - (1-p)^k]} \qquad n \geqslant 2 \tag{5-6}$$

由此可见，L_n 是关于 p 的函数，则 $\eta = \dfrac{n}{L_n}$ 也是关于 p 的函数，一般情况下，可以参考二项式分布，将 p 取为 1/2。

算法的第二个重要的性能指标是稳定性，显然，给予 TDMA 的二进制树防碰撞算法是沿着时间轴线来执行协议的，有一系列的碰撞解决时期(Collision Resolution Interval, CRI)，定义一个随机变量 $L(k)$ 表示第 k 个 CRI 的长度，这些 $L(k)$($k = 0$，1，2，…)形成一个马尔科夫链。因为第 $k+1$ 个 CRI 的长度是由它开始的第一个时隙传输的信息一直到第 k 个 CRI 区间内到达的信息包决定的，所以如果马尔科夫链满足遍历性分布，那么这个系统就可以说是稳定的。

马尔科夫链满足遍历性分布需要满足下列两个条件(如式(5-7)和式(5-8))：

$$\left| E[L(k+1) - L(k)] \right| L(k) = 1 \tag{5-7}$$

$$\limsup_{x \to \infty} E[L(k+1) \mid (L(k) = i)] < 0 \tag{5-8}$$

这里有式(5-9)：

$$E[L(k+1) \mid (L(k) = i)] = \sum_{n=0}^{\infty} L_n \frac{(\lambda i)^n \mathrm{e}^{-i\lambda}}{n!} \tag{5-9}$$

其中 L_n 也就是 n 个信息包从发生碰撞开始传输的 CRI 区间长度的数学期望，λ 是在一个时隙内到达这个系统信息包的期望值，该过程属于泊松过程。一般来说，在二进制树防碰撞算法中，系统都能够满足马尔可夫链的两个遍历性分布条件，即作为一种确定型的算法，二进制树防碰撞算法是稳定的。算法的第三个重要性能是系统通信复杂度。显然，系统的通信双方是读写器和标签，则通信复杂度也应该从这两个方面着手考虑，即读写器与标签各自发送的数据位的位数。该指标的评价标准是基于能量消耗的角度的，即发送的数据信息量越少，则整个系统消耗的能量也越少，这显然是一个理想的效果。

1. 基本二进制搜索算法

在这种方法中，每个标签都拥有一个唯一的二进制值序列号，该序列号在不同的标准中有不同的名称，如 EPC 标准中称其为电子产品代码 EPC，即英文 Electronic Product Code 的简写，ISO 14443 标准中称其为唯一标识码 UID，即 Unique Identmer 的简写。同时，序列号的长度、格式以及编码方式在各个标准中也不相同，为了便于说明，统一定义为 8 位长度。

基于序列号的二进制树型搜索算法的实现步骤如下：

(1) 标签进入读写器工作范围，读写器发出一个最大序列号，所有标签在同一时刻将自身序列号返回给读写器。

(2) 由于标签序列号的唯一性，当标签数目大于或等于 2 时，必然发生碰撞。发生碰撞时，将最大序列号中对应的碰撞起始位设置为 0，低于该位者不变，高于该位者设置为 1。

(3) 读写器将会把序列号发给标签，标签序列号与其进行比较，若小于或等于该值者，则返回自身序列号给读写器。

(4) 识别出序列号最小的标签后，对其进行操作，使其进入休眠状态，即除非重新上电，否则不再响应读写器请求命令。也就是说，下一次读写器再发最大序列号时，该标签不再响应。

(5) 重复上述步骤，选出序列号倒数第二的标签。

(6) 多次重复循环，依次完成对各个标签的识别。

电子标签的序列号为一个唯一标识的二进制值，在读写器作用范围内，所有向读写器发送信号的电子标签的序列号可以构成一颗完全二叉树。读写器根据信号冲突的情况反复对完全二叉树的分枝进行筛剪。整个过程如图 5-22 所示。

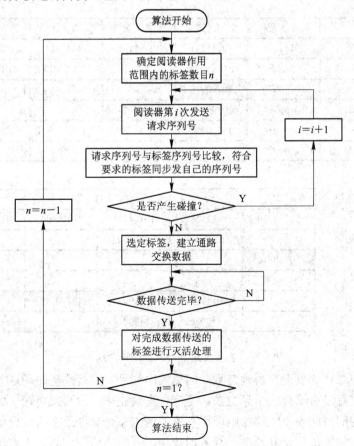

图 5-22 基于序列号的二进制搜索算法程序流程图

举例说明这个算法系统的实现过程,这里采用 8 位的序列号来唯一标识 256 个电子标签。假设同一时刻进入读写器作用范围的电子标签有四个,它们的序列号分别为

TagA:10110010;

TagB:10100011;

TagC:10110011;

TagD:11100011。

算法系统在第 1 次重复操作中由阅读区发送请求命令(序列号)≤11111111B(本例中最大可能的 8 位序列号)。由于作用在读写器范围内的所有标签的序列号都≤11111111B,所以此命令被读写器作用范围内的所有标签响应。ABCD 四个电子标签同步将自己的序列号回复给读写器,读写器接收到回复的代码为 1X1X001X。可以确定,在接收序列的第 0、4、6 位产生碰撞(X 所在位置,序列最右一位为 0 位)。其中第 6 位是发生碰撞的最高位,这意味着在≥11000000B 和≤10111111B 的范围内至少各有一个电子标签存在,这样就可以限制下一次重复操作的搜索范围。

算法系统在第 2 次重复操作中由读写器发送的请求命令(序列号)为≤10111111B,满足此条件的电子标签 ABC 就会做出响应,然后回复自己的序列号,读写器接收到的代码为101X001X。同理在序列号>10110000B 和<10101111B 的范围内至少各有一个电子标签存在。由此可以进一步限定范围进行第三次搜索,搜索过程见图 5-23。

	第一次搜寻	第二次搜寻	第三次搜寻	第四次搜寻	第五次搜寻
发送序号	11111111	10111111	10101111	11111111	10111111
接收序号	1X1X001X	101X001X	识别 TagB	1X1X001X	1011001X
TagA	10110010	10110010		10110010	10110010
TagB	10100011	10100011	10100011		
TagC	10110011	10110011		10110111	10110111
TagD	11100011			11100011	

	第六次搜寻	第七次搜寻	第八次搜寻	第九次搜寻	第十次搜寻
发生碰撞 发送序号	10110010	11111111	10111111	10100011	11110011
成功识别 接收序号	识别 TagA	1X1X0011	101X0011		
	10110010				
				识别 TagC	
		10110011	10110011	10110011	识别 TagD
		11100011	11100011		11100011

图 5-23　二进制搜索算法示意图

依据以上方法,一旦读写器确定唯一的标签序列号,读写器随即和这一标签建立数据通路,一对一进行没有干扰的信息交换,等信息交换完毕,读写器对这一标签进行灭活处理,使其在一定的时间内不能够再响应读写器的请求命令。经过多次这样的过程,就逐步完成了对每一个标签的识别和通信,有效地防止了系统的碰撞问题。上述过程可以形象地

用二进制树来表达，如图 5-24 所示。

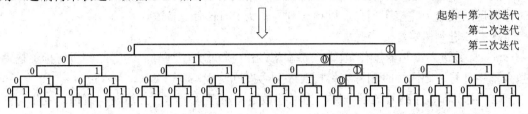

图 5-24　二进制搜索算法树形图

2. 动态二进制搜索算法

动态二进制搜索算法是一种改进的二进制搜索算法。在二进制搜索算法中，电子标签的序列号总是一次次完整地传输，然而，当标签的序列号较长时(有可能达到几个到几十个字节)，需要传送大量的数据，这就增加了搜索时间和出错频率。实际上，经过对读写器和单个电子标签之间数据流的分析，就可以得出读写器发送的请求命令中$(X-1)\sim 0$个二进制位中不包含给电子标签的补充信息，因为这些位总是被置 1 或者置 0，只要事先预订好，这些信息可不必发送。电子标签响应的序列号的 $N-X$ 各位不包含给读写器的补充信息，因为这些位是已知且给定的，也不必发送。如图 5-25 所示，灰色部分代表不发送的数据位。

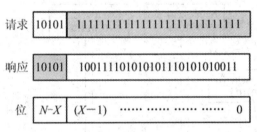

图 5-25　信息交换数据流图

事实上，动态二进制树对基本二进制树的改进是基于如下考虑的：从基本二进制树的分析过程中可见，算法的核心部分即新命令参数的生成，是根据是否发生碰撞以及碰撞位来决定的，特别是新 Request 命令参数(要求标签向读写器发送序列号)的生成是由碰撞的起始位来确定的，而碰撞的起始位的得到只需要标签序列号中包括碰撞起始位在内的前部分位即可，把这些位称为序列号的有效位。同样，新 Request 命令参数也为包括碰撞起始位(设为 0)在内的部分位。综合如下：若选择高位加碰撞起始位(设为 0)，则算法为标签序列号对应位小于这些位的数值者，返回剩余低位；若选择碰撞起始位(设为 0)加低位，则算法为标签序列号对应位等于这些位的数值者，返回剩余高位，从而读写器的新 Request 命令参数与标签返回的序列号有效部分组合起来，可以得到一个完整的标签序列号。这两种选择方式并没有本质区别，这里采取其中的一种，即读写器检测到碰撞后，将碰撞起始位置 0，低位不变，从而将碰撞起始位(置为 0)加低位作为新 Request 命令参数，标签响应从低位开始比较。若对应位等于该参数，则返回剩余位给读写器，如果只有 1 个标签响应，读写器检测到无碰撞发生，则将上一次发出的 Request 命令参数与标签返回的剩余位组合起来，作为新的 Sleep 命令参数，该参数也即是刚刚做出响应的这个标签的序列号。

注：如果上一次发出的 Request 为全 1，则表明读写器工作范围内只有一个标签，此时标签返回数据为完整序列号，以该序列号作为 Sleep 命令参数。

动态二进制树算法的步骤如下：

(1) 标签进入读写器工作范围，读写器发出一个最大序列号，约定此时所有标签均返回完整序列号，则同一时刻标签将自身序列号发回给读写器。

(2) 由于标签序列号的唯一性，当标签数目不小于两个时，必然发生碰撞。发生碰撞时，读写器将最大序列号中对应的碰撞起始位置为 0，低于该位者不变。

(3) 读写器将处理后的碰撞起始位与低位发送给标签，标签序列号与该值比较，等于该值者，将自身序列号中剩余位发回。

(4) 循环这个过程，就可以选出一个最小序列号的标签，与该标签进行正常通信后，发出命令使该标签进入休眠状态，即除非重新上电，否则不对读写器请求命令起响应。

(5) 重复上述过程，即可按序列号从小到大依次识别出各个标签。

动态二进制树算法的实例演示如图 5-26 所示，基本设置同基本二进制树算法。

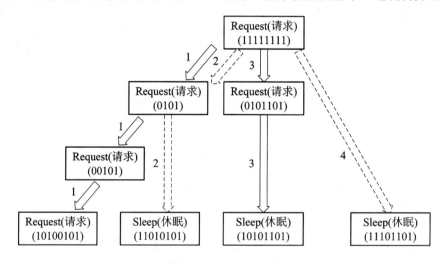

图 5-26　动态二进制树算法实例

(1) 启动第一轮循环，读写器发送请求(Request)(11111111)命令，所有标签响应该命令。按照约定，命令参数为全 1 时，所有标签均返回自身序列号给读写器。因为序列号的唯一性，标签返回的序列号在读写器接收端发生碰撞，读写器检测到返回数据为 1XXXX101，其中 X 表示该位发生了碰撞，读写器做如下处理：将碰撞起始位 D4 置 0，低于该位者不变，得到 0101，则下一次 Request 命令携带的参数值为 0101，即 Request(0101)。

(2) 读写器发送 Request(0101)命令，所有标签响应，将自身序列号与该 SN(0101)比较，其中标签 Tag1(10100101)、Tag3(1110101)的序列号低四位等于该值，则 Tag1、Tag3 返回剩余位给读写器。在读写器接收端发生碰撞，读写器检测到返回数据为 1XXX，读写器做如下处理：将碰撞起始位 D5 置 0，低于该位者不变，得到 00101，作为下一次 Request 命令的参数值，即 Request(00101)。

(3) 读写器发送 Request(00101)命令，所有标签响应，将自身序列号与该 SN(00101)比较，其中 Tag1(10100101)的序列号对应位等于该值，则 Tag1 返回剩余序列号给读写器，在读写器接收端不发生碰撞。读写器检测到返回数据为 101, 读写器做如下处理: 将上一次 Request(00101)命令参数 00101 与返回数据 101 组合起来, 作为下一次 Sleep 命令携带的参数值, 即 Sleep(10100101)。

(4) 读写器发送 Sleep(10100101)命令, 所有标签响应该命令, 将自身序列号与该 SN(10100101)比较, 其中 Tag1(10100101)的序列号等于该值, 则 Tag1 执行该命令, 进入休眠状态, 即除非重新上电, 否则不再响应 Request 命令。

(5) 启动新一轮循环, 重复上述步骤, 总计 12 步后, 依次识别出 Tag1、Tag3、Tag2、Tag4。参数变化过程见图 5-25 中的标示, 具体算法的流程如图 5-27 所示。

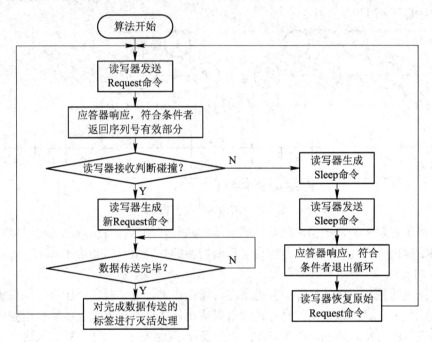

图 5-27 动态二进制树算法流程

3. 基于随机数和时隙的二进制搜索算法

基于随机数和时隙的二进制搜索算法在每次发生碰撞时都会记录碰撞节点(压栈), 一个标签子集识别完成后随即从先前记录的碰撞节点位置继续另一支路标签识别, 不需要从初始节点重来, 避免了重复筛选, 相比二进制搜索算法有更高的识别效率。该方法采用递归的工作方式, 遇到碰撞就进行分支, 成为两个子集。这些分支越来越小, 直到最后分支下面只有一个信息包或者为空。分支的方法如同抛一枚硬币一样. 将这些信息包随机地分为两个分支, 在第一个分支里, 是 "抛正面" (取值为 0)的信息包。在接下来的时隙内, 主要解决这些信息包所发生的碰撞。如果再次发生碰撞, 则继续再随机地分为两个分支。该过程不断重复, 直到某个时隙为空或者成功地完成一次数据传输, 然后返回上一个分支。这个过程遵循 "先入后出" (First-in Last-out)的原则, 等到所有第一个分支的信息包都成功传输后再来传输第二个分支, 也就是 "抛反面" (取值为 1)的信息包。

如图 5-28 为 4 层树算法的原理示意图, 横轴数值代表不同的时隙, 每个顶点坐落在一个时隙中, 如果第 i 个时隙内顶点包含的标签信息包个数大于或等于 2, 那么就产生碰撞(支路分割),每次分割使搜索树增加一层分支。第一次碰撞在时隙 1 发生,开始并不知道一共有多少个信息包产生碰撞,每个信息包好像抛硬币一样,抛 0 的在时隙 2 内传输。第二次发生碰撞是在时隙 2 内,在本例中,两个信息包都是抛 1,以致时隙 3 为空。在时隙 4 内,时隙 2 中抛 1 的两个信息包又一次发生碰撞和分支,抛 0 的信息包在时隙 5 内成功传输,抛 1 的信息包在时隙 6 内成功传输,这样所有在时隙 1 内抛 0 的信息包之间的碰撞得以解决。再根据抛 1 的信息包在时隙 7 内开始发送信息,新的碰撞发生。这里假设在树根时抛 1 的信息包有两个,而且由于两个都是抛 0,所以在时隙 8 内再次发生碰撞并再一次进行分割,抛 0 的在时隙 9 内传输,抛 1 的在时隙 10 内传输。在时隙 7 内抛 1 的实际上没有信息包,所以时隙 11 为空闲。

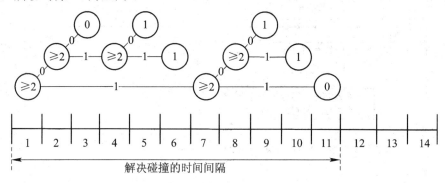

图 5-28　树搜索过程示意图

只有当所有发生碰撞的信息包都被成功地识别和传输后,碰撞问题才得以解决,在本例中,CRI(解决一个读写器工作范围内碰撞所需要的时隙数,Collision Resolution Interval)的长度为 11 个时隙。

需要指出的是,该算法执行的前提是在碰撞正在进行时,要求新加入这个系统的信息包禁止传输信息,直到该系统的碰撞问题得以解决,并且所有信息包成功发送完后,才能进行新信息包的传输。例如,在上例中,在时隙 1 到时隙 11 之间,新加入这个系统的信息包只有在时隙 12 才开始传输。

这种二进制树型算法也可以按照堆栈的理论进行描述。在每个时隙,信息包堆栈不断地弹出与压栈,在栈顶的信息包最先传输。当发生碰撞时,先把抛 1 的信息包压栈,再把抛 0 的信息包压栈,这样抛 0 的信息包处在栈顶,在下个时隙弹出的信息包能进行传输。当完成一次成功传输或者出现一次空闲时隙时,栈顶的信息包被继续弹出,依次进行发送。显然,当堆栈为空时,即碰撞问题得以解决,所有信息包成功传输。接下来把新到达这个系统的信息包压栈,操作过程同前面的一样。

基本的树分裂算法被提出来后,由后人慢慢优化,有自适应二进制分裂算法、增强型防碰撞算法、新增强型防碰撞算法、二进制矩阵搜索算法、自适应分裂树算法、自适应多叉树防碰撞算法等。相比基本的分裂算法,这些算法均有各自的优点,总的来说,它们降低了碰撞和空闲时隙数,提升了效率,也有利于减少时隙长度,提高吞吐率。

4. 连续碰撞位多标签碰撞算法

针对连续位碰撞的情况,采用连续碰撞位多标签碰撞算法(Consecutive Collision bit Mapping Algorithm, CCMA),可以有效减少重复识别过程,提高算法的效率。CCMA 算法的主要思想是：当发生碰撞后读写器发出"自定义命令"QueryP，映射规则类似 one-hot 编码(独热码，是一种将特征值映射为唯一二进制的编码)，即能表示当前哪一位出了碰撞(注意：如果连续两位碰撞，则由标签返回 4 位二进制编码。如表 5-2 所示为 2-4 映射表，如果连续三位碰撞，则返回 8 位二进制编码)。阅读器收到映射后的独热码后即可知道碰撞标签的 ID 局部信息，比如 Tag1：1001 和 Tag2：1111 分别向阅读器发独热码 0001 和 1000，由于阅读器也遵循同一映射，当它收到 0001，它就知道这个 Tag1 中间两位是 00 了。(注意，这里阅读器发出的都是截止到碰撞位的部分编码，也就是抛弃了后边通配的 1)。

表 5-2　映射关系表(2-4 映射)

碰撞信息(2 bit)	映射数据(4 bit)
00	0001
01	0010
10	0100
11	1000

　　读写器检测到碰撞后，发送 QueryP 命令，标签接收命令后，将连续碰撞位使用独热码映射并回应给读写器，这样读写器就可得到多标签连续碰撞位部分存在的组合情况，以指导读写器下一轮发送命令中携带的参数值；通过对连续碰撞部分存在的组合情况的试凑，依次确定标签。如图 5-29 和图 5-30 所示，分别为处理两个连续位($k=2$)和三个连续位($k=3$)时的 CCMA 算法识别过程。

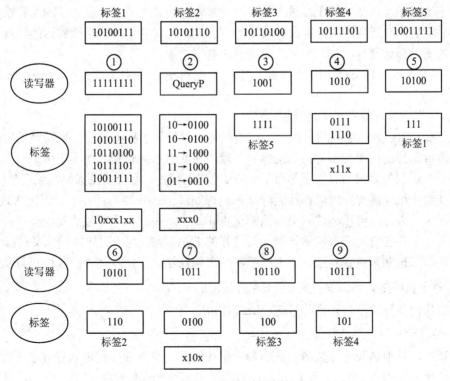

图 5-29　CCMA 算法识别过程($k=2$)

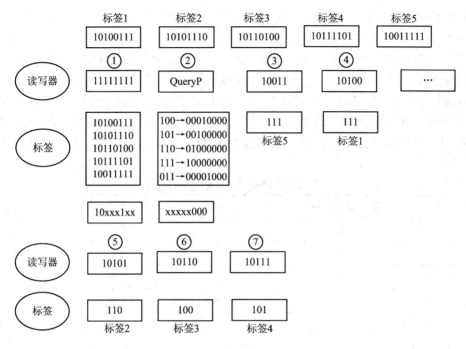

图 5-30　CCMA 算法识别过程($k = 3$)

5.2.3　混合算法

基于 ALOHA 算法和基于二进制搜索树的算法各有优缺点。基于 ALOHA 算法原理简单、容易实现，对新到达的标签具有较好的适应性，尤其对于标签持续到达的情况有较好的解决方案，但该类算法存在如下几个明显的缺点：

(1) 响应时间不确定，即同一批标签在不同时刻进行识别所需要消耗的时间相差很大；

(2) 个别标签可能永远无法被识别；

(3) ALOHA 算法达到最佳吞吐率的条件是其帧长等于标签数量，当需要识别的标签数量较多或选择的帧长与实际待识别标签数量不符时，系统性能将明显下降。

基于二进制搜索树的算法虽然可以 100% 地识别标签、不会发生标签饥饿现象(特定的标签可能会在很长的一段时间内都无法被正确识别)，但读写器与标签之间交互次数多，通信数据量大。因此，可以将这两类算法的优点相结合，由此产生了混合算法。

混合算法主要有基于鲁棒估计和二叉选择的 FSA 算法、基于引导帧和二叉选择的 FSA 算法、交织二进制树搜索算法、动态时隙冲突跟踪算法。下面具体介绍前两种算法。

1. 基于鲁棒估计和二叉选择的 FSA 算法(EB-FSA)

该算法由估算阶段和识别阶段两个阶段构成。

1) 估算阶段

读写器准确地估计标签数量，从而确定最佳帧长。首先使用固定帧长 L_{est}，如果发生碰撞的概率大于阈值 P_{coll_th}，则读写器按照因子 f_d 减少响应的标签数量。重复这一过程，

直至碰撞的概率 $P_{coll} \leqslant P_{coll\_th}$，然后根据 P_{coll} 和 L_{est} 及式(5-16)估算出标签数量 n。

$$P_{coll} = 1 - P_{idle} - P_{succ} = 1 - \left(1 - \frac{1}{L_c}\right)^n - n \cdot \frac{1}{L_c}\left(1 - \frac{1}{L_c}\right)^{n-1} \qquad (5\text{-}16)$$

2) 识别阶段

读写器根据估算的标签数量 n 确定最优帧长 L。每个标签都有一个计数器，其初值为一个随机值，每个时隙标签都递减自己的计数器，当计数器为 0 时，标签发送其 ID 号。当有碰撞发生时进行二叉选择，碰撞的标签随机选择；或将 1 作为其计数器值，其余标签的计数器值加 1。

该算法在第一阶段通过对标签数量的准确估算来确定最佳帧长，从而降低了标签碰撞的可能性。当有碰撞发生时，在当前帧中通过二叉选择(而不是通过增加额外的帧)来解决碰撞，从而快速识别标签。因此，EB-FSA 算法在性能上有了较大的提高，但其缺点是仍然需要额外的帧，以便对标签数量进行估计。

2. 基于引导帧和二叉选择的 FSA 算法

基于引导帧二叉选择的 FSA 算法(FSA with Pilot frame and Binary selection，FSAPB)通过使用位掩码将响应的标签分成 M 个分组，用一个引导帧(长度为 L_p)估计识别第一个分组内的标签所需的帧长。将标签分成更小的分组可以有效降低 L_p 的值，从而节约估计标签所需时隙。

第一分组中的标签在 L_p 内随机选择时隙发送其 ID，同时读写器记录碰撞时隙的个数 c，估算碰撞的概率 $P_{coll} = L_p^{-1}\max(0, c - \frac{1}{2})$，并与碰撞概率的阈值 P_{th} 比较。若 $P_{coll} > P_{th}$，则只需要一个单一的识别帧。根据 P_{coll} 和 P_p 估算出标签的个数 n_1，其方法可参考式(5-16)。当 P_{coll} 较大时，用 "$n_1 - L_p$ 中识别出的标签个数" 来估计识别帧 L_1 的长度。在帧 L_1 中，读写器采用二叉树选择的方法对 L_p 中碰撞的标签进行识别。若 $P_{coll} \leqslant P_{th}$，则表明只有少量的碰撞发生，不需要增加额外的帧，可以在引导帧结束后增加额外的时隙 L_{add} 并直接应用二叉树选择法，此时在 L_p 中碰撞的标签重新选择新的随机计数器值(根据在 L_p 中碰撞的顺序和 L_p 中的剩余时隙数进行选择)。假设标签为均匀分布，则用位掩码分组后的每个分组也为均匀分布，因此对于第 $2 \sim M$ 个分组，不再需要引导帧来估算标签个数。第 k 组的帧长 $L_k = \gamma \cdot n_{k-1}$ 中，γ 为一个常数，通常确定的 γ 值为 0.87，n_{k-1} 为第 $k-1$ 个分组的标签个数。在 L_k 中，当产生碰撞时，采用二叉树选择法解决碰撞。

5.2.4　ISO/IEC 14443 标准中的防碰撞协议

ISO/IEC 14443 标准主要规定了 Tyep A 和 Type B 两种类型的非接触式智能卡，以 13.56 MHz 交变信号为载波频率，读写距离为 0～10 cm，通信速率均为 106 kb/s(9.4 μs /bit)。

Type A 和 Type B 的不同主要在于载波的调制深度和位编码方式，Type A 采用 100% ASK 调制、同步时序以及改进的米勒(Miller)编码方式，使用的是间断式调制方式，即当信息表示为 "1" 时，表示有信号到标签，当信息表示为 "0" 时，表示没有信号到标签。

这种方式的优点是信息区别明显,受到干扰的机会少,不容易误操作;其缺点是需要能量持续到卡。Type B 采用 10% ASK 调制、非同步时序和不归零(NRZ)编码方式,使用了一种调幅的调制方式,信息"1"和"0"的区别在于信号的强弱,这一点容易受到外界干扰,需要采用冗余校验来解决。

由上面的比较可以看出,两种技术各有优劣,这也是 ISO 组织确定了两种标准的原因之一。然而,在应用层面上 A 类有着比 B 类更多的厂商支持,是市场上的主流应用技术,其后续支持较好。在价格上由于 A 类的广泛性和芯片本身的低端设计性,A 类有更大的优势。标准中涉及到的英文缩写以及 Type A 的通信信号接口如表 5-3 和表 5-4 所示。

表 5-3   读写器和标签的中英文名称及其缩写

中文名	English Name	英文名翻译	英文缩写
读写器	Proximity Coupling Device	近距离耦合器	PCD
标签	Proximity Integrated Circuit Card	近耦合卡	PICC

注:这里的 PCD(Proximity Coupling Device,近距离耦合器)和 PICC(Proximity Integrated Circuit Card,近耦合卡)即前文的读写器和标签,为尊重原 ISO 14443 标准,这里保留该说法。

表 5-4   Type A 的通信信号接口

参数名	PCD 到 PICC	PICC 到 PCD
调制	ASK 100%	振幅键控调制 847 kHz 负载调制的负载波
位编码	改进的 Miller 编码	Manchester 编码
同步	位级同步	1 位"帧同步"
波特率	106 kb/s	106 kb/s

ISO/IEC I4443 标准由以下四个部分组成:

Part1:Physical characteristics(物理特性);

Part2:Radiofrequencypowerandsignal interface(频谱功率和信号接口);

Part3:Initialization and anti-collision(初始化和防碰撞算法);

Part4:Transmissionprotocols(传输协议)。

ISO 14443 标准在第三部分"初始化和防碰撞算法"中,对防碰撞算法进行了规定,定义了 PICC 进入 PCD 时的轮询、通信初始化阶段、从多标签中选取其中的一张的方法等。

PCD 的初始化、防碰撞以及数据交换的流程如图 5-31 所示。

如图 5-31 所示的通信过程可以总结为以下几个部分:

1. PCD 与 PICC 进行符合 ISO/IEC 14443-2 的初始化通信

(1) PCD 不断发送请求命令 Req,检测工作范围内的 PICC。

(2) PICC 接收到请求命令 Req,返回一个请求命令应答 Atq。

(3) PCD 接收到来自 PICC 的请求命令应答 Atq,表明有 PICC 存在。

(4) PCD 对该 Atq 进行检测,决定下一步动作。

此时若 Atq 携带信息显示 PICC 符合 ISO 14443-3,则启动位帧防碰撞循环;否则启动专用的防碰撞循环。

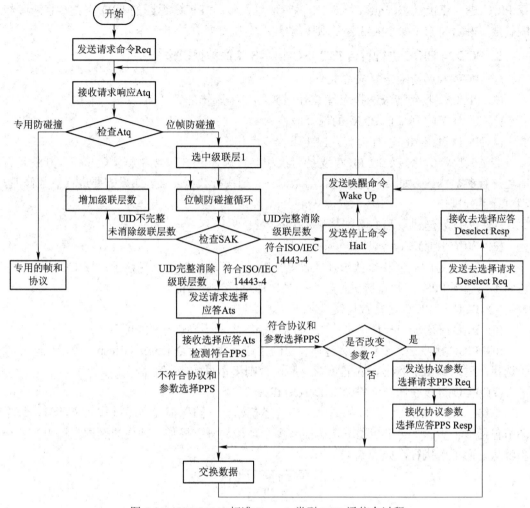

图 5-31　ISO I4443 标准 Type A 类型 PCD 通信全过程

2. PCD 与 PICC 进行符合 ISO/IEC 14443-3 的位帧防碰撞循环

(1) PCD 选择级联层 1，发送防碰撞命令 Anti-collision。

(2) PICC 响应防碰撞命令 Anti-collision，返回其 UID 的部分或者全部。

(3) PCD 根据 PICC 的响应，检测到碰撞，修改 Anti-collision 命令参数，发送防碰撞命令 Anti-collision。

(4) PICC 响应防碰撞命令 Anti-collision，返回其 UID 的部分或者全部。

(5) 循环第(3)和第(4)步。

(6) PCD 根据 PICC 的响应，若检测不到碰撞，则发送 Select 选择命令。

(7) PICC 接收到 Select 选择命令，发送选择应答 SAK 作为响应。

(8) PCD 对该 SAK 进行检测，决定下一步动作。

若 SAK 的携带信息显示："PICC 返回的 UID 不完整，且未清除级联层数"，则应增加级联层数，继续位帧防碰撞循环，即循环(2)～(7)步。若 SAK 携带信息显示："PICC 返回的 UID 完整，且清除级联层数，但是不符合 ISO 14443-4"，则 PCD 发送停止命令 Halt，令 PICC 进入停止状态 Halt。若 SAK 携带信息显示："PICC 返回的 UID 完整，且清除级联层数，并且符合 ISO 14443-4"，则启动数据操作，即开始下一个环节。

3. PCD 与 PICC 进行符合 ISO/IEC 14443-4 的数据操作

(1) PCD 发送请求选择应答 RAts。

(2) PICC 接收到请求选择应答 RAts，返回一个选择应答 Ats。

(3) PCD 接收到来自 PICC 的选择应答 Ats。

(4) PCD 对该 Ats 进行检测，决定下一步动作。

若 Ats 携带信息显示："PICC 支持协议和参数选择 PPS"，则根据实际情况，判断是否需要进行参数修改。如果不需要进行参数修改，则执行数据交换；如果需要进行参数修改，则执行下列操作：

(1) PCD 发送协议和参数选择请求 PPSReq。

(2) PICC 接收该命令，修改相关参数。

(3) PICC 返回协议和参数选择应答 PPSResp。若 Ats 携带信息显示："PICC 不支持协议和参数选择 PPS"，则直接进行数据交换，即执行步骤(4)。

(4) PCD 与 PICC 进行数据交换。

(5) PCD 发送去选择请求命令 DeselectReq，表示不再选择该 PICC。

(6) PICC 接收该命令，去除选择，返回去选择应答命令 DeselectResp，表示已经去除了选择，进入 HALT 状态，除非重新唤醒，否则将不再响应其他命令。

(7) PCD 接收去选择应答命令 DeselectResp。

总结：PCD 与 PICC 之间的通信包括上述初始化、防碰撞和数据操作三个环节，每个环节包括多个步骤，各个步骤下还可能有多个可能的分支操作，理想的操作流程为按各个步骤从上而下地执行，如图 5-32 所示。

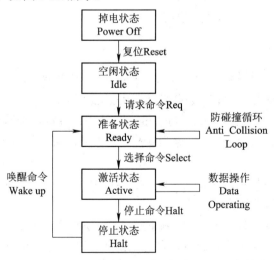

图 5-32 ISO 14443 标准 TYPE A 类型 PICC 状态转移图

图 5-32 中各个状态及其转移关系说明如下：

(1) 掉电状态(Power Off)：PICC 未进入 PCD 工作范围，没有获得能量。

(2) 空闲状态(Idle)：PICC 进入 PCD 工作范围，获得能量，PICC 由掉电状态进入空闲状态。需要注意的是，这里的复位 Reset 指的是 PICC 进入 PCD 工作场的操作过程，并非是一个具体的指令。

(3) 准备状态(Ready)：空闲状态的 PICC 接收到请求命令 Req，或停止状态的 PICC 接收到唤醒命令 Halt，进入准备状态，在该状态中，完成防碰撞循环，从多张卡中选择出一张 PICC。

(4) 激活状态(Active)：PICC 被识别后，PCD 发送选择命令 Select 来选中该卡，PICC 接收到该命令，进入激活状态，在该状态中，完成数据操作。

(5) 停止状态(Halt)：处于激活状态的 PICC 完成数据操作后，接收到来自 PCD 的停止命令 Halt，从而进入停止状态。

PCD 与 PICC 通信过程中，防碰撞循环是最关键的一个环节，如图 5-33 所示。

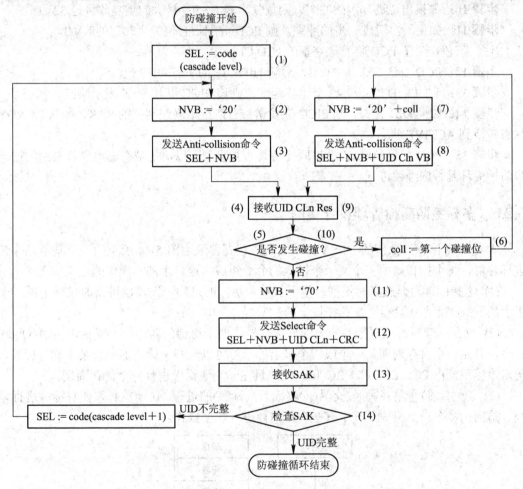

图 5-33　ISO 14443 标准 TYPE A 类型防碰撞循环

其步骤如下：

步骤 1：PCD 为选择的防冲突类型和串联级别分配了带有编码的 SEL。

步骤 2：PCD 分配了带有值为 "20" 的 NVB。该值定义了 PCD 将不发送 UID CL_n 的任何部分，从而迫使工作场内的所有 PICC 以其完整的 UID CL_n 表示响应。

步骤 3：PCD 发送 SEL 和 NVB。

步骤 4：工作场内的所有 PICC 应使用它们的完整的 UID CL_n 响应。

步骤 5：假设场内的 PICC 拥有唯一序列号，那么如果一个以上的 PICC 响应，则冲突发生；如果没有冲突发生，则步骤 6 到步骤 10 被跳过。

步骤 6：PCD 识别出第一个冲突的位置。

步骤 7：PCD 分配 NVB，该值规定了 UID CL_n 的有效比特数。这些有效位应是 PCD 所决定的冲突发生之前被接收到的 UID CL_n 的一部分再加上一个二进制位 0 或 1。

步骤 8：PCD 发送 SEL 和 NVB，后随有效位本身。

步骤 9：只有 PICC 的 UID CL_n 中的一部分等于 PCD 所发送的有效位时，PICC 才应发送其 UID CL_n 的其余部分。

步骤 10：如果出现进一步的冲突，则重复步骤 6~9；最大的重复数目是 32。

步骤 11：如果不出现进一步的冲突，则 PCD 分配带有值为"70"的 NVB。

(注：该值定义了 PCD 将发送完整的 UID CL_n。)

步骤 12：PCD 发送 SEL 和 NVB，后随 UID CL_n 的所有 40 个位。

步骤 13：它的 UID CL_n 与 40 个比特匹配，则该 PICC 以其 SAK 表示响应。

步骤 14：如果 UID 完整，则 PICC 应发送带有清空串联级别位的 SAK，并从 READY 状态转换到 ACTIVE 状态。

步骤 15：PCD 应检验 SAK 的串联比特是否被设置，以决定带有递增串联级别的进一步防冲突环是否应继续进行。

5.2.5　多标签防碰撞管理设计实例

本实例采用基于 Q 值的 DFSA 算法实现，读写器采用图 5-34 所示的三个基本操作管理标签群。每个操作均由一个或一个以上的命令组成，这三个基本操作的定义如下：

(1) 选择：读写器选择标签群以便于盘存和访问的过程。读写器可以通过一个或一个以上的 Select 命令在盘存之前选择特定的标签群。

(2) 盘存：读写器识别标签的过程。读写器在四个通话的其中一个通话中传输 Query 命令，开始一个盘存周期。一个或一个以上的标签可以应答。读写器检查某个标签应答，请求该标签发出 PC、EPC 和 CRC-16。同时只在一个通话中进行一个盘存周期。

(3) 访问：读写器与各标签交易(读取或写入标签)的过程。访问前必须要对标签进行识别。访问由多个命令组成，其中有些命令需要进行加密操作。

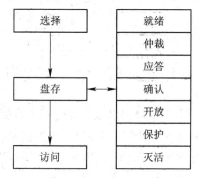

图 5-34　管理标签群

1. 单标签的读卡流程及状态图

由上述的标签状态图可以看出读写器如何与单标签进行通信。单标签的读卡流程图如图 5-35 所示。

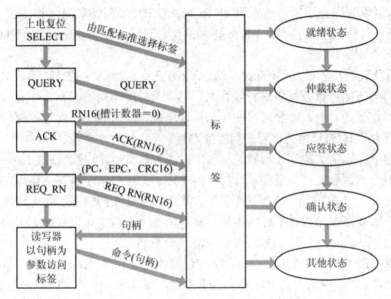

图 5-35　单标签的读卡流程状态图

(1) 当读写器的射频场中只有一个单标签时，首先读写器上电复位，并发送强制指令 SELECT 指令，通过指令相应的匹配条件选择此标签；此时标签对 SELECT 命令不会做出应答，标签即时转到就绪状态。

(2) 随后经过读写器命令之间的最小时间 T4 之后，读写器发送 QUERY 指令，标签在收到 QUERY 指令后，根据已盘标记和 SL 标记来确认是否响应，如果匹配条件满足且槽计数器值为非 0，则即时进入仲裁状态，随后发送 QUERY_REP 指令使槽计数器减值，直至槽计数器为 0，标签转到应答状态；如果匹配条件满足且槽计数器值为 0，则发送一个随机数 RN16 且立即转换到应答状态。

(3) 读写器接收到标签有效发送的 RN16，读写器以相同的 RN16 为参数发送 ACK(RN16)指令，若标签收到有效 ACK 指令，则立刻转换到确认状态并发送 PC、EPC 和 CRC-16 指令。

(4) 标签在确认状态下，执行读写器发送的 REQ_RN(RN16)指令，在标签收到有效指令后发送一个新的 RN16(句柄)并且转到其他状态(开放状态和保护状态)，在此状态下，读写器可以单独对此标签进行读写处理。

2. 多标签的盘存流程

读写器对标签的盘存操作中设计的指令具体包括 Query、QueryAdjust、QueryRep、ACK 和 NAK。Query 用来开始对选定标签的一个盘存周期，并且指定哪些标签群参与该盘存周期。

Query 命令中包含有槽计数器的参数 Q。参与盘存的标签在收到 Query 指令后在(0,$2^Q - 1$)范围内选择一个随机数，并把这个随机数装入标签内部的槽计数器中。槽计数器选到零数值的标签应该瞬间转换成应答状态，并立即应答。标签内部槽计数器选择的数值不是零的标签应该转换成仲裁状态，并且等待读写器发出 QueryAdjust 或者 QueryRep 命令。那么读写器和标签的通信过程如下：

(1) 当标签内部的槽计数器减到 0 时，标签则转换到应答状态同时向读写器发送 RN16。

(2) 读写器收到标签回复的正确的 RN16 时，以 RN16 为参数向标签发送 ACK 指令。

(3) 处于应答状态的标签收到 RN16 正确的信号后，向读写器发送 PC、EPC 和 CRC16 指令，并且转换到确认状态。

(4) 读写器重新发送 QueryAdjust 或 QueryRep 命令，让刚识别的标签倒转其已盘标记，以便读写器对剩下的被盘存标签进行盘存时，已盘的标签不用对盘存命令进行反应，起到了为系统节约资源的目的。标签转换完标记后，转换到就绪状态。此时应使另一个标签启动与该读写器从上述(1)开始的询问—问答的对话。

注意： 由于在确认状态下读写器与标签之间通信的具体定时要求(如 T2)，且如果不满足定时要求就会造成标签已经发生了碰撞，但是还会继续参与防碰撞的结果，故实际操作中需要把标签通过 REQ_RN 指令放置于开放状态或者是保护状态，因为这两种状态对定时没有要求，以便确保已盘存的标签不用再参与防碰撞，减少碰撞时间和出错率。上述只是理论分析过程，具体到实际的标签盘存可能略有不同。

在上述第(2)步中，如果标签在时间 T2 内没有收到读写器发送的 ACK，或者收到的读写器发送的 ACK 指令中的参数 RN16 发生了错误，那么标签应该返回到仲裁状态。

如果在读写器阅读范围内存在多个标签，如果同时应答读写器超过两个，那么将产生碰撞。倘若读写器通过波形检测可以对发生碰撞的某个标签的信号进行解决，那么将对可以被解决的标签先行盘存，未被解决的标签将会收到读写器发送的 ACK 指令中包含的错误的 RN16，将重新返回仲裁状态，同时向读写器发送它的 PC、EPC 和 CRC16 指令。

如果读写器向停留在确认状态下的标签发送 ACK 指令并且此指令含有正确的 RN16，那么此标签应该重新向读写器发送其 PC、EPC 和 CRC-16 指令。

读写器在任何情况都可以发送 NAK，收到此指令后的所有标签将返回仲裁状态，而且已盘标记保持不变。

读写器采用 Query 指令开始一个盘存周期后，读写器一般情况下要对标签发出一个或多个 QueryAdjust 和 QueryRep 指令。QueryAdjust 命令只是改变 Q 参数的值，让标签重新在一个帧长度内产生一个新的随机数，不改变读写器以前对标签设定的任何参数，也不将新的标签引入到盘存标签内。而读写器发送的 QueryRep 指令即不对之前读写器在标签内设置的参数进行更改，也不将新的标签引入该盘存周期，只是使标签内部槽计数器的值减 1。当然盘存周期可以包含有限多个 QueryAdjust 或者 QueryRep 命令或者同时含有两种命令。在任何一点上读写器可以发出新的 Query 命令，以此来开始新的盘存周期。

当处于仲裁或者应答状态的标签收到读写器发送的 QueryAdjust 命令时，标签首先调整 Q 值(增值、减值或保持不变)，然后在该 $(0, 2^Q - 1)$ 范围内挑选一个随机数，将该数加载到标签内部的槽计数器内。随机发生器选到零的标签应该转换到应答状态并立即向读写器发送 RN16。随机发生器没有选到零的标签应该立即转换到仲裁状态，并一直等到收到读写器向标签发送 QueryAdjust 或 QueryRep 命令为止。

当处于仲裁状态下的标签收到 QueryRep 命令后，应该立即让内部的槽计数器进行减 1

操作，当槽计数器减到零时标签则把自己的状态转换到应答状态，并且向读写器发送随机数 RN16。槽计数器达到 0 的，对读写器反射了 RN16 的标签(包括响应原 Query 命令但未被确认的标签)，如果没有收到确认指令,标签应该在槽计数器的值达到 0 时返回仲裁状态，并在读写器发送下一个 QueryRep 时使其槽值从(十六进制)0000H 减值到 7FFFH，这样就可以阻止标签过于频繁的应答，造成不必要的碰撞(标签其实应该在 $2^Q - 1$ 个 QueryRep 命令中至少对读写器反射一次 RN16)。

5.3　数据传输的完整性

　　RFID 系统是一个开放的无线系统，外界的各种干扰容易使数据传输产生错误，为了保证 RFID 系统中数据传输的完整性,除了解决碰撞问题产生信号重叠造成的信息码错误，还需要解决由于干扰信号存在导致波形失真，进而导致误码率高的问题。

　　采用适当的信号编码、调制与校验方法，并采取信号防碰撞技术，能显著提高数据传输的完整性和可靠性。

5.3.1　数据传输差错

　　从产生干扰导致数据差错的角度出发，数据传输差错可分为随机错误、突发错误、混合错误。

1. 随机错误
　　随机错误由信道中的随机噪声干扰引起。在出现这种错误时，前、后位之间的错误彼此无关。产生随机错误的信道称为无记忆信道或随机信道。

2. 突发错误
　　突发错误由突发干扰引起。这种错误的特点是，当前面出现错误时，后面往往也会出现错误，它们之间有相关性。产生突发错误的信道称为有记忆信道或突发信道。

　　突发错误的误码影响可用突发长度来表征。突发长度 b 定义为：当产生某突发错误时，错误图样中最前面的 1 和最后出现 1 的间隔长度。例如，传输比特流为 00111000，接收到的比特流为 01100100，错误图样为

　　　　　　　　正确比特流　　00111000
　　　　　　　　接收比特流　　01100100　⊕异或
　　　　　　　　错误图样　　　01011100

所以，该例中突发错误长度为 $b=5$。

3. 混合错误
　　混合错误既包括随机错误又包括突发错误,因而既会出现单个错误,也会出现成片错误。差错的大小通常用误比特率 P_b 或误码元率 P_s 来表示，如式(5-17)和式(5-18)所示。

$$P_b = \frac{出现错误的比特数 N_1}{传送总比特数 N} \quad (N \to \infty) \tag{5-17}$$

$$P_s = \frac{\text{出现错误的码元数} C_1}{\text{传送总码元数} C} \quad (C \to \infty) \tag{5-18}$$

在有些应用场合，也可以采用误字率 P_w 来表示，如式(5-19)所示。

$$P_w = \frac{\text{出现错误的字节数} W_1}{\text{传送总字节数} W} \quad (W \to \infty) \tag{5-19}$$

P_b、P_s、P_w 都反映了出现差错的概率。

在 RFID 系统的数据传输过程中，可能会存在数据出错的情况。差错的发生是必然的，用误码率来表示差错发生的概率。为了对 RFID 系统实际运行时的差错进行检查，会采取一些方法来判断数据是否正确，或者在数据出错的时候及时发现进行改正。常用的几种数据校验方式有奇偶校验、CRC 校验、LRC 校验、格雷码校验、和校验、异或校验等。我们采用数据校验的方式去筛选错误字节，并剔除或者纠正，以此保证数据传输的正确性。

5.3.2 数据差错控制

为了方便对差错编码原理进行叙述，下面先介绍一些基本编码术语，如表 5-5 所示。

表 5-5 基本术语解释

名 称	定 义
信息码元	指进行差错编码前送入的原始信息编码
监督码元	指经过差错编码后在信息码元基础上增加的冗余码元
码字(组)	由信息码元和监督码元组成的具有一定长度的编码组合
码集	不同信息码元经差错编码后形成的多个码字组成的集合
码重	码字的重量，即一个码字中"1"码的个数，通常用 W 表示，例如码字 10011000 的码重 $W=3$，而码字 00000000 的码重 $W=0$
码距	码距即码元距离。所谓码元距离，就是两个码组中对应码位上码元不同的个数(也称汉明距)。码距反映的是码组之间的差异程度。例如，00 和 01 两组码的码距 d 是 1，011 和 100 的码距 d 是 3，11000 与 10011 之间的码距 d 为 3
最小码距	码集中所有码字之间码距的最小值即成为最小码距，用 d_{min} 或 d_0 表示；例如，若码集包含的码字有 10010、00011 和 11000，则它们之间的最小码距 d_{min} 为 2

在实际 RFID 系统中，通过数据校验的方法找到错误发生的位置，需要采取应对处理机制来实现错误的纠正或者剔除，这也称为差错控制。差错控制实现两部分功能：差错控制编码和差错控制解码。其基本思想是在传输信息数据(信息码元)中增加一些冗余编码(又称为监督码元)，使监督码元和信息码元之间建立一种确定的关系，在接收端可根据已知的特定关系来实现错误的检测与纠正。

1. 检纠错编码

在数字通信系统中，通过对信息编码上增加监督编码的方式，利用检纠错码进行差错控制的方法有三种：反馈重发(ARQ)、前向纠错(FEC)和混合纠错(HEC)。

1) 反馈重发(ARQ)

在 ARQ 方法中，发送端需要在得到接收端正确收到所发信息码元(通常以帧的形式发送)的确认信息后，才能认为发送成功，因此该方法需要反馈信道，如图 5-36 所示。

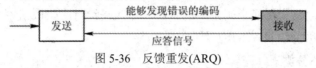

图 5-36　反馈重发(ARQ)

ARQ 有两种方式：停—等方式和连续工作方式。在停—等方式中，必须从反馈信道获得 ACK(确认)帧或 NACK(检测到错误需要重发)后才能发送下一组信息。也就是说，收到 ACK 帧则可发送下一帧，收到 NACK 帧则需要重发出现错误的该帧。在连续工作方式中，可发送多组帧，仅重发出现错误的有关帧，或重发出现错误的帧及其以后(按帧序号的顺序)发送的帧，通常采用滑动窗口协议以确定重发策略。连续工作方式比停—等方式的传输效率高。

ARQ 方式对编码的纠错能力要求不高，仅需要有较高的检错能力。

2) 前向纠错(FEC)

在 FEC 方法中，接收端通过纠错解码自动纠正传输中出现的差错，所以该方法不需要重传，如图 5-37 所示。

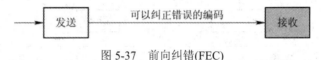

图 5-37　前向纠错(FEC)

这种方法需要采用具有很强纠错能力的编码技术，其典型应用是数字电视的地面广播。

3) 混合纠错(HEC)

HEC 方法是 ARQ 和 FEC 的结合，其设计思想是对出现的错误尽量纠正，纠正不了的则需要通过重发编码来消除差错，如图 5-38 所示。

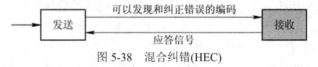

图 5-38　混合纠错(HEC)

从前面的分析可知，要实现差错控制，编码技术十分关键。下面介绍检纠错码的有关问题。

2. 检纠错编码的基本知识

1) 信息码元与监督码元

信息码元是发送的信息数据比特。当以 k 个码元为信息码元时，在二元码的情况下，总共有 2^k 种不同的信息码组。监督码元又称为检验码元，是为了检纠错而增加的冗余码元。通常对 k 个信息码元附加 r 个监督码元，如图 5-39 所示，因此总码元数为 $n=k+r$。

图 5-39　信息码元与监督码元

2) 许用码组与禁用码组

若码组中的码元数为 n(即码长)，则在二元码情况下，总码组数为 2^n 个，其中信息码组为 2^k 个，称为许用码组，其余的 $2^n - 2^k$ 个码组不予传送，称为禁用码组。纠错编码的任务就是从 2^n 个码组中按某种算法选择出 2^k 个许用码组。

3) 汉明距离

汉明距离(码距)是指每两个码组间的距离，即两码组对应位取值不同的个数(异或后 1 的个数)。例如，000 与 111 之间的汉明距离为 3。

3. 检纠错码的分类

根据检纠错码对随机错误和突发错误的检错能力，可以对其进行分类，如图 5-40 所示。

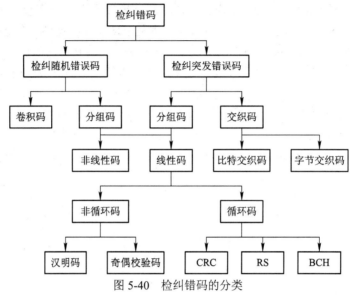

图 5-40 检纠错码的分类

1) 分组码

若一个码组的监督码元仅与本码组的信息码元有关，而与其他码元组的信息码元无关，则这类码称为分组码。若信息码元与监督码元之间的检验关系可用线性方程组表示，则称为线性码。反之，若不存在线性关系，则称为非线性码。符合循环性的线性码称为循环码，循环码易于用简单的反馈移位寄存器实现。常用的循环码有循环冗余检验码(CRC)、RS(Reed-Solomon，里德所罗门)码及 BCH 码。非循环码不满足循环性，常用的如奇偶检验码、汉明码等。

2) 卷积码

若码组的监督码元不仅与本码组的信息码元相关，而且与本组相邻的前 m 个时刻输入的码组的信息码元之间也具有约束关系，则称为卷积码。卷积码将 k 个信息比特编成 n 个比特，但 k 和 n 通常很小，特别适合以串行形式进行传输，时延小。与分组码不同，卷积码编码后的 n 个码元不仅与当前段的 k 个信息有关，还与前面的 $N-1$ 段信息有关，编码过程中互相关联的码元个数为 nN。卷积码的纠错能力随 N 的增加而提高。在编码效率与设备复杂性相同的前提下，卷积码的性能优于分组码，至少不低于分组码。

3) 交织码

交织编码是在实际移动通信环境下改善移动通信信号衰落的一种通信编码技术。利用交织编码技术可离散并纠正造成数字信号传输的突发性差错，改善移动通信的传输特性。交织编码的目的是把一个较长的突发差错离散成随机差错，再利用纠正随机差错的编码(FEC)技术消除随机差错。交织深度越大，则离散度越大，抗突发差错能力也越强。但交织编码是以时间为代价的。

5.3.3　数据校验方法

校验是检查并保护数据的完整性的一种方法，具体实现思路是：对发送方原始数据计算出的一个校验值，接收方也按同样的算法再算一次校验值，比较两次校验值，若校验值一样，表示数据从发送到接收的传输路径上没有发生由差错带来的数据变化，即判定数据是正确的。

根据差错控制原理可知，设最小码距为 d_0，e 为检错个数，t 为纠错个数，同时 $e > t$，若按照检错方式工作，能检错 $e = d_0 - 1$ 个错误；若按照纠错方式工作，能纠正 t 个错误，且有 $d_0 \geq 2t+1$；若按照混合方式工作，有 $d_0 \geq e+t+1$。例如，最小码距 $d_0 = 5$ 时，按照检错方式，能检错 4 个，按照纠错方式，能纠错 2 个，按照混合方式，能纠错 1 个，超出纠错能力还能检错 3 个。

那么一种编码纠错或检错能力是否要通过增加最小码距来实现呢？多添加监督码元就可以使最小码距增大了吗？

首先要说明，最小码距越大，监督码元就越多，但是码元中监督位增大，却不能说明码距也增加了，因此要提高编码的检错和纠错能力，不能仅靠简单地增加监督码元的位数，更重要的是要加大最小码距，也就是要增强码组之间的差异程度。

最简单的办法是无论信息位有多少，都只添加一位监督位，这一位到底该添 1 还是 0，主要视添加后它能否使码组中的 1 的数目达到要求的偶数或者奇数而定，这种编码方法就是最基本的奇偶校验法，除此之外还有多种校验方式，以下一一介绍。

1. 奇偶校验

在数据存储和传输中，字节中额外增加一个比特位，用来传送奇/偶校验位来检验数据有无错误的方法称为奇偶校验，这种方式实现简单，应用范围广。

奇偶校验的具体方法是：在奇校验方式下，检测每个被传送码，所有传送的数位(含字符的各数位和校验位)中，若"1"的个数为奇数，如 10110、00001，则设置奇校验位为 0，反之为 1；在偶校验方式下，编码中 1 的个数如果是偶数，如 00110、0101，则设置偶校验位为 0，反之为 1。

判断接收码中的奇偶校验位，奇校验方式下，奇偶校验位为 0，同时接收码"1"的个数为奇数，表示数据正确，反之判定接收数据错误；偶校验方式下，同时奇偶校验位为 0，接收码"1"的个数为偶数，表示数据正确，反之判定接收数据错误。

举例： 某数据二进制码为 10001100(0)，括号内数值为最后一位的校验位。此时若约定好为奇校验，那么数据表示为正确的；若为偶校验，那么数据传输出错了。

通过奇偶校验方式，能够检测出信息传输过程中的 1 位误码。在这种错误出现后，不能进行修改，只能要求重发。

2. 校验和

校验和的算法为：所有各字节的和模 256 取余，即各字节二进制算术和，不计超过 256 的溢出值(即只取其算术和的低 8 位数据)，然后用 0x100 减去这个算数累加和，得出的值就是此数据串的校验和。例如十六进制数：

10 00 10 00 18 F0 9F E5 80 5F 20 B9 F0 FF 1F E5 18 F0 9F E5

该数据串的校验和为

checksum=10+00+10+00+18+F0+9F+E5+80+5F+20+B9+F0+FF+1F+E5+18+F0+9F+E5

checksum=0x100-checksum(结果为 0x1D)

3. 异或校验

异或校验法(BCC)其实是奇偶校验的一种，但也是经常使用并且效率较高的一种。所谓 BCC 校验法，就是在发送前和发送后分别把 BCC 校验字节以前包括 ETX 字节的所有字节按位异或后，按要求变换(增加或去除一个固定的值)后所得到的字符进行比较，判断是否相等的算法。

例如：校验位为 8 位数据，它是对其前面的命令字和数据进行异或校验。命令字是 F3 E2(十六进制)，数据是 42 3A(十六进制)。异或校验的工作过程如下：

(1) 将命令字和数据组合起来，结果为 F3 E2 42 3A(8 位数据依次写开)。

(2) 从第一个 8 位数据开始，将其与第二个 8 位进行异或操作，取得结果，即示例中 F3 与 E2 进行异或操作，计算过程如下：

```
        1111 0011(F3)
XOR     1110 0010 (E2)
结果：   0001 0001 (11)
```

(3) 将上一次计算结果与第三个 8 位数据进行异或操作，再次取得结果，即示例中 11 与 42 进行异或操作，计算过程如下：

```
        0001 0001 (11)
XOR     0100 0010 (42)
结果：   0101 0011(53)
```

(4) 再将上次计算结果与其后的数据依次进行异或操作，最后就可以得到正确的异或校验结果。示例中 53 与最后一个 8 位数据 3A 进行异或操作，计算过程如下：

```
        0101 0011(53)
XOR     0011 1010 (3A)
结果：   0110 1001 (69)
```

(5) 由以上分析可知，紧接在命令字和数据字后面的异或校验字(BCC)应为 69。

若接收方经过异或校验计算出的数据与校验字是相同的，那么此次传送的数据就是有效的；反之，接收方计算出的校验字与发送方发送过来的校验字是不同的，那本次传送就是错误的。

4. 格雷码校验

格雷码是一种无权码，也是一种循环码，是指任意两组相邻的代码之间只有一位不同，其余都为相同码的编码方式。二进制码转换成格雷码，其法则是保留二进制码的最高位作为格雷码的最高位，而次高位格雷码为二进制码的高位与次高位相异或，而格雷码其余各位与次高位的求法相类似。例如：5 的二进制码为 0101，6 的二进制码为 0110；5 的格雷码为 0111，6 的格雷码为 0101。

由二进制码与格雷码之间的变换运算，通过结果对比进行数据检错。

5. CRC 校验

CRC 校验(循环冗余校验码)是数据通信领域中最常用的一种查错校验码，其特征是信息字段和校验字段的长度可以任意选定，在发送端根据要传送的 k 位二进制码序列，以一定的规则产生一个校验用的 r 位监督码(CRC 码)，附在原始信息后边，构成一个新的二进制码序列数，共 $k+r$ 位，然后发送出去。在接收端，将接收到的码组进行除法取余运算，如果可除尽，则说明传输无误；如果未除尽，则表明传输出现差错。

CRC 算法中，将二进制数据流作为多项式的系数，那么一个二进制码串就唯一对应一个多项式，多项式的各项系数由于取值来自二进制数据，只能为 0 或者 1，例如有两个二进制数，分别为 1101 和 1011。

1101 与如下的多项式相联系：

$$1 \times x^3 + 1 \times x^2 + 0 \times x^1 + 1 \times x^0 = x^3 + x^2 + 1$$

1011 与如下的多项式相联系：

$$1 \times x^3 + 0 \times x^2 + 1 \times x^1 + 1 \times x^0 = x^3 + x^1 + 1$$

两个多项式的乘法：

$$(x^3 + x^2 + 1) \cdot (x^3 + x^1 + 1) = x^6 + x^5 + x^4 + 3x^3 + x^2 + x + 1$$

得到结果后，合并同类项时采用模 2 运算，也就是乘除法采用正常的多项式乘除法，而加减法都采用模 2 运算。所谓模 2 运算就是结果除以 2 后取余数(即异或运算)，比如 3 mod 2 = 1。因此，上面最终得到的多项式为 $x^6 + x^5 + x^4 + x^3 + x^2 + x + 1$，对应的二进制数为 11 1111。

CRC 码集选择的原则是：若设码字长度为 N，信息字段为 K 位，校验字段为 R 位。$N = K + R$，则对于 CRC 码集中的任一码字，存在且仅存在一个 r 次多项式 $g(x)$，使得

$$V(x) = m(x) \cdot g(x) = x^r \cdot m(x) + r(x)$$

其中：$m(x)$ 为 k 次信息多项式，$r(x)$ 为 $r - 1$ 次校验多项式，$g(x)$ 称为生成多项式：

$$g(x) = g_0 + g_1 \cdot x + g_2 \cdot x^2 + \cdots + g_{r-1} \cdot x^{r-1} + g_r \cdot x^r$$

发送方通过指定的 $g(x)$ 产生 CRC 码字，接收方则通过该 $g(x)$ 来验证收到的 CRC 码字。

CRC 校验码软件生成方法是借助于多项式除法，其余数为校验字段。例如：信息字段代码为 101 1001；对应 $m(x) = x^6 + x^4 + x^3 + 1$。假设生成多项式为

$$g(x) = x^4 + x^3 + 1$$

则对应 $g(x)$ 的代码为 11001，而 $x^4 \cdot m(x) = x^{10} + x^8 + x^7 + x^4$ 对应的代码记为 101 1001 0000；以 $x^4 \cdot m(x)$ 作为被除数，生成多项式 $g(x)$ 作为除数，进行多项式除法，过程如下：

```
              1101010
      11001 /101100010000
            11001
            11110
            11001
             11110
             11001
              11100
              11001
               1010
```

得到余数为 1010 即校验字段为 1010。

由此得出：发送方，发出的传输字段为 101 1001 1010，其中信息字段为 101 1001，校验字段为 1010；接收方，使用相同的生成码进行校验，接收到的字段/生成码用二进制除法，如果能够除尽则正确。

编程过程如下：

(1) 设置 CRC 寄存器，并给其赋值 FFFF(十六进制)。

(2) 将数据的第一个 8 bit 字符与 16 位 CRC 寄存器的低 8 位进行异或，并把结果存入 CRC 寄存器。

(3) CRC 寄存器向右移一位，MSB 补零，移出并检查 LSB。

(4) 如果 LSB 为 0，重复步骤(3)；若 LSB 为 1，CRC 寄存器与多项式码相异或。

(5) 重复(3)与(4)步直到 8 次移位全部完成。此时一个 8 bit 数据处理完毕。

(6) 重复(2)至(5)步直到所有数据全部处理完成。

最终 CRC 寄存器的内容即为 CRC 值。

常用的 CRC 循环冗余校验标准多项式如下：

$$CRC(8\ 位) = x^8 + x^5 + x^4 + 1$$
$$CRC(16\ 位) = x^{16} + x^{15} + x^2 + 1$$
$$CRC(CCITT) = x^{16} + x^{12} + x^5 + 1$$
$$CRC(32\ 位) = x^{32} + x^{26} + x^{23} + x^{16} + x^{12} + x^{11} + x^{10} + x^8 + x^7 + x^5 + x^4 + x^2 + 1$$

以 CRC(16 位)多项式为例，其对应校验二进制位列为 1 1000 0000 0000 0101。

CRC 检验方式中编码和解码方法简单，检错和纠错能力强，在通信领域广泛地用于实现差错控制。

6. LRC 校验

LRC 校验常用于 ModBus 协定的 ASCII 模式，检测了 ASCII 协议消息域中除开始的冒号及结束的回车换行号以外的内容。它仅仅是把每一个需要传输的数据字节选加后取反加 1 即可。例如 6 个字节(十六进制)：01 03 21 02 00 02，进行 LRC 检验，首先计算这 6 个字节之和，01 + 03 + 21 + 02 + 00 + 02 = 29，然后取其补码为 D7，D7 就是 LRC 检验的计算结果。LRC 校验比较简单，适合通信速率较慢的应用场合中。

7. MD5 校验

MD5 的实际应用是对一段字节串(Message)进行校验，可以对一个字符串或文件或压缩包执行散列运算，生成一个固定长度为 128 bit 的字符串，这个字符串(指纹)基本上是唯一的，可以防止信息在传输中被篡改，也可以检查数据传输错误。MD5 校验和数字签名的实现方法主要有 MD5 和 DES 算法，适用于数据比较大或要求比较高的场合，如 MD5 用于大量数据、文件校验，DES 用于保密数据的校验(数字签名)等等。通常应用在文件校验、银行系统的交易数据，如客户往数据中心同步一个文件，该文件使用 MD5 校验。那么客户在发送文件的同时会再发一个存有校验码的文件，拿到该文件后做 MD5 运算，得到的计算结果与客户发送的校验码相比较，如果一致，则认为客户发送的文件没有出错，否则认为文件出错，需要重新发送。

5.3.4　检错/纠错码的处理实例

下面以汉明码为例，介绍检错/纠错码实现数据纠错的处理过程。

1. 汉明码检错/纠错基本思想

汉明码(Hamming Code)是一个可以有多个校验位，具有检测并纠正一位错误代码的纠错码，所以也仅用于信道特性比较好的环境中，如以太局域网。它的检错、纠错基本思想如下：

(1) 将有效信息按某种规律分成若干组，每组安排一个校验位通过异或运算进行校验，得出具体的校验码。

(2) 在接收端同样通过异或运算看各组校验结果是否正确，并观察出错的校验组，或者多个出错的校验组的共同校验位，得出具体的出错比特位。

(3) 对错误位取反来对其进行纠正。

2. 汉明码计算过程

汉明码计算要按以下步骤来进行：计算校验码位数→确定校验码位置→确定校验码→校验和纠错。

1) 计算校验码位数

假设用 N 表示添加了校验码位后整个传输信息的二进制位数，用 K 代表其中的有效信息位数，r 表示添加的校验码位数，它们之间的关系应满足：$N = K + r \leqslant 2^r - 1$(是为了确保 r 位校验码能校验全部的数据位，因为 r 位校验码所能表示的最大十进制数为 $2^r - 1$，同时也确保各位码本身不被其他校验码校验)。如 $K = 5$，则要求 $2^r - r \geqslant 5 + 1 = 6$，根据计算可以得知 r 的最小值为 4，也就是要校验 5 位信息码，则要插入 4 位校验码。如果信息码是 8 位，则要求 $2^r - r \geqslant 8 + 1 = 9$，根据计算可以得知 r 的最小值也为 4。根据经验总结，得出信息码和校验码位数之间的关系如表 5-6 所示。

表 5-6　信息码位数与校验码位数之间的关系

信息码位数	1	2~4	5~11	12~26	27~57	58~120	121~247
校验码位数	2	3	4	5	6	7	8

2) 确定校验码位置

汉明校验码的插入规律是这样设定的：编码位代号为 k，校验码位代号为 p，数据位代号为 b；某个校验码 p_i 将处于整个编码的第 k 位，计算式为 $k = 2^{(p_i - 1)}$；简单来说，汉明码的校验码的位置必须是在 2^n 次方位(n 从 0 开始，分别代表从左边数起的第 1、2、4、8、16…)位，信息码也就是在非 2^n 次方的位置的码字。

举一个例子，假设现有一个 8 位信息码，即 b_1、b_2、b_3、b_4、b_5、b_6、b_7、b_8，由表 5-6 得知，它需要插入 4 位校验码，即 p_1、p_2、p_3、p_4，也就是整个经过编码后的数据码(称之为"码字")共有 12 位。根据以上介绍的校验码位置分布规则可以得出，这 12 位编码后的数据码就是 p_1、p_2、b_1、p_3、b_2、b_3、b_4、p_4、b_5、b_6、b_7、b_8。现假设原来的 8 位信息码为 10011101，因现在还没有求出各位校验码时，这些校验码位现在都用"x"表示，最终的码字为 xx1x001x1101。

3) 确定校验码

校验位置选择原则：第 i 位校验码从当前校验码位开始，每次连续校验 i 位后再跳过 i 位，然后再连续校验 i 位，再跳过 i 位，以此类推。确定每个校验码所校验的比特位。

p_1(第 1 个校验位，也是整个码字的第 1 位)的校验规则是：从当前位数起，校验 1 位，然后跳过 1 位，再校验 1 位，再跳过 1 位，……。这样就可得出 p_1 校验码位。可以校验的码字位包括第 1 位(也就是 p_1 本身)、第 3 位、第 5 位、第 7 位、第 9 位、第 11 位、第 13 位、第 15 位、……。然后根据所采用的是奇校验还是偶校验，最终可以确定该校验位的值。

p_2(第 2 个校验位，也是整个码字的第 2 位)的校验规则是：从当前位数起，连续校验 2 位，然后跳过 2 位，再连续校验 2 位，再跳过 2 位，……。这样就可得出 p_2 校验码位。可以校验的码字位包括第 2 位(也就是 p_2 本身)、第 3 位、第 6 位、第 7 位、第 10 位、第 11 位、第 14 位、第 15 位、……。同样根据所采用的是奇校验还是偶校验，最终可以确定该校验位的值。

p_3(第 3 个校验位，也是整个码字的第 4 位)的校验规则是：从当前位数起，连续校验 4 位，然后跳过 4 位，再连续校验 4 位，再跳过 4 位，……。这样就可得出 p_4 校验码位。可以校验的码字位包括第 4 位(也就是 p_4 本身)、第 5 位、第 6 位、第 7 位、第 12 位、第 13 位、第 14 位、第 15 位、第 20 位、第 21 位、第 22 位、第 23 位、……。同样根据所采用的是奇校验还是偶校验，最终可以确定该校验位的值。

p_4(第 4 个校验位，也是整个码字的第 8 位)的校验规则是：从当前位数起，连续校验 8 位，然后跳过 8 位，再连续校验 8 位，再跳过 8 位，……。这样就可得出 p_4 校验码位。可以校验的码字位包括第 8 位(也就是 p_4 本身)、第 9 位、第 10 位、第 11 位、第 12 位、第 13 位、第 14 位、第 15 位、第 24 位、第 25 位、第 26 位、第 27 位、第 28 位、第 29 位、第 30 位、第 31 位、……。同样根据所采用的是奇校验还是偶校验，最终可以确定该校验位的值。

……

把以上这些校验码所校验的位分成对应的组，它们在接收端的校验结果(通过对各校验位进行逻辑"异或运算"得出)对应表示为 G1、G2、G3、G4……，正常情况下均为 0。

4) 实现校验和纠错

把以上这些校验码所校验的位分成对应的组，则在接收端对各校验位再进行逻辑"异或运算"，如果采用的是偶校验，正常情况下均为 0。

如果最终发现只是一个校验组中的校验结果不符，则直接可以知道是对应校验组中的校验码在传输过程中出现了差错，因为所有校验码所在的位是只由对应的校验码进行校验；如果发现多组校验结果不正确，则查看这些组中公共校验的数据位(只有数据位才可能被几个校验码进行校验)，以最终确定是哪个数据位出了差错(汉明码只能检查一位出错)；最后，对所找到的出错数据位取反即可实现纠错。

3. 汉明码计算示例

1) 确定校验码

原信息码：1001 1101，求解其校验码的过程如下：

(1) 确定校验码位数：原始信息码一共 8 位，根据前面的表 5-6 可得知校验码位数为 4。

(2) 确定校验码位置：xx1x 001x 1101。

(3) 确定校验码。

先求第 1 个 "x"(也就是 p_1，第 1 位)的值。因为整个码字长度为 12(包括信息码长和校验码长)，所以可以得出本示例中 p_1 校验码校验的位数是 1、3、5、7、9、11，共 6 位。这 6 位中除了第 1 位(也就是 p_1 位)不能确定外，其余 5 位的值都是已知的，分别为 1、0、1、1、0。现假设采用的是偶校验(也就是要求整个被校验的位中的 "1" 的个数为偶数)，从已知的 5 位码值可知，已有 3 个 "1"，所以此时 p_1 位校验码的值必须为 "1"，由此得出 $p_1 = 1$。

再求第 2 个 "x"(也就是 p_2，第 2 位)的值。根据以上规则可以很快得出本示例中 p_2 校验码校验的位数是 2、3、6、7、10、11，也是一共 6 位。这 6 位中除了第 2 位(也就是 p_2 位)不能确定外，其余 5 位的值都是已知的，分别为 1、0、1、1、0。现假设采用的是偶校验，从已知的 5 位码值可知，也已有 3 个 "1"，所以此时 p_2 位校验码的值必须为 "1"，于是得出 $p_2 = 1$。

再求第 3 个 "x"(也就是 p_3，第 4 位)的值。根据以上规则可以很快得出本示例中 p_3 校验码校验的位数是 4、5、6、7、12，一共 5 位。这 5 位中除了第 4 位(也就是 p_3 位)不能确定外，其余 4 位的值都是已知的，分别为 0、0、1、1。现假设采用的是偶校验，从已知的 4 位码值可知，也已有 2 个 "1"，所以此时 p_2 位校验码的值必须为 "0"，得出 $p_3 = 0$。

最后求第 4 个 "x"(也就是 p_4，第 8 位)的值。根据以上规则可以很快得出本示例中 p_4 校验码校验的位数是 8、9、10、11、12(本来是可以连续校验 8 位的，但本示例的码字后面的长度没有这么多位，所以只校验到第 12 位为止)，也是一共 5 位。这 5 位中除了第 8 位(也就是 p_4 位)不能确定外，其余 4 位的值都是已知的，分别为 1、1、0、1。现假设采用的是偶校验，从已知的 4 位码值可知已有 3 个 "1"，所以此时 p_2 位校验码的值必须为 "1"，得出 $p_4 = 1$。

最后就可以得出整个码字的各个二进制值码字为 <u>111</u>0 001<u>1</u> 1101(带下划线的 4 位就是校验码)。

2) 实现校验和纠错

如果数据传输过程中产生误码，即由原信息码 1001 1101 变为 1000 1101(b_4 位错误)，那么接收端得到的码字为 <u>111</u>0 000<u>1</u> 1101(传输码第 7 位为误码)，这时经过分组校验，按照偶校验方式得到 p_4'、p_3'、p_2'、p_1' 分别为 0111(例如 p_4' 值为 p_4 位与所在分组中各位(8、9、10、11、12 位)异或运算后的结果)，将该二进制数(0111)换成十进制数为 7，也就意味着传输码的第七位出现错误，将第七位取反后得到 <u>111</u>0 001<u>1</u> 1101 才是原来正确的信息码。

本 章 小 结

本章主要介绍了 RFID 系统中两个涉及数据完整性的重要问题，它包括数据差错控制和防碰撞两个方面。

数据差错控制需要借助适当的检/纠编码，同时结合数据校验方法来进行差错判断和位置确定，从而对出错数据进行检验和纠正，检/纠码按其构造可分为分组码、卷积码和交织码。编码性能的评价通过编码效率和检/纠错能力来实现。RFID 中差错检测编码采用线性分组码，其中奇偶校验码和 CRC 码最常使用。

防碰撞是 RFID 系统中的关键技术之一。基本的防碰撞算法有基于时隙的 ALOHA 算法和基于分级搜索的二进制树搜索算法。防碰撞技术借助于编码和调制技术解决碰撞位检测问题，并通过时隙和序列号对标签进行分时或分组访问，错开碰撞时间。在两种防碰撞算法的基础上，发展了各自新的防碰撞算法，使得标签识别效率大大提高。最后本章以广泛使用的 ISO/IEC 14443 标准中 TYPE A 类防碰撞协议为例，介绍了协议中的算法、命令和通信规范，以帮助读者深入理解防碰撞的处理机制。

习 题 5

5.1 简述 ALOHA 算法和时隙 ALOHA 算法的基本原理以及它们之间的区别。

5.2 已知四个标签及其序列号 TagA：11110001，TagB：10101001，TagC：10110011，TagD：10100011，试用图表方式解释二进制搜索算法识别这四个标签的过程。

5.3 简述基于随机数(0 或 1)和时隙的防碰撞过程。

5.4 设防碰撞协议采用 ISO/IEC 14443 标准中的 TYPE A。设阅读器(PCD)射频能量场内有两个标签 PICC #1 和 PICC #2，其 ULD CL_n 分别为 CL_1 和 CL_2。请说明防碰撞过程。

5.5 分组码、卷积码和交织码有什么不同？

5.6 试讨论分析线性分组码的检纠错能力。

5.7 在传输的帧中，被检验部分和 CRC 码组成的比特序列为 11 0000 0111 0111 0101 0011 0111 1000 0101 111，若已知生成项的阶数为 4 阶，请给出余数多项式。

5.8 已知接收端收到 8 位汉明码的信息码加校验码为 1110 0001 1101，试分析原信息码第几位在传输中出现了错误。

第六章　RFID 中间件

在 RFID 的应用领域，有近距离、中距离、远距离的应用，还有分为不同频段的，也有支持无源卡、有源卡或者都支持的，硬件设备种类很多。系统每变换一种应用场景都会导致硬件变动，甚至数据处理机制也会发生变化，对应的软件也需要随之重新开发。这样就不仅提高了开发难度，也延长了开发周期，系统开放性很差，很难适应未来的变化与发展。那么，针对目前各式各样的 RFID 应用，企业如何将现有的系统与这些新的 RFID 阅读器(Reader)连接起来呢？这个问题的本质是企业应用系统与硬件接口的适应性问题。

如果软件开发同硬件没有直接关系，只针对标准的数据库文件或协议文件是否可行？这就需要中间件平台了。RFID 中间件平台扮演 RFID 标签和应用程序之间的中介角色，从应用程序端使用中间件所提供的一组通用的应用程序接口(API)，即能连到 RFID 读写器，读取 RFID 标签数据。这样一来，即使存储 RFID 标签信息的数据库软件或后端应用程序增加或改由其他软件取代，或者读写 RFID 的读写器种类增加等情况发生，应用端不需修改也能处理，省去了多对多连接的维护复杂性问题。

6.1　RFID 中间件概述

6.1.1　RFID 中间件的基本概念

基本的 RFID 系统一般由三部分组成：标签、阅读器以及应用支撑软件。其中，应用支撑软件可以分成如下四类：

(1) 前端软件：设备供应商提供的系统演示软件、驱动软件、接口软件、集成商或者客户自身开发的 RFID 前端操作软件等。

(2) 中间件软件：为实现采集的信息的后台传递与分发而开发的中间件软件。

(3) 后端软件：处理这些采集的信息的后台应用软件和管理信息系统软件。

(4) 其他软件：开发平台或者为模拟其系统性能而开发的仿真软件等。

中间件软件是应用支撑软件的一个重要组成部分，是衔接硬件设备如标签、阅读器和企业应用软件如 ERP(Enterprise Resources Planning，企业资源规划)、CRM(Customer Relationship Management，客户关系管理)等的桥梁。

RFID 中间件是 EPCglobal 推荐的 RFID 应用框架中相当重要的一层，可以对阅读器传来的与标签相关的数据进行过滤、汇总、计算、分组，减少从阅读器传往企业应用的大量原始数据，生成加入了语意解释的事件数据，同时应用系统通过中间件提供的 API 读取阅读器数据和控制阅读器动作。此外中间件的功能不仅是传递消息，还必须包括数据安全、数据解释、网络管理、差错控制等服务功能、屏蔽底层硬件差异、向上层提供标准的统一的数据接口等，并且具有良好的适应性和安全性。可以说，中间件是 RFID 系统的"神经中枢"。RFID 中间件组织结构如图 6-1 所示。

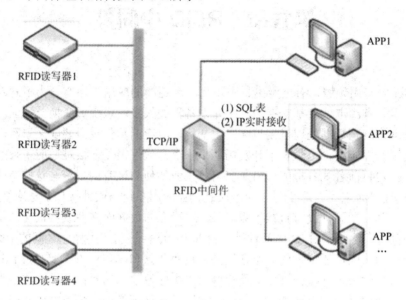

图 6-1　RFID 中间件组织结构图

由中间件平台统一进行多设备管理、运行管理、数据规则设计、数据处理机制设计等。经过它的处理可以提供两种标准化的数据供软件开发人员使用：

(1) 标准化 SQL 数据库表方式。

(2) APP 客户端只需连上中间件 IP 即可实时接收数据，软件开发人员只需要通过某种方法获取数据就可以工作了，而且都是有效的经过处理的数据，开发结束后可以任意更改，只要符合 TCP/IP 协议规则的设备原有软件仍可继续使用，设备兼容性、开放性大大提高。

6.1.2　RFID 中间件的特点

RFID 中间件独立并介于 RFID 读写器与后端应用程序之间，表现在可以通过统一的接口连接多种主流读写器，省去了为不同接口定制统一设备驱动的需求。中间件集成框架如图 6-2 所示。

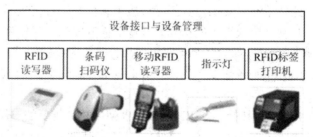

图 6-2　RFID 设备与中间件集成架构

为兼容多种类型读写器设备，RFID 中间件通常使用逻辑读写器以降低系统与设备的关联性。逻辑读写器是客户端用来使用一个或多个读写器完成单一的逻辑目的的抽象名字。配置逻辑读写器信息，其用途在于在逻辑上对读写器进行归类。

(1) 一个逻辑读写器可能直接指向单个物理设备。例如，一个单天线的 RFID 读写器，一个条形码扫描器，或一个多天线的 RFID 读写器。

(2) 一个逻辑读写器可能映射到多于一个的物理设备上，例如表 6-1 中逻辑读写器 Ship-In 001 映射 Alien001、Alien002、Intermec002 三个物理设备。

表 6-1　物理读写器与逻辑读写器映射表

Logic Reader Name (逻辑读写器名称)	Location ID (本地 ID)	Physical Reader Devices (物理读写器)	
		Reader Name (读写器名称)	Protocol (协议)
Ship-In 001	DockDoor42	Alien001	UHF
		Alien002	UHF
		Intermec002	UHF
Ship-Out 006	DockDoor43	Ruifu005	UHF
		Smsvs001	UHF
		Intermec003	UHF

同时，一套 RFID 中间件能够与多个后端应用程序连接，以减轻架构与维护的复杂性。其实现方式是，通过 RFID 中间件，将原始的 RFID 数据转换为一种面向业务领域的标准结构化数据形式发送到企业应用系统中供其使用，具有数据的搜集、过滤、整合与传递等特性，如图 6-3 所示。RFID 中间件在将原始的 RFID 数据转换为一种面向业务领域的标准结构化数据形式并发送到企业应用系统中供其使用之前，需要进行标签数据校对、读写器协调、数据传送、数据存储和业务处理等。

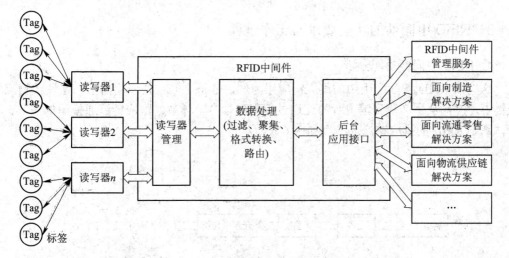

图 6-3　RFID 中间件系统

网络结构分为边缘层与业务集成层两个部分，如图 6-4 所示。边缘层是一种位置相对靠近 RFID 读写设备的逻辑层次概念，主要负责处理 RFID 的复杂事件，负责 RFID 读写设备的接入与管理，负责过滤和消减海量 RFID 数据并将其提供给服务器。业务集成层是指与应用系统衔接的部分，充当了所有 RFID 设备信息采集的汇合中心，存储数据并与企业后台管理系统整合。

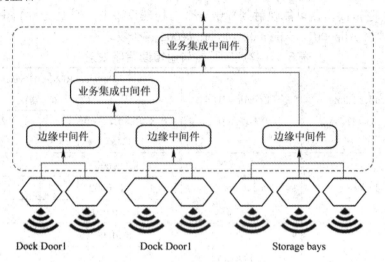

图 6-4　RFID 中间件网络结构

另外，RFID 中间件与本地 ONS(对象名解析服务)和 EPC IS(电子产品代码信息服务)都有一定的依赖性。在具体定义过滤规则时，往往需要根据标签的编码来获取标签代表内容的详细信息，例如在供应链系统中，以一串数字(EPC 编码)来识别一项特定的商品，EPC编码信息存放在注册标签中，通过无线射频由 RFID 读写器读入后，传送到计算机或是应用系统 ONS(对象名解析服务)中。对象名解析服务系统会锁定计算机网络中的固定点，抓取所追踪 EPC 所代表的物品名称及相关信息，并立即识别及分享供应链中的物品数据，有效地提高信息透明度。

6.1.3　RFID 中间件的功能要求与工作过程

1. RFID 中间件功能分析

这里以 RFID 实际应用中的供应链应用为例，分析中间件的应用需求。在现代物流供应链中，产品从生产商到消费者的配送过程中包含多个环节，供应链流通模型如图 6-5 所示，基于 RFID 的供应链流通模型如图 6-6 所示。

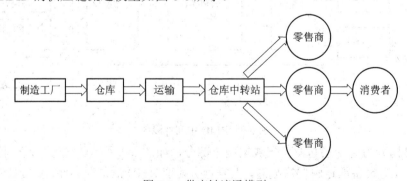

图 6-5　供应链流通模型

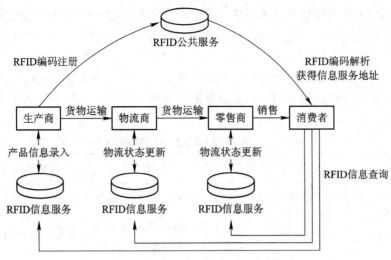

图 6-6　基于 RFID 的供应链流通模型

在这些过程中涉及多项业务，如 RFID 信息采集与处理，企业内部以及企业之间不同类型 RFID 信息的传递、处理、存储和查询。RFID 信息采集与处理系统如图 6-7 所示，企业内 RFID 应用系统如图 6-8 所示，企业间 RFID 应用系统如图 6-9 所示。

图 6-7　RFID 信息采集与处理系统

图 6-8　企业内 RFID 应用系统

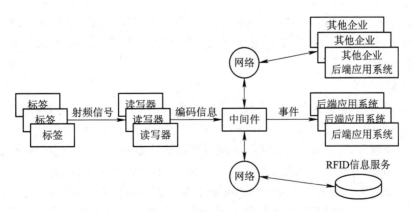

图 6-9　企业间 RFID 应用系统

由图 6-7 可知，对单一读写器操作并与后台联系，结构简单，不需要中间件也能完成。图 6-8 所示，企业内可对多种不同类别的读写器进行管理，不同类型读写器的频段、编码方式不同，都需要中间件进行过渡连接，同时通过中间件支持现有企业管理系统、订单管理系统、运输管理系统、物流管理系统、数据仓库等。图 6-9 所示，企业间采用多点部署方式，体现在：在项目实施过程中，RFID 中间件可部署到企业 RFID 网络系统中的各个地点的服务器上，也可以部署到企业的中心服务器中，可以加快数据的采集。通过 RFID 中间件向用户提供完整的、可快速实施与部署的系统与应用方案，各个类型 RFID 中间件设计的区别见表 6-2。

表 6-2　各类型 RFID 中间件的区别

类　型	结构组成	架构特点	应用场景举例
RFID 信息采集与处理	前端标签，读写器与后端应用程序	结构简单，安装方便，程序针对特定场景，效率较高	本地部署的 RFID 应用系统，如门禁系统
企业内 RFID 应用系统	前端标签，读写器，RFID 中间件，后端应用程序	支持与多种 RFID 前端和多种企业应用系统的集成	企业内闭环 RFID 应用系统，例如，基于 RFID 的仓储管理
企业间 RFID 应用系统	前端标签，读写器，RFID 中间件，后端应用程序，RFID 公共服务体系	支持与不同企业应用系统和 RFID 公共服务的集成	企业间开环 RFID 应用系统，如基于 RFID 公共服务的物资跟踪管理

针对上述不同应用场景，RFID 中间件不仅要提供兼容标准的通信接口与访问接口，以支持多种型号的 RFID 读写器，还要为开发接口层的软件提供二次开发的函数调用，提供 RFID 应用功能的集成解决方案，满足不同平台的数据请求，具体体现在以下功能需求上：

1) 读写设备管理

RFID 中间件应该提供用户配置管理硬件设备，提供硬件设备参数的设置以及直接向读写器传送命令的统一接口。比如，用户能够命令读写器定时关闭；在某些情况下，中间件供应商还提供即插即用功能以使用户不用写任何代码就可以实现动态识别一个新读写器并将其接入系统。

2) 应用集成

RFID 中间件解决方案应该提供消息路由和连接功能以方便将 RFID 数据可靠地集成到已有 SCM(供应链管理/物流管理)、ERP(企业资源计划)、WMS(仓储/仓库管理系统)、CRM(客户关系管理)等应用系统，这一集成最好是通过面向服务的架构技术来实现。RFID 中间件还应该提供 API 接口和适配器来使用 JMS(Java Message Services，Java 消息服务)、XML 以及 SOAP(Simple Object Access Protocol，简单对象访问协议)等标准技术集成第三方应用，实现在系统运行时通过修改业务逻辑配置文件来应对企业业务逻辑的改变。业务逻辑主要进行的是对 RFID 读写器读取的数据进行业务相关的数据计算和修改、增加、删除、保存等操作。

3) 过程管理和应用开发

除了将 RFID 数据路由到业务应用之外，RFID 中间件平台还将协调管理与 RFID 相关的多种应用和多个企业的端到端过程。在 RFID 中间件中，一个工作流程对应着一个业务逻辑处理过程，而一个 RFID 事件触发并引起了一个业务逻辑处理过程，因此，一个具体事件将会产生一个工作流的具体实例。在实际的应用中，某个事件触发并引起执行的工作流实例需要一定的时间，在这个时间内后续时间又触发了更多的实例，形成了一个业务处理队列。

4) 动态平衡和数据过滤

RFID 中间件可以对读取的电子标签数据进行过滤、统计、分类、判断、编码解析，避免重复读取，可区别读取到的不同种类编码格式的电子标签。如通过对读写器 ID 的过滤，可以确定出是分布在数据采集现场哪一个采集点上的读写器，从而判断出持有电子标签的人或物品所在的位置信息。同时根据识读到的电子标签的读写器 ID 的先后次序判断进出状态。通过对重复读取数据的过滤，减少了电子标签数据的冗余、网络的传输负载，并提高了业务处理的性能。统计的数据类型有读写器的 ID 和标签数据，把同一个读写器读取的电子标签数据分为一个组，在分类的过程中要判断电子标签的编码类型，同时对数据采集现场采集到的海量数据进行映射与存储，实现信息的共享。基于自动识别技术的 RFID 中间件就是处理数据的第一道防线。RFID 中间件能够在实现数据过滤功能的基础之上在多个服务器之间动态平衡数据处理负担，并且能够在服务器连接失败的情况下自动重新路由数据。

5) 报警管理

报警管理主要负责监控读写器设备的状态和事件，当然事先要设定报警的条件、内容以及发送的方式，如电子邮件、手机短信、触发点提示灯。报警的产生方式有如即时、定时等。报警、事件及读写器状态管理保存了这些报警日志，实现了对各企业例外和异常的及时动态配置和管理。

6) 消息管理

RFID 消息管理主要包括消息事件的识别、消息中传递的数据的格式转换、过滤分配和路由等功能。RFID 消息的数据格式转换提供在不同的标准下针对采集到不同格式的数据进行转换的能力，还包括针对控制现场采集到的数据与业务逻辑中使用的数据类型的转换，从而对不同的应用系统之间的信息交换和共享提供了统一的数据。RFID 消息的路由设定是将消息可靠地送往目的地。消息的识别主要针对消息的有效性、消息的内容检查或校验及消息包装等内容。

7) 安全管理

消息代理中间件的安全控制能识别冒名顶替的消息，对来自接口和数据转换过程中的消息可执行身份验证、授权。消息代理中间件有内置的数字签名，是一组利用非对称秘钥或对称秘钥的算法集合，在应用开发中可以调用这个集合中的算法。

RFID 中间件的开发贯穿了从底层数据采集到高层资源管理规划和智能企业经营决策等企业的全部运转过程，RFID 中间件技术使 RFID 应用软件和服务的质量更为高效和可靠，并使开发的应用软件能够及时响应快速变化的各种业务需求。

2. RFID 中间件工作过程

不同实际应用场景，对 RFID 中间件提出了不同的功能需求，但基本的 RFID 中间件系统处理过程如图 6-10 所示。

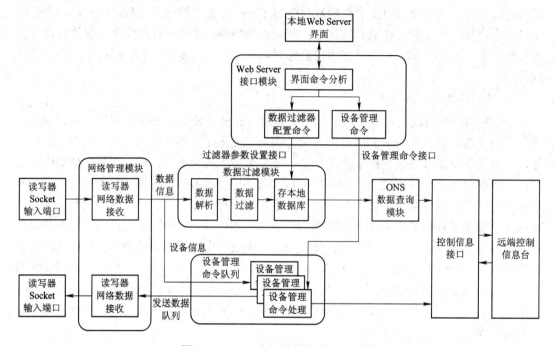

图 6-10　RFID 中间件系统处理流程图

RFID 中间件软件接收到读写器发送过来的数据信息和设备信息，其中，数据信息转发给数据过滤模块，数据过滤模块对接收到的标签信息进行过滤以后，把标签信息保存到本地数据库。系统每隔一段时间轮询数据库中的标签信息，判定标签的状态和模式，产生相应的标签事件。标签事件转发给控制台接口，最终通过网络把标签事件传送给远端控制信息台。

设备信息转发给设备管理模块，设备管理模块对设备信息进行分析处理，处理的结果可以通过 Web Server 接口模块发送给 Web Server 程序，也可以通过企业级服务器接口模块发送给企业级服务器，或者反馈给读写器本身。同时，设备管理模块定时对读写器进行一些管理工作。

整个系统的配置工作可以由两个界面完成。一个是本地的 Web Server 界面，用户直接登录到本地的 Web 配置界面，对系统进行直接配置即可。配置管理信息直接通过管理消息队列发送给系统进行处理。远端控制台也能够对系统进行管理配置。它通过 Socket 接口发送命令给中间件系统，中间件分析以后也组成对应的消息发送给管理消息队列。这样，两个配置管理界面的配置都使用相同的机制进行处理，处理以后的信息分别通过消息队列回馈给本地 Web Server 界面或者通过 Socket 传送给远端控制台。

3. RFID 中间件消息处理流程

RFID 中间件是一种面向消息的中间件，信息是以消息的形式从一个程序传送到另一个或多个程序中。从读写器接口到应用系统的各层模块之间，消息按照图 6-11 的处理流程传输。

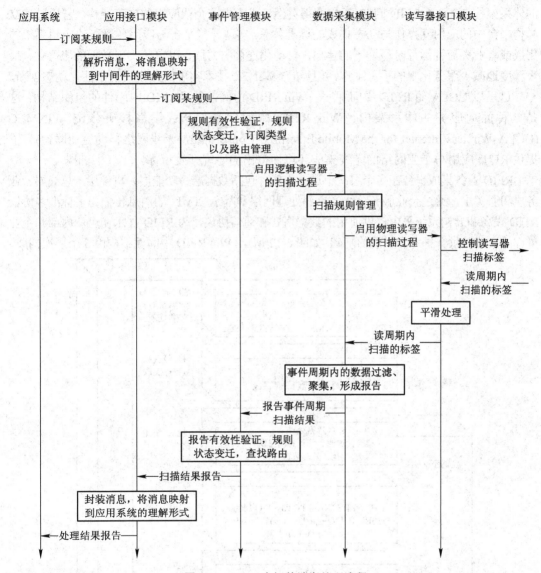

图 6-11 RFID 中间件消息处理流程

上面仅仅是简单的处理，实际上每个步骤中还涉及到复杂的管理机制。

6.2 典型 RFID 中间件的研究

早期 RFID 阅读器厂商提供的 API，以 Hot Code 方式直接编写特定的阅读器读取数据的 Adapter，并传送至后端系统的应用程序或数据库，从而达成与后端系统或服务串接的目的。随着企业应用系统复杂度的增高，企业无法负荷以 Hot Code 方式为每个应用程序编写 Adapter，同时面对对象标准化等问题，企业可以考虑采用厂商所提供的标准规格的 RFID 中间件。这样一来，即使存储 RFID 标签数据的数据库软件改由其他软件代替，或读写 RFID 标签的 RFID Reader 种类增加等情况发生时，应用端即使不能修改也能应付，其中面向服务的体系架构(SOA)让 RFID 的 IT 架构变得灵活，成为当前企业应用的主流架构，它通过建立异构平台中的应用互操作与动态集成的标准体系，实现异构平台与应用环境下的应用系统的集成或者业务流程运行时环境下的建模，自动化连接与协同，以自动实现数据的服务化，最大程度地减少服务化中的手工工作，并且结合 Web 2.0 技术实现商业模式的个性化动态创新。

这里以 UCLA 的 RFID 中间件——Win RFID 为例，介绍 RFID 中间件的组织结构，这是一种面向服务的体系架构。Win RFID 中间件是加州大学洛杉矶分校 WINMEC (UCLA-Wireless Internet for the Mobile Enterprise Consortium，无线网络移动企业联盟)为了提供 RFID 应用与企业网络的无线集成环境而提出的研究开发目标。

RFID 业务集成平台在多个层次上进行集成，包括数据层、功能层、事件层、总线层、业务层和服务层，通过企业服务总线、事件处理网络和基于 XML 的消息传输为多标准多协议 RFID 设备和异构系统平台提供通用的数据格式和通信协议，为 RFID 技术在企业内部和企业外部的集成提供一种可靠灵活的基础。如图 6-12 所示，Win RFID 中间件结构由 5 个层次构成。

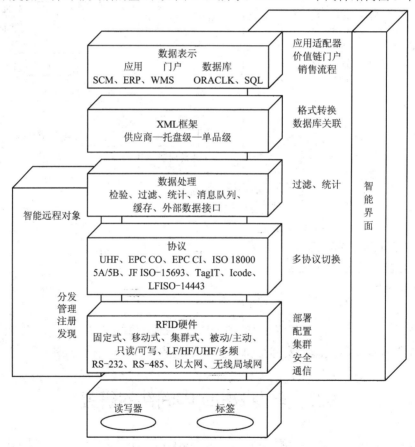

图 6-12　RFID 中间件组织结构图

最底层为物理层，即 RFID 硬件层。该层主要负责 RFID 基础设备中的读写器、电子标签与读写器的 I/O 模块，如与读写器进行通信，创建、配置读写器，获取读写器的标签数据，同时也能对其他的中间件设备进行管理。该层由网络管理和设备管理模块组成。这一层的专门提出，使得 RFID 中间件在新的 RFID 技术出现时，能够很容易地实现对新类型的 RFID 读写器、电子标签和 I/O 模块的扩展。

第 2 层为协议层。RFID 中间件是一种综合中间件，因为它必须支持与 RFID 通信相关的多种协议，并具有兼容将来可能出现新协议的能力。经协议层处理的数据仍保留原始的数据格式，并进一步发送给数据处理层。

第 3 层是数据处理层。该层的主要任务是通过规则实现设备级原始数据的处理，主要完成的功能包括统一不同标准和协议的 RFID 格式数据，解决原始数据中格式的多样性、数据组织以及命名规则各异性、数值类型不一致等问题；过滤和消减 RFID 冗余数据，解决原始数据的不一致等问题。面向业务流程应用级数据处理，主要完成的功能是低层设备级数据向具有语义信息的业务数据转化。

第 4 层为 XML 框架层。在这里经过滤波和验证后的电子标签数据被统一成格式为基于 XML 的数据表达式。该层的主要目标是将数据转化为统一的数据表达格式以方便支持企业高层应用的管理决策。

最上面一层为数据表示层，又称为应用层。该层次对从 XML 框架层采集的数据进行可视化显示或者与应用系统进行交互，用于管理应用决策，接收本地 Web Server 和远端控制台的配置信息，并将经过中间件过滤后的事件信息向上一级汇报，负责系统的管理、配置工作，是系统的最高层，管理整个系统工作。在 Win RFID 中只提供应用访问连接和数据库连接的方式实现 XML 框架层与共享点服务器的连接。基于远程对象的服务作为远程计算机上的协调者，用于管理读写器设备与远程计算机的物理连接，同时允许与远程计算机上的应用和服务进行交互。

通常 RFID 中间件接口定义了一个相对稳定的高层应用环境，不管底层的计算机硬件和系统软件如何更新，只要将中间件升级更新，并保持中间件应用程序接口定义不变，应用软件几乎不需任何修改，从而节约了企业在应用软件的开发和维护中的投资。同时，使用 RFID 中间件有助于减轻企业二次开发时的负担，使企业方便升级现有软件系统，同时能保证软件系统的相对稳定及对软件系统的功能扩展，简化了开发的复杂性。

6.2.1　Savant 基本原理

Savant 是位于标签读写器和企业应用系统(ERP、WMS 等)之间的软件系统，是最早的 RFID 中间件技术。通过对 RFID 系统的认识，可了解 Savant 所处位置和在整个 RFID 系统中所完成的功能。

如图 6-13 所示，RFID 整个应用系统由 EPC 标签、读写器、EPC 中间件、Internet、ONS 服务器、EPC 信息服务以及众多数据库组成。读写器读出的 EPC 只是一个信息参考

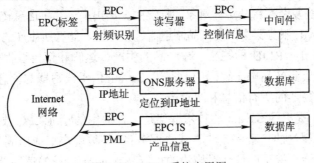

图 6-13　RFID 系统应用图

(指针)，由这个信息参考从 Internet 网络中找到 IP 地址并获取该地址中存放的相关的物品信息，同时采用分布式的中间件处理由读写器读取的信息。

1. RFID 系统应用架构

EPC(产品电子编码)是 EPCglobal 目前正在研究的为各种产品的全球唯一识别号码提供的通用标准。在供应链系统中，以一串数字来识别一项特定的商品。EPC 编码体系由以下四部分构成：

- 编码头码段(Header)：用于识别编码体制，如 GTIX、GLN 等；
- 行业管理码段(Domain MaIlager)：用于识别企业信息；
- 商品分类码段(Objecl aass)：用于识别商品信息；
- 顺序编码段(Serial Number)：用于识别个体商品。

EPC 编码信息存放在注册标签中，被 RFID 读写器读出后，即可提供追踪 EPC 所代表的物品名称及相关信息，并立即识别及分享供应链中的物品数据，通过无线射频辨识标签由 RFID 读写器读入后，传送到计算机或是应用系统中的过程称为对象命名服务(Object Name Service，ONS)。对象命名服务系统会锁定计算机网络中的固定点，抓取有关商品的消息。EPC 存放在 RFID 标签中，被 RFID 读写器读出后，即可提供追踪 EPC 所代表的物品名称及相关信息，并立即识别及分享供应链中的物品数据，有效地提高信息透明度。

2. Savant 组件与其他程序间的通信

信息网络系统由 Savant、ONS、PML 三部分构成。当物品加上 EPC 标签后，在其生产、运输和流通过程中，读写器在获取标签信息后，首先由 EPC 系统中的 Savant 进行数据处理或送入本地网络或根据需求送入 EPC 系统中的互联网，实现对实体的信息采集和利用网络系统使信息传递的即时性得到充分保证。MIT Auto ID Center 提出了称为 Savant 的软件技术，其相当于物联网中的神经系统，通过它来负责处理各种不同应用的数据读取和传输。Savant 是 EPC 信息网络系统的核心部件。

EPC 标签对于开放的全球范围内的物品追踪的网络需要特殊的结构。因为标签中只存储了产品电子代码，并不包含有关识别货物的具体信息，只提供指向目标信息的有效网络指针，网络系统还需要将产品电子代码匹配到相应商品信息的方法。这个角色由对象名解析服务(Object Name Services，ONS)担当，它是一个自动的网络服务系统实体标记语言(Physical Markup Language，PML)，基于 XML 发展而来。PML 提供描述物体动态环境的标准，供 EPC 系统中的软件开发、数据存储和分析所用，其目标是为物理实体的远程监控和环境监控提供简单通用的描述语言。PML 设计为实体对象的网络信息书写标准。由此，对物品进行描述和分类的复杂性将从实体对象的标签中分离出来，并将信息转移到 PML 文件中。PML 文件存储在 PML 服务器中，由产品制造商进行维护，储存所生产的物品信息文件。

当每件产品都加上 RFID 标签后，在产品的生产、运输和销售过程中，不同地理位置的读写器将不断采集到产品电子编码的数据流。Savant 位于读写器与信息网络的中间部位，加工和处理来自读写器的所有信息和事件流。

Auto ID Center 提出的 Savant 的技术框架是一种通用的管理 EPC 数据的架构，被定义成具有一系列特定属性的"程序模块"或"服务"，并被用户集成以满足特定的需求。这些程序模块设计将能支持不同群体对模块的扩展。Savant 连接标签读写器和企业应用程序，代表应用程序提供一系列计算功能，如在将数据送往应用系统之前要对标签数据进行过滤、汇总和计数、压缩数据容量，减少网络流量，Savant 向上层转发它所关注的某些事件或事件摘要，并有防止错误识读、漏读和重读数据的功能。如图 6-14 描述了 Savant 组件与其他程序间的通信。

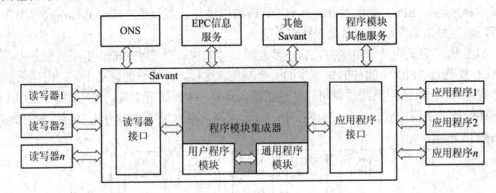

图 6-14　Savant 组件与其他程序间的通信

Savant 为程序模块的集成器，程序模块通过读写器接口和应用程序接口两个接口与外界交互，其中读写器接口是与 RFID 读写器的连接方法，应用程序接口使 Savant 与外部应用程序链接起来，这些应用程序通常是现有的企业运行的应用系统程序，或为新的 EPC 应用程序，或为其他的 Savant 系统。应用程序接口是程序模块与外部应用的通用接口。在必要时，应用程序接口能采用 Savant 服务器本地协议与以前的扩展服务进行通信，或采用与读写器协议类似的分层方法实现其中高层定义命令与抽象语法，底层实现具体语法与协议的绑定。Savant 除了定义的以上两个外部接口外，程序模块之间的通信采用自行定义的 API 函数实现，也可通过某些特定接口与外部服务进行交互，典型情形就是 Savant 到 Savant 的通信。

Savant 的实质是处理模块(Processing Module)的容器。处理模块通过两个接口(Reader Interface 和 Application Interface)与外部世界进行信息交换。

3. RFID 中间件发展趋势

Savant 是架构原型，要实现可以真正适用的 RFID 中间件，还需要按照 EPCglobal 制定的标准体系对 Savant 的功能进行具体化，EPCglobal 的 RFID 中间件标准在很大程度上是一个概念性框架，主要对中间件在 RFID 应用中的地位和中间件的探讨性结构做了描述，没有给出中间件的明确定义。此外，对数据处理等很多方面也没有给出说明，特别是数据过滤、数据聚合等方面的规定还不完善，这与 RFID 发展状况的参差不齐以及 RFID 的未来并不明确相关。随着 RFID 前景和 RFID 需求的逐步明确，使得 RFID 中间件的功能和实现更加详细并趋近于具体实现。

6.2.2　ALE 规范

ALE(Application Level Event，应用层事件)规范，于 2005 年 9 月由 EPCglobal 组织正式对外发布，它定义出 RFID 中间件对上层应用系统应该提供的一组标准接口，以及 RFID 中间件最基本的功能：收集/过滤(Collect/Filter)。

RFID 读写器工作时，不停地读取标签，因而可能造成同一个标签在一分钟之内被读取了几十次，这些重复数据如果直接发送给应用程序，将带来很大的资源浪费，所以需要RFID 中间件对这些原始数据(Raw Data)进行一层收集/过滤处理，提供出有意义的信息。

ALE 层介于应用业务逻辑和原始标签读取层之间。它接收从数据源(一个或多个读写器)中发来的原始标签读取信息，而后，按照时间间隔等条件累计(Accumulate)数据，将重复或不感兴趣的 EPCs 剔除过滤(Filter)，同时可以进行计数及组合(Count/Group)等操作，最后，将这些信息发给应用系统进行汇报。

ALE 规范定义的是一组接口，它不涉及到具体实现。在 EPCglobal 组织的规划中，支持 ALE 规范是 RFID 中间件的最基本的一个功能。这样，在统一的标准下，应用层上的调用方式就可统一，应用系统也就可以快速部署。因此，ALE 规范定义的是应用系统对 RFID中间件的标准访问方式。在 ALE 模型中，有读周期，事件周期和报告几个最基本的概念，如图 6-15 所示。

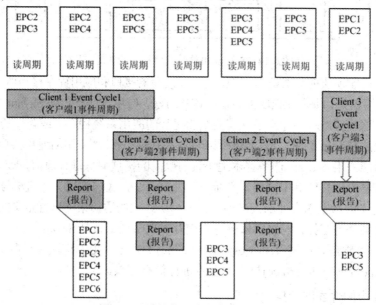

图 6-15　读周期、事件周期、报告

读周期是和读写器交互的最小单位。一个读周期的结果是一组 EPCs 集合。读周期的时间长短和具体的天线、RF 协议有关。读周期的输出就是 ALE 层的数据来源。

事件周期可以是一个或多个读周期，它是从用户的角度来看待读写器的，可以将一个或多个读写器当作一个整体，是 ALE 接口和用户交互的最小单位。应用业务逻辑层的客户在 ALE 中定义好事件周期的边界之后，就可接收相应的数据报告。

这里所说的报告则是在前面定义的事件周期的基础上，ALE 向应用层所提供的数据结果。

6.2.3　RFID 中间件的关键技术

RFID 中间件在物联网中处于读写器和企业应用程序之间，关键是要保证数据的通透性，即正确抓取数据、确保数据读取的可靠性以及有效地将数据传送到后端系统。因此中间件的架构设计解决方案便成为 RFID 应用的一项极为重要的核心技术。

下面以 Savant 为例，介绍一下中间件中的关键技术。Savant 系统采用分布式的结构，以层次化形式组织、管理数据流，具有数据的搜集、过滤、整合与传递等功能，因此能将有用的信息传送到企业后端的应用系统或者其他 Savant 系统中。

各个 Savant 系统分布在供应链的各个层次节点上，如生产车间、仓库、配送中心以及零售店，甚至在运输工具上。每一个层次上的 Savant 系统都将收集、存储和处理信息，并与其他的 Savant 系统进行交流。例如，一个运行在商店的 Savant 系统可能要通知分销中心还需要其他的产品，在分销中心的 Savant 系统则会通知某一批货物已经于一个具体的时间出货了。

由于读写器异常或者标签之间的相互干扰，有时采集到的 EPC 数据可能是不完整的或是错误的，甚至出现漏读的情况。因此，Savant 要对 Reader 读取到的 EPC 数据流进行平滑处理。平滑处理可以清除其不完整和错误的数据，将漏读的可能性降至最低。读写器可以识读范围内的所有标签，但是不对数据进行处理。RFID 设备读取的数据并不一定只由某一个应用程序来使用，它可能被多个应用程序使用(包括企业内部各个应用系统甚至是企业商业伙伴的应用系统)，每个应用系统还可能需要许多数据的不同集合。因此，Savant 需要对数据进行相应的处理(比如冗余数据过滤、数据聚合)。

在研究 RFID 中间件中需要解决的问题很多，在这里主要讨论四个关键问题：数据过滤、数据聚合、信息传递和数据存取。

1. 数据过滤

Savant 接收来自读写器的海量 EPC 数据，这些数据存在大量的冗余信息，并且也存在一些错读的信息。所以要对数据进行过滤，消除冗余数据，并且过滤掉"无用"信息以便传送给应用程序或上级 Savant 以"有用"的信息。这里指的冗余数据包括：

(1) 在短期内同一台读写器对同一个数据进行重复上报。如在仓储管理中，对固定不动的货物重复上报，在进货出货的过程中，重复检测到相同物品。

(2) 多台临近的读写器对相同数据都进行上报。读写器存在一定的漏检率，这和读写器天线的摆放位置、物品离读写器远近、物品的质地都有关系。通常为了保证读取率，可能会在同一个地方相邻摆放多台读写器。这样多台读写器将监测到的物品上报时，可能会出现重复。

除了上面的问题外，很多情况下用户可能还希望得到某些特定货物的信息、新出现的货物信息、消失的货物信息或者只是某些地方的读写器读到的货物信息。用户在使用数据时，希望最小化冗余，尽量得到靠近需求的准确数据，这就要靠 Savant 来解决。

对于冗余信息的解决办法是设置各种过滤器处理。可用的过滤器有很多种，典型的过滤器有四种：产品过滤器、时间过滤器、EPC 码过滤器和平滑过滤器。产品过滤器只发送与某一产品或制造商相关的产品信息，也就是说，过滤器只发送某一范围或方式的 EPC 数据。时间过滤器可以根据时间记录来过滤事件，例如，一个时间过滤器可能只发送最近 10 分钟内的事件。EPC 码过滤器可以只发送符合某个规则的 EPC 码。平滑过滤器负责处理那些出错的情况，包括漏读和读错。

根据实际需要，过滤器可以像拼装玩具一样被一个接一个地拼接起来，以获得期望的事件。例如，一个平滑过滤器可以和一个产品过滤器结合，将反盗窃应用程序感兴趣的事件分离出来。

2. 数据聚合

从读写器接收的原始 RFID 数据流都是些简单零散的单一信息，为了给应用程序或者其他的 RFID 中间件提供有意义的信息，需要对 RFID 数据进行聚合处理。可以采用 CEP(Complex Event Processing，复杂事件处理)技术来对 RFID 数据进行处理以得到有意义的事件信息。复杂事件处理是一个新兴的技术领域，用于处理大量的简单事件，并从其中整理出有价值的事件；可帮助人们通过分析诸如此类的简单事件，并通过推断得出复杂事件，把简单事件转化为有价值的事件，从中获取可操作的信息。

在这里，利用数据聚合将原始的 RFID 数据流简化成更有意义的复杂事件，如一个标签在读写器识读范围内的首次出现及它随后的消失。通过分析一定数量的简单数据就可以判断标签进入事件和离开事件。聚合可以用来解决临时错误读取所带来的问题，从而实现数据平滑。

3. 信息传递

经过过滤和聚合处理后的 RFID 数据需要传递给那些对它感兴趣的实体，如企业应用程序、EPC 信息服务系统或者其他 RFID 中间件，这里采用消息服务机制来传递 RFID 信息。

RFID 中间件是一种面向消息的中间件(MOM)，信息以消息的形式从一个程序传送到另一个或多个程序。信息可以以异步的方式传送，所以传送者不必等待回应。面向消息的中间件包含的功能不仅是传递信息，还必须包括解释数据、安全性、数据广播、错误恢复、定位网络资源、找出符合成本的路径、消息与要求的优先次序以及延伸的除错工具等服务。

通过 J2EE 平台中的 Java 消息服务(JMS)实现 RFID 中间件与企业应用程序或者其他 Savant 的消息传递结构。这里采用 JMS 的发布订阅模式，RFID 中间件给一个主题发布消息，企业应用程序和其他的一个或者多个 Savant 都可以订购该主题消息。其中的消息是物联网的专用语言———PML(Physical Markup Language，物理标示语言)格式。这样一来，即使更改存储 RFID 标签信息的数据库软件或增加后端应用程序或改由其他软件取代，或者增加 RFID 读写器种类等情况发生，应用端都不需要修改也能进行数据的处理，省去了多对多连接的维护复杂性问题。

4. 数据存取

对于 ASP.NET 中的数据存取性能优化，一般有以下几种性能优化方式：

(1) 当取数据时，尽量使用 SqlDataReader 对象。因为 SqlDataReader 是一个数据读取的专用类，它能够产生最快的数据获取速度。这里以 OracleDataReader 为例说明文件读取方法。读取文件代码如下：

```
Dim strConn As String
strConn = System.Configuration.ConfigurationManager.AppSettings(strConnection).Trim
Dim connOra As OracleConnection =New OracleConnection(strConn)
connOra.Open()
Dim commOra As OracleCommand =New OracleCommand(strSql, connOra)
Dim oraDataReader As OracleDataReader = commOra.ExecuteReader
DataGrid1.DataSource=oraDataReader
DataGrid1.DataBind()
oraDataReader.Close()
commOra.Close()
connOra.Close()
```

但是使用 sqlDataReader 时必须注意，在使用完之后要及时关闭文件，即使用 oraDataReader.Close()命令。因为它是独占一个数据库连接的，当它所使用的数据连接同时又被其他的类调用时，就会出现数据连接的使用出错。

(2) 数据库的连接在使用完之后要及时关闭，即使用 connOra.Close()命令，这样可以节省系统资源，提高运行效率。

(3) 在数据库中使用索引可以提高数据的查询访问速度。

(4) 将常用数据储存在内存中，提高对其的访问效率，如将某些常用的数据以 Application 的形式储存起来。

6.3　RFID 中间件软件架构及核心技术手段

1. 中间件的组成

整个 RFID 中间件开发分为五个部分：RFID 设备驱动(读写)模块、数据采集模块、服务器端的远程通信模块、应用程序接口和中间件管理。这里将 RFID 中间件分为数据采集端、服务器端和外部访问端三个层次，如图 6-16 所示。

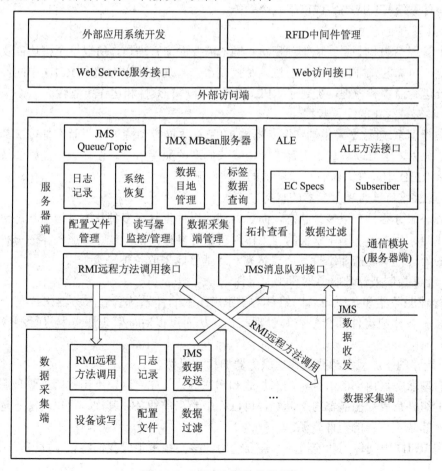

图 6-16　RFID 中间件软件架构

下面分别进行相应的说明。

(1) 数据采集端：这一层属于 RFID 中间件的底层系统部分，它提供了对各种设备的接口，与硬件进行交互，方便进行硬件集成。这一层收集来自读写器读取的标签数据，并且进行初步过滤等处理。它是处在物理世界边缘的域，将首先处理来自物理世界的数据，所以这一层处于 RFID 中间件的最前端。

(2) 服务器端：是连接数据采集端和企业应用程序的桥梁。这一层完成对 RFID 系统中的所有硬件设备的远程管理与监控，对硬件设备进行统一的管理。这一层将数据采集端收集的数据进行过滤。具有数据的搜集、过滤、整合与传递等特性。该层与后台企业应用系统集成，包含很多与 RFID 业务相关的执行组件，可通过处理消息主题队列中的数据，结合具体的业务需要来处理相应业务。最后将处理的结果与应用系统进行整合，这些系统包括大型 ERP、WMS 等以及小型的门禁管理系统、智能货架等。

(3) 外部访问端：通过 RFID 中间件提供的 Web 接口，可以完成对中间件的管理。另外，通过 RFID 中间件提供的 Web Services 接口，可以开发应用系统；还可以对 RFID 中间件进行访问。

2. 中间件的功能

中间件系统管理应当完成以下几个功能：

(1) 具有方便的管理控制台。

这个管理模块和上面其他管理模块不同，需要面向管理员，所以这个模块需要一个友好、安全、可靠的管理控制台。通过这个控制台，管理员可以对整个 RFID 中间件系统的各个部分进行监控和管理，促进了 RFID 系统的管理有效性和运作可靠性。

(2) 具有持久化的配置数据。

对被管理系统(数据采集端和服务器端)的配置数据应当持久化，而不是每次都当场重新配置，另外，还可以从基本配置模版中载入典型的配置信息。设计一个良好的持久化数据结构是 RFID 中间件系统管理服务器的重要原则。

(3) 能够维持被管理服务器的状态。

被管理服务器具有很多种状态，而且内部的组件也具有多种状态，这些状态包括活动的、掉线的、死亡的、工作繁忙的、工作闲置的等多种。根据被管理服务器的每种状态进行相应的处理，一般需要维持其历史状态，并基于此采取各种决策手段。

(4) 能够控制被管理服务器和相关组件。

被管理服务器和其所载有的组件对于 RFID 中间件系统管理服务器来说是一目了然的，这些服务器和组件都会暴露其管理接口，从而可以对被管理服务器进行相应的管理控制。

(5) 能够动态加载和卸载被管理服务器的相关组件。

被管理服务器内部的组件是动态加载和卸载的。首先，这样不用关闭被管理服务器再配置新的组件后重启服务器这么麻烦，可以不中断当前业务；其次，可以动态管理服务器的资源，卸载不需要的组件资源。

实现 RFID 中间件的功能模块，需要使用的核心技术手段我们将在下面开发部分详细介绍。

6.3.1　基于 JMX 的组件开发

1. JMX 框架

JMX(Java Management Extensions，即 Java 管理扩展器)是一个为应用程序、设备、系统等植入管理功能的框架。JMX 可以跨越一系列异构操作系统平台、系统体系结构和网络传输协议，灵活地开发无缝集成的系统、网络和服务管理应用。

JMX 是一个为应用程序植入管理功能的框架，是一套标准的代理和服务，实际上，用户可以在任何 Java 应用程序中使用这些代理和服务实现管理。

管理对象是 JMX 应用程序的核心。JMX 结构包括支持 Java 的 Web 浏览器用户接口、ARM(Admin Runtime Module，管理运行模块)和应用。这三个部件之间通过 RMI(Remote Method Invocation，远程方法调用)进行通信。这里需要说明的是，RMI 是使得一个 Java 虚拟机(JVM)上运行的程序可以调用远程服务器上另一个 JVM 内的对象的功能模块。

JMX 这一轻型的管理基础结构，其价值在于对被管理资源的服务实现了抽象，提供了低层的基本类集合；开发人员在保证大多数的公共管理类的完整性和一致性的前提下，可进行扩展以满足特定网络管理应用的需要。

2. JMX 结构组成

所有逻辑读写器模块被封装为管理组件(MBean)作为服务器端 JMX 服务器的实例注册到 JMX 服务器中。在 JMX 规范中，管理组件定义如下：它是一个能代表管理资源的 Java 对象，遵从一定的设计模式，还需实现该规范定义的特定的接口。该定义保证了所有的管理组件以一种标准的方式来表示被管理资源。管理接口就是被管理资源暴露出的一些信息，通过对这些信息的修改就能控制被管理资源。一个管理组件的管理接口包括：能被接触的属性值；能够执行的操作；能发出的通知事件；管理组件的构建器。通过 JMX 框架，对逻辑读写器(MBean)进行监控和管理，在实际编程实现中，能够达到预期的目标，使 RFID 中间件系统能提供所必需的功能。

JMX 服务器依赖于协议适配器和连接器来和运行该代理的 Java 虚拟机之外的管理应用程序进行通信。协议适配器通过特定的协议提供了一张注册在 MBean 服务器的管理构件的视图。连接器还提供管理应用一方的接口以使代理和管理应用程序进行通信，即针对不同的协议，连接器提供同样的远程接口来封装通信过程。远程应用程序使用这个接口时，可以通过网络透明地和代理进行交互，而忽略协议本身。

适配器和连接器使 JMX 服务器与管理应用程序能进行通信。因此，一个代理要被管理，它必须提供至少一个协议适配器或者连接器。面临多种管理应用时，代理可以包含各种不同的协议适配器和连接器。当前已经实现和将要实现的协议适配器和连接器包括：RMI 连接器；SNMP 协议适配器；IIOP 协议适配器；HTML 协议适配器；HTTP 连接器。

RMI 连接器主要完成以下功能：

(1) 通过 RMI 连接器，服务器端程序可以与数据采集端 JMX 服务器中的读写器配置文件组件进行通信，查看、更新读写器的配置。

(2) 通过 RMI 连接器，应用系统可以与服务器端 JMX 服务器中的逻辑读写器组件、消息处理组件进行通信。

3. JMX 代理服务

JMX 框架中，JMX 代理服务可以对注册的管理组件执行管理功能。通过引入智能管理，JMX 可以建立强有力的管理解决方案。代理服务本身也是作为管理组件而存在的，也可以被 MBean 服务器控制。JMX 规范定义的代理服务有：动态类装载；监视服务；时间服务；关系服务。其中时间服务可定时发送一个消息或作为一个调度器使用。时间服务可以在制定的时间和日期发出通告，也可以定期地(周期性地)发出通告，这依赖于管理应用程序的配置。时间服务也是一个管理组件，它能帮助管理应用程序建立一个可配置的备忘录，从而实现智能管理服务。通常使用时间服务可以达到定时开启、关闭读写器工作的目的。

6.3.2　基于 JMS 的消息传递开发

JMS(Java Message Services，Java 消息服务)是一组 Java 应用程序接口，它提供创建、发送、接收、读取消息的服务。由 Sun 公司和它的合作伙伴设计的 JMS API 定义了一组公共的应用程序接口和相应语法，使得 Java 程序能够和其他消息组件进行通信。

1. 消息收发系统

通过消息收发服务(有时称为消息中介程序或路由器)从一个 JMS 客户机向另一个 JMS 客户机发送消息。消息是 JMS 中的一种类型对象，由两部分组成：报头和消息主体。报头由路由信息以及有关该消息的元数据组成。消息主体则携带着应用程序的数据或有效负载。根据有效负载的类型来划分，可以将消息分为几种类型，它们分别携带：简单文本(Text Message)、可序列化的对象(Object Message)、属性集合(Map Message)、字节流(Bytes Message)、原始值流(Stream Message)，还有无有效负载的消息(Message)。

消息收发系统是异步的，也就是说，JMS 客户机可以发送消息而不必等待回应。比较可知，这完全不同于基于 RPC 的(基于远程过程的)系统，如 EJB 1.1、CORBA 和 Java RMI 的引用实现。在 RPC 中，客户机调用服务器上某个分布式对象的一个方法。在方法调用返回之前，该客户机被阻塞；该客户机在可以执行下一条指令之前，必须等待方法调用结束。在 JMS 中，客户机将消息发送给一个虚拟通道(主题或队列)，而其他 JMS 客户机则预订或监听这个虚拟通道。当 JMS 客户机发送消息时，它并不等待回应。它执行发送操作，然后继续执行下一条指令。消息可能最终转发到一个或许多个客户机，这些客户机都不需要做出回应。

JMS 的通用接口集合以异步方式发送或接收消息。异步方式接收消息显然是使用间断网络连接的客户机，诸如移动电话和 PDA 即是最好的选择。另外，JMS 采用一种宽松结合方式整合企业系统的方法，其主要的目的就是创建能够使用跨平台数据信息的、可移植的企业级应用程序，从而把开发人力解放出来。

2. Java 消息服务模型

Java 消息服务支持两种消息模型：Point-to-Point 消息(P2P)和发布订阅消息(Publish Subscribe Messaging，简称 Pub/Sub)。P2P 消息模型是在点对点之间传递消息时使用的。如果应用程序开发者希望每一条消息都能够被处理，那么应该使用 P2P 消息模型。与 Pub/Sub

消息模型不同，P2P 消息总是能够被传送到指定的位置。Pub/Sub 模型在一到多的消息广播时使用。如果一定程度的消息传递的不可靠性可以被接受的话，那么应用程序开发者也可以使用 Pub/Sub 消息模型。换句话说，它适用于所有的消息订阅程序，并不要求能够收到所有的信息或者消息订阅程序并不想接收到任何消息的情况。

3. JMS 服务体系结构配置

JMS 只是访问消息中间件的接口，并没有给予实现，实现 JMS 接口的消息中间件称为 JMS 提供者(JMS Provider)。通过 JBoss MQ(JMS 的服务体系结构 JMS Provider)消息中间件完成消息系统。JBoss MQ 是通过 XML 文件 Jbossmq-destinations-Services.xml 进行配置的。

以下是获得 JBoss JNDI 初始化上下文(Context)的代码：

```
Hashtable props=new Hashtable();
    props.put(Context.INITIAL_CONTEXT_FACTORY;
     " org.jnp.interfaces.Naming Context Factory " );
    props.put(Context.PROVIDER_URL, ip+ " :1099 " );
    props.put( " Java.naming.rmi.security.manager " , " yes " );
    props.put(Context.URL_PKG_PREFIXES, " org.jboss.naming " );
    Context context=new Initial Context(props);
```

6.3.3　基于 RMI 的通信模块开发

RMI(Remote Method Invocation，远程方法调用)是用 Java 在 JDK1.1 中实现的，它大大增强了 Java 开发分布式应用的能力。RMI 是开发纯 Java 的网络分布式应用系统的核心解决方案之一。其实它可以被看作是 RPC 的 Java 版本。但是传统 RPC 并不能很好地应用于分布式对象系统。而 Java RMI 则支持存储于不同地址空间的程序级对象之间彼此进行通信，实现远程对象之间的无缝远程调用。

RMI 目前使用 JRMP(Java Remote Messaging Protocol，Java 远程消息交换协议)进行通信。JRMP 是专为 Java 的远程对象制定的协议。用 Java RMI 开发的应用系统可以部署在任何支持 JRE(Java Run Environment，Java 运行环境)的平台上。但由于 JRMP 是专为 Java 对象制定的，因此 RMI 对于用非 Java 语言开发的应用系统的支持不足，不能与用非 Java 语言书写的对象进行通信。

RMI 为采用 Java 对象的分布式计算提供了简单而直接的途径。这些对象可以是新的 Java 对象，也可以是围绕现有 API 的简单的 Java 包装程序。Java 体现了"编写一次就能在任何地方运行的模式。而 RMI 可将 Java 模式进行扩展，使之可在任何地方运行"。

因为 RMI 是以 Java 为核心的，所以它将 Java 的安全性和可移植性等强大功能带给了分布式计算。可将代理和事务逻辑等属性移动到网络中最合适的地方。如果要扩展 Java 在系统中的使用，RMI 将充分利用其强大的功能。这里的服务器端逻辑读写器通过 RMI 技术，与数据采集端的读写器进行通信，控制读写器的工作。

6.3.4　基于 Web Services 的应用程序接口开发

Web Services 也叫 XML Web Services，是一种可以接收从 Internet 或者 Intranet 上的其

他系统中传递过来的请求的轻量级的独立通信技术,是通过 SOAP 在 Web 上提供的软件服务。它使用 WSDL 文件进行说明,并通过 UDDI 进行注册。

XML(Extensible Markup Language,扩展型可标记语言)用于面向短期的临时数据处理、面向万维网络,是 SOAP 的基础。SOAP(Simple Object Access Protocol,简单对象访问协议)是 XML Web Services 的通信协议。当用户通过 UDDI 找到 WSDL 描述文档后,通过 SOAP 可以调用建立的 Web 服务中的一个或多个操作。SOAP 是 XML 文档形式的调用方法的规范,它可以支持不同的底层接口,像 HTTP(S)或者 SMTP。

WSDL(Web Services Description Language,Web 服务描述语言)文件是一个 XML 文档,用于说明一组 SOAP 消息以及如何交换这些消息。

UDDI(Universal Description, Discovery, and Integration,通用服务发现和集成协议)是一个主要针对 Web 服务供应商和使用者的新项目。在用户能够调用 Web 服务之前,必须确定这个服务内包含哪些业务方法,找到被调用的接口定义,还要在服务端来编制软件。UDDI 是一种根据描述文档来引导系统查找相应服务的机制。UDDI 利用 SOAP 消息机制(标准的 XML/HTTP)来发布、编辑、浏览以及查找注册信息。它采用 XML 格式来封装各种不同类型的数据,并且发送到注册中心或者由注册中心返回需要的数据。

Web Services 是基于网络的、分布式的模块化组件,它执行特定的任务,遵守具体的技术规范,这些规范使得 Web Services 能与其他兼容的组件进行互操作。它可以使用标准的互联网协议,像超文本传输协议 HTTP 和 XML,将功能体现在互联网和企业内部网上。Web Services 平台也是一套标准,它定义了应用程序如何在 Web 上实现互操作性。可以用任何语言,在任何平台上编写 Web Services。中间件系统使用 Web Services 技术对应用程序接口进行开发。

6.4　读写器管理服务模型

1. 读写器管理的服务内容

RFID 领域存在许多协议标准和编码方案。协议标准规定了在不同频段和不同应用领域的 RFID 应该使用的通信接口。而编码方案用于物品的分类,不同的读写器使用不同的频段和协议,标签使用不同的编码格式和解析方式。在电子标签的生产中,不同的企业生产的电子标签,其编码格式大不相同,在现存的编码标准中,除了在 Savant 结构中规定了统一的读写器协议标准说明(EPC Reader Protocol Standard Version 1.1)之外,其余的是国家、地区、企业标准。要在现存的标准上制定一个统一的标准是相当困难的,只有借助于 RFID 中间件平台的整合方案提供一个通道服务来读写来自不同编码格式的 RFID 电子标签,为每一种读写器提供一种服务。当读写器处于工作状态时,提供读取和浏览标签数据的服务;反之,若此读写器处于关闭状态,则仅提供浏览服务。通过检测读写器的工作状态来区分这两类读写器管理服务。当一个读写设备接入到 RFID 中间件平台后,读取注册信息中对应的配置,如读写设备的 EPC 编码识别号(EPCID)、读标签事件周期(ReadCycletime)、标签中数据的位数(TagdataDigit)、写标签指令(WriteCommand)、写入内容(WriteContend)、写入的扇区号(WriteSector)等,用户可以根据需要修改这些配置信息。配置信息用 XML 文件描述，如图 6-17 所示。

```
<Configuration>
  <Parameters>
    <Parameter Value="EPC1D" Name="urn:epc:id:gid:1.100.1"/>
  </Parameters>
  <Property>
  <Parameter Value="5000" Name="Timeout"/>
  <Parameter Value="3" Name="ReadCycletime"/>
  <Parameter Value="16" Name="TagdataDigit"/>
  <Parameter Value="6A 12 00 78" Name="WriteCommand"/>
  <Parameter Value="2321321312" Name="WriteContend"/>
  <Parameter Value="3" Name="WriteSector"/>
  </Property>
  <Developpackage>
    <JAR>AS1400. jar</JAR>
  </Developpackage>
</Configuration>
```

图 6-17　读写器配置信息的 XML 描述

2. 实现读写器管理服务的 EmarkTag 框架

EmarkTag 框架主要位于读写器管理服务中，是一个读写器与中间件平台交互的桥梁，通过 EmarkTag 框架使读写器设备方便地接入中间件平台，将数据信息输送到后台数据处理程序中，负责读写器的管理、电子标签的管理、数据过滤、消息发送服务。因此，把 EmarkTag 框架分为四层，RFID 读写器层、电子标签服务层、数据过滤层、消息发送层。EmarkTag 框架模型如图 6-18 所示。

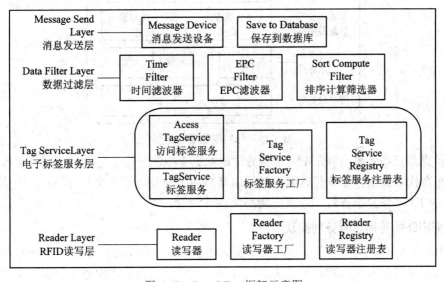

图 6-18　EmarkTag 框架示意图

在读写器层(Reader Layer)包含了访问读写器和电子标签的类和接口,通过这些类和接口可以直接获取电子标签的当前状态,例如电子标签是否进入读写区、时间设定等。

在电子标签服务层(Tag Service Layer)中定义了一个抽象类 TagService,该类将电子标签提供的服务进行了抽象。用户可以创建自己的电子标签服务,并且为一些特有的服务定义 API,通过这些 API 可以访问电子标签提供的相应的功能,如写入标签号、下载密码等。

在 EmarkTag 框架中的读写器层和电子标签服务层使用了抽象工场模式(Abstract Factory),针对不同厂商生产的电子标签,在 EmarkTag 框架中使用了单件模式(Sigleton)设计机制、注册机制。在一个注册机制中包含了读写器组件的配置和相应的工厂对象。

EmarkTag 框架是与 RFID 硬件相关的一种综合的中间件,必须支持与 RFID 通信有关的多种协议,并且具有兼容将来可能出现的新协议的能力。读写器管理服务层包含了多种已经发布的国际标准,如 ISO 11784、ISO 14443、EPC Clas 0、EPC Class1 等,它有一个协议引擎,用来解析和处理来自物理层读写器和其他设备采集的、符合以上协议的各种原始数据,经过处理后可以以原始数据的格式将其发送给数据过滤处理层。

6.5　标签信息服务模型

RFID 标签信息服务主要用于与标签相关信息的查询服务,当输入或读入一个标签号时,立即可以得到与标签相关的物品的所有信息。对于这些信息的访问需要分配权限才可以执行。由于标签信息分布在价值流通链的每一个角落,存储在不同的服务器上,要查找到物品的信息必需要获得提供这些信息的服务地址和接口。人们对于 RFID 标签信息服务构建了一个四层模型,如图 6-19 所示。其服务模型包含有用户设备层、标签信息服务层、本地和远程信息服务层以及信息交换层。

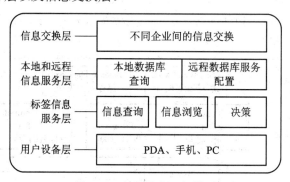

图 6-19　标签信息服务模型

为了提高查询效率,事先在一个服务注册数据库中注册标签号对应的服务名称和接口信息,在查找时会根据标签信息编码解析出其对应的服务地址,找出物品对应的信息服务地址,访问物品信息服务器,查找出物品信息并浏览。

1. RFID 标签信息服务的实现

RFID 标签用于接收来自读写器管理服务中传送过来的数据,并对数据进行存储、统计、查找、导出、定位、判断等。实现过程如下:在读写器管理服务层封装了 RFID 硬件层，需要一个读写器管理服务器(Reader Manager Server)，完成由读写器管理服务层的中间件把处理后的数据通过 JMS 消息传给数据持久层并映射到数据库中，在信息服务层，设置一个 RFID 信息服务器(RFID Information Server)，来响应用户通过 Web Service、EJB 分布式组件的查询服务和定位判断决策服务。

数据持久化服务是指：接收消息驱动 Bean 发过来的消息，用实体 Bean 把标签数据存储到数据库中，当网络出现故障时，把数据直接存储到本地数据库中。

2. RFID 标签定位服务的实现

1) 建立读写器基站

在带有电子标签的人或物进入的区域中，设置读写器终端的基站，设定其所在位置，读写器基站负责收集在其区域内的电子标签号。建立以太局域网，负责把数据传回到数据中心。读写器通过 NP311 转接器与以太局域网相连后，接入定位中间件。NP311 采用 8 位 RISC 单片机，一方面从以太网获取 UDP 或 TCP 数据包，经内部解包提取数据后按 NP311 的串口设置要求由 RS-232/485/422 接口发送出去。另一方面 NP311 从 RS-232/485/422 接口获取数据，在 NP311 内部将其打包成 UDP 或 TCP 数据格式并经以太网口将其发送给目的设备。该基站提供简单的联网方式，不但无需改变现有的硬件设备，而且保证了未来网络的扩充，实现串行设备的立即联网，以及串行设备与网络接口之间双向传输数据，有利于网络集中管理分散的读写器设备。

2) 定位中间件的实现

数据读取中间件实现读取不同读写器基站上的标签数据的功能。上位机是以虚拟串口的方式和 NP311 设备通信的，数据读取中间件要把从虚拟串口中得到的数据发送给数据服务中间件。数据服务中间件主要用来接收数据读取中间件发过来的数据，进行重复数据的过滤。在数据服务中间件中判断读写器基站号，显示读写器基站的列表和每个读写器基站收到的标签号，并保存到后台数据库中。电子标签号位置实时显示在中间件后台数据库中，服务器查询所有的读写器基站号，解析出每个基站的所有标签号，加载到基站显示区域内。事先在定位区域的图形上标出读写器基站号，就可以通过查询读写器基站号中的标签号在地图上对应的位置定位出带有电子标签的人或物在区域里的位置。

3. 服务配置层的设计与实现

服务配置层主要实现下一层提交上来的调用服务的映射，起到了对服务地址和消息接口名称的配置作用，把查找到的服务地址及消息映射到相对应的服务提供者。通过动态配置的方式来定义好服务地址后，标签信息将经过若干个服务地址，最后到达最终的接收者也就是服务的提供者。接收者接收到消息后，根据消息中提供的标签号从本地标签信息存储库中提取出对应的标签信息，附加在标签的消息体中，一级一级地返回给消息发送者后，确认所获得的服务，再交由客户端查看服务提供的内容。

6.6　RFID 中间件安全服务

RFID 安全问题主要集中在对个人用户信息的隐私保护、对企业用户的商业秘密保护、防范对 RFID 系统的攻击等方面。当前广泛使用的无源 RFID 系统还没有非常可靠的安全机制，由于 RFID 芯片本身以及芯片读写数据的过程中都很容易被黑客所利用，所以无法对数据进行很好的保密。为了避免 RFID 标签给客户带来个人隐私的担忧，防止用户携带安装有标签的产品进入市场所带来的混乱，很多商品在交付给客户时把标签拆掉，这种方法增加了系统的成本，降低了标签的利用率。为此，本节分析了 RFID 中间件中的安全攻击及防护和安全认证协议。

1. RFID 中间件中的安全攻击及防护

(1) 保证用户对标签的拥有信息不被未经授权者访问，以保护用户在消费习惯、个人行踪等方面的隐私。

(2) 避免由于 RFID 系统读取速度快，不法分子迅速对超市中所有商品进行扫描并跟踪变化的特点进而来窃取用户商业机密的事件产生。

(3) 防护对 RFID 系统的各类攻击。例如重写标签以篡改物品信息；使用特制设备伪造标签应答欺骗读写器，以制造物品存在的假相；根据 RFID 前后向信道的不对称性远距离窃听标签信息；通过干扰 RFID 工作频率实施拒绝服务攻击；通过发射特定电磁波破坏标签功能等。

(4) 使用电子标签数据攻击后端中间件系统。RFID 攻击者能够通过伪造电子标签后，往电子标签的数据段中附加攻击代码(可以是一段 SQL 语句)；在提交电子标签号查询的过程中，这段代码生成对数据库的操作；如果在数据库中不设置操纵数据的权限，那么很可能后端数据库中的数据将被修改或删除。数据库中的数据一旦被更改，在使用数据库中的数据往电子标签中写数据的时候就会把这段恶意的数据写入到下一个电子标签中。通过贴有电子标签的物品的流动就使得这段恶意数据不断地传播，这必然引起供应链上数据的混乱，破坏整个 RFID 信息系统。对那些附加在电子标签后面的数据，可以使用过滤的方法，不使恶意的数据进入后端数据库。

2. RFID 中间件中的安全认证协议

1) 基于随机数的加密认证协议

在这个协议中，ReaderID 作为密钥被存储在标签的内存中。读写器将首先产生一个随机数 X，然后将 X 发送给标签，标签用内置的加密程序使用密钥 ReaderID 把标签号进行加密，然后传送加密结果 Y。读写器接收到 Y 后，在使用密钥 ReaderID 作解密操作后，获得标签的 ID 号。该协议防止了未认证读写器或标签的欺骗和攻击，协议执行过程如图6-20 所示。

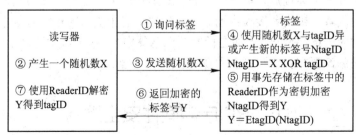

图 6-20　基于随机数的加密认证协议

该协议增加了标签的成本，但对于防止未认证读写器或标签的欺骗和攻击是一个可行的办法。

2) 基于 Hash 的 ID 变化协议

该协议可以抗重传攻击。每一次应答中的 ID 交换信息都不相同，因为系统使用了一个随机数 R 对标签号不断地进行动态刷新，同时还对(TID)最后一次应答号和(LST)最后一次成功的应答信息进行更新。该协议流程如图 6-21 所示。

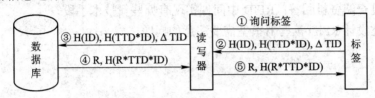

图 6-21　基于 Hash 的 ID 变化协议

标签在接收到消息 R，H(R*TID*ID)且通过验证之后才更新 ID 和 LST 信息的，而在此之前，后台数据库已经成功地完成相关信息的更新。如果此时攻击者进行攻击(例如，攻击者可以伪造一个假消息，或者干脆实施干扰使标签无法收到该消息)，会造成在后台数据库和标签之间出现数据不同步，使得合法的标签在以后的应答中将无法通过认证。该协议不适合于使用分布式数据库的普适计算环境，存在数据库同步的潜在的安全隐患。目前还不存在一个安全、高效、实用的低成本 RFID 安全协议。

本 章 小 结

本章简要论述了 RFID 中间件的应用背景与意义，由物流链了解 RFID 中间件的使用场景并据此提出其通用功能要求；详细论述并分析了 RFID 中间件的概念、工作过程、系统结构；总结了对 RFID 中间件系统关键技术的研究，并从 Java 设计 RFID 中间件的思路出发，介绍了 RFID 中间件的设计架构和实现技术；给出了实现 RFID 中间件系统的技术框架，这个框架的开发基于 JMS 技术与 JMX 框架；采用了比较流行的 Web Services、XML 等应用技术，并建立了读写器和标签的信息服务模型；对多种类型的读写器和标签抽象出统一接口，接入中间件处理。最后，由于中间件面向对象的广泛性，安全服务成为中间件设计的一个新趋势。

RFID 中间件系统成功地解决了不同种类读写器的管理和信息过滤、传送等问题。设计一个能适应不同射频识别标签和读写器、能读取和处理不同标准的标签信息的 RFID 中间件原型系统，可以使得企业应用开发人员无须过多关心 RFID 的具体实现技术而是将精力放在业务逻辑的编写上面。对于企业的应用开发人员来说，RFID 中间件系统分担了他们的很多工作，这对于 RFID 的普遍化集成使用有着重要意义。

习 题 6

6.1　简述 RFID 中间件解决了什么问题，并说明其产生的背景。

6.2　简述 RFID 中间件的特点。

6.3　详细说明 RFID 中间件组织结构分哪几个层次，以及其工作过程。

6.4　简述 Savant 原理和数据流处理中的关键技术。

6.5　试说明 RFID 中间件管理都有哪些服务内容。

6.6　RFID 中间件开发分为 5 个模块部分。试问这 5 个模块具体是哪些模块？每个模块开发用到了哪些技术手段？

6.7　通过查阅资料回答：RFID 中间件实现有哪些新技术手段？

6.8　简述设计 RFID 读写器模型需要注意的问题。

第七章　RFID 读写器设计

读写器是读取或写入电子标签信息的设备，具有读取、显示和数据处理等功能。读写器可以单独存在，也可以以部件的形式嵌入到其他系统中。读写器与应用软件一起，完成对电子标签的操作。本章首先介绍读写器的特点和设计要求，其次介绍几种读写器及其芯片，然后以 13.56 MHz 高频读写器为例，详细介绍读写器的硬件及软件设计。

7.1　读写器概述

7.1.1　读写器的工作特点

读写器的基本功能是触发作为数据载体的电子标签，并与这个电子标签建立通信联系。电子标签与读写器完成非接触通信的一系列任务均由读写器处理，同时读写器在应用软件的控制下，实现读写器在系统网络中的运行。

读写器的工作特点如下：

1. 电子标签与读写器之间的通信

读写器以射频方式向电子标签传输能量，并对电子标签完成基本操作。基本操作主要包括对电子标签初始化，读取或写入电子标签内存的信息，使电子标签功能失效等。

2. 读写器与系统高层之间的通信

读写器将读取到的电子标签信息传递给由计算机网络构成的系统高层，系统高层对读写器进行控制和信息交换，完成特定的应用任务。

3. 读写器的识别能力

读写器不仅能识别静止的单个电子标签，而且能同时识别多个移动的电子标签。

(1) 防碰撞识别能力。在识别范围内，读写器可以完成多个电子标签信息的同时存取，具备读取多个电子标签信息的防碰撞能力。

(2) 对移动物体的识别能力。读写器能够在一定的技术指标下，对移动的电子标签进行读取，并能够校验读写过程中的错误信息。

4. 读写器对有源电子标签的管理

对于有源电子标签，读写器能够标识电子标签电池的相关信息，如电量等。

5. 读写器的适应性

读写器兼容最通用的通信协议，单一的读写器能够与多种电子标签进行通信。读写器在现有的网络结构中非常容易安装，并能够被远程维护。

6. 应用软件的控制作用

读写器的所有行为可以由应用软件来控制。应用软件作为主动方对读写器发出读写指令，读写器作为从动方对读写指令进行响应。

7.1.2　读写器的技术参数

1. 读写器的技术指标

根据使用环境和应用场合的要求，不同读写器需要不同的技术参数。读写器常用的技术参数如下：

(1) **工作频率**。射频识别的工作频率是由读写器的工作频率决定的，读写器的工作频率与电子标签的工作频率保持一致。

(2) **输出功率**。读写器的输出功率不仅要满足应用的需要，还要符合国家和地区对无线发射功率的许可，符合人类健康的要求。

(3) **输出接口**。读写器的输出接口形式很多，具有 RS-232、RS-485、USB、WiFi、GSM 和 3G 等多种接口，可以根据需要选择几种输出接口。

(4) **读写器类型**。读写器有多种类型，包括固定式读写器、手持式读写器、工业读写器和 OEM 读写器等，选择时还需要考虑天线与读写器模块分离与否。

(5) **工作方式**。工作方式包括全双工、半双工和时序三种方式。

(6) **读写器优先或电子标签优先**。读写器优先是指读写器首先向电子标签发射射频能量和命令，电子标签只有在被激活且接收到读写器的命令后，才对读写器的命令做出反应。

电子标签优先是指对于无源电子标签，读写器只发送等幅度、不带信息的射频能量，电子标签被激活后，返回电子标签数据信息。

2. 读写器的通信

在 RFID 应用系统中，要从一个电子标签中读出数据或者向一个电子标签中写入数据，需要非接触式的读写器作为接口。读写器与电子标签的所有动作均由应用软件控制，对一个电子标签的读写操作是严格按照"主-从"原则进行的。在这个"主-从"原则中，应用软件是主动方，读写器是从动方，只对应用软件的读写指令做出反应。

为了执行应用软件发出的指令，读写器会与一个电子标签建立通信。而相对于电子标签而言，此时的读写器是主动方，电子标签是被动方。除了最简单的只读电子标签，电子标签只响应读写器发出的指令，从不自主活动。

综上所述，读写器的基本任务就是启动电子标签，与电子标签建立通信，并在应用软件和非接触的电子标签之间传送数据。非接触通信的具体细节包括通信建立、冲突避免和身份验证等，均由读写器自己来处理。在下面的例子中，由应用软件向读写器发出的一条读取命令会在读写器与电子标签之间触发一系列的通信步骤，具体如下所述：

第一步，应用软件向读写器发出一条读取某一电子标签信息的命令；

第二步，读写器进行搜寻，查看该电子标签是否在读写器的作用范围内；

第三步，该电子标签向读写器回答出一个序列号；

第四步，读写器对该电子标签的身份进行验证；

第五步，读写器通过对该电子标签的身份验证后，读取该电子标签的信息；

第六步，读写器将该电子标签的信息送往应用软件。

7.1.3 读写器的组成

各种读写器虽然在工作频率、耦合方式、通信流程和数据传输方式等方面有很大的不同，但在组成和功能方面是十分类似的。

1. 读写器的硬件组成

读写器一般由控制模块、射频模块、读写器的接口及天线组成。控制模块是读写器的核心，一般由 ASIC 组件和微控制器组成。控制模块处理的信号通过射频模块传送给读写器天线，由读写器天线发射出去。控制模块与应用软件之间的数据交换主要通过读写器的接口来完成。读写器的组成如图 7-1 所示。

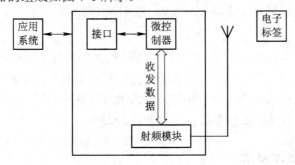

图 7-1 读写器的结构框图

1) 控制模块

控制模块由 ASIC 组件和微控制器组成。微控制器是控制模块的核心部件。ASIC 组件主要用来完成逻辑加密的过程，如对读写器与电子标签之间的数据流进行加密，以减轻微处理器计算过于密集的负担。对 ASIC 的存取是通过面向寄存器的微处理器总线来实现的。控制模块的构成如图 7-2 所示。

读写器的控制模块主要实现以下功能：

(1) 与应用软件进行通信，并执行应用软件发来的命令。

(2) 控制与电子标签的通信过程。

(3) 信号的编码与解码。

(4) 执行防碰撞算法。

(5) 对电子标签与读写器之间传送的数据进行加密和解密。

(6) 进行电子标签与读写器之间的身份验证。

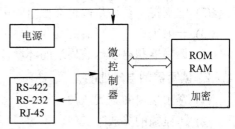

图 7-2 控制模块的构成

2) 射频模块

射频模块用以产生射频频率的发射功率，并接收和解调来自电子标签的射频信号。射频模块有两个分隔开的信号通道，分别用于往来于电子标签的两个方向的数据流。其中，传送到电子标签中去的数据是通过发送通道完成的，而来自于电子标签的数据则通过接收通道来完成，同时对于多标签通信，射频模块具有防碰撞功能。

3) 读写器的接口

读写器控制模块与应用软件之间的数据交换主要通过读写器的接口来实现，接口可以采用 RS-232、RS-485、RJ-45 或 WLAN 接口。

4) 天线

天线是用来发射或接收无线电波的装置。读写器与电子标签是利用无线电波传递信息的，当信息通过电磁波在空间传播时，电磁波的产生和接收要通过天线来完成。

2. 读写器的软件

读写器的软件分为两部分，一部分是基于微控制器的软件，一部分是上位机软件。

1) 微控制器软件

微控制器软件的主要功能是控制射频模块发送上位机传来的信号，同时完成射频模块上传的信号；控制射频模块完成寻卡、识别、防碰撞等功能。

2) 上位机软件

读写器的所有行为都由上位机软件控制完成，软件向读写器发出读写命令，作为响应，读写器与电子标签之间就会建立起特定的通信。软件负责对读写器收到的指令进行响应，并对电子标签发出相应的动作指令。软件辅助系统的控制和通信，包括控制天线发射的开关、控制读写器的工作模式、控制数据传输和控制命令交换等。

7.1.4　读写器的设计要求

读写器在设计时需要考虑许多因素，包括基本功能、应用环境、电气性能和电路设计等。读写器在设计时需要考虑的主要因素如下：

1. 读写器的基本功能和应用环境

(1) 读写器是便携式还是固定式。

(2) 它支持一种还是多种类型电子标签的读写。

(3) 一般来说，读写器的读取距离和写入距离不相同，读取距离比写入距离要大。

(4) 读写器和电子标签周边的环境，如电磁环境、温度、湿度和安全性等。

2. 读写器的电气性能

(1) 空中接口的方式。

(2) 防碰撞的算法的实现。

(3) 加密的需求。

(4) 供电方式与节约能耗的措施。

(5) 电磁兼容(EMC)性能。

3. 读写器的电路设计

(1) 确定是选用现有的读写器集成芯片或是自行进行电路模块设计。

(2) 天线的形式与匹配方法的确定。

(3) 收、发通道信号的调制方式与带宽设计。

(4) 若是自行进行电路模块设计，还应设计相应的编码与解码、防碰撞处理、加密和解密等模块。

7.2　读写器芯片介绍

7.2.1　低频 RFID 读写芯片

　　射频识别技术首先在低频得到应用和推广。低频读写器主要工作在 125 kHz，可以用于门禁考勤、汽车防盗和动物识别等方面。下面介绍 U2270B 芯片的构成及应用。

1. U2270B 芯片

　　U2270B 芯片是 ATMEL 公司生产的基站芯片，该基站可以对一个 IC 卡进行非接触式的读写操作。U2270B 基站的射频频率在 100～150 kHz 的范围内，在频率为 125 kHz 的标准情况下，数据传输速率可以达到 5000 波特率。基站的工作电源可以是汽车电瓶或其他的 5 V 标准电源。U2270B 具有可微调功能，与多种微控制器有很好的兼容接口，在低功耗模式下低能量消耗，并可以为 IC 卡提供电源输出。U2270B 芯片如图 7-3 所示，U2270B 芯片引脚如图 7-4 所示，U2270B 芯片引脚的功能见表 7-1。

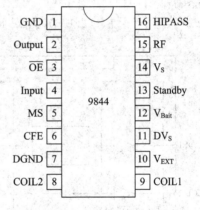

图 7-3　U2270B 芯片　　　　　　图 7-4　U2270B 芯片的引脚

表 7-1　U2270B 芯片引脚的功能

引脚号	名称	功能描述	引脚号	名称	功能描述
1	GND	地	9	COIL1	驱动器 1
2	Output	数据输出	10	V_{EXT}	外部电源
3	$\overline{OE}$	使能	11	DV_S	驱动器电源
4	Input	信号输入	12	V_{Bait}	电池电压接入
5	MS	模式选择	13	Standby	低功耗控制
6	CFE	载波使能	14	V_S	内部电源
7	DGND	驱动器地	15	RF	载波频率调节
8	COIL2	驱动器 2	16	HIPASS	直流去耦

2. 基于 U2270B 芯片的读写器

由 U2270B 构成的读写器主要是由基站芯片 U2270B、微处理器和天线构成的。工作时,基站芯片 U2270B 通过天线以约 125 kHz 的调制射频信号为 RFID 电子标签提供能量(电源),同时接收来自 RFID 电子标签的信息,并以曼彻斯特(Manchester)编码输出。天线一般由铜制漆包线绕制,直径为 3 cm、线圈为 100 圈即可,电感值为 1.35 mH。微处理器可以采用多种型号,如单片机 AT89C2051、AT89S51 等。U2270B 芯片由振荡器、天线驱动器、电源供给电路、频率调节电路、低通滤波电路、高通滤波电路和输出控制电路等组成。由 U2270B 构成的读写器模块如图 7-5 所示,U2270B 芯片的内部结构如图 7-6 所示。

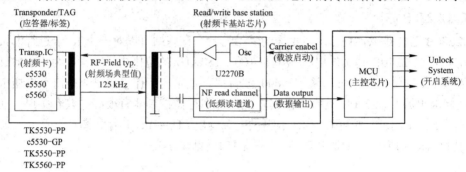

图 7-5　由 U2270B 芯片和微处理器构成的读写器框图

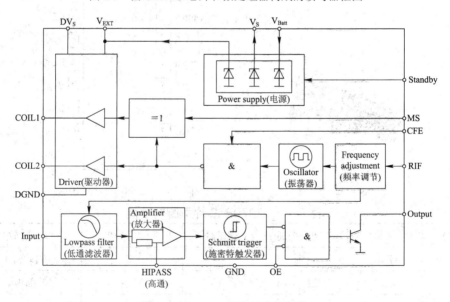

图 7-6　U2270B 芯片的内部结构

7.2.2　高频 RFID 读写芯片

高频读写器主要工作在 13.56 MHz,典型的应用有我国第二代身份证、电子车票和物流管理等。下面介绍 MF RC500 芯片的特性及功能。

Philips 公司的 MF RC500 芯片主要应用于 13.56 MHz,是非接触、高集成的 IC 读卡芯片。MF RC500 的结构包括微控制器接口单元、模拟信号处理单元、ISO 14443A 规定的协议处理单元和 MIFARE 卡的 Cryptol 安全密钥存储单元。该芯片具有调制和解调功能，并集成了在 13.56 MHz 下所有类型的被动非接触式通信方式和协议。MF RC500 支持 ISO/IEC 14443A 的所有层；内部的发送器部分不需要增加有源电路，就能直接驱动近距离的天线，驱动距离可达 100 mm；MF RC500 可以在有效的发射空间内形成一个 13.56 MHz 的交变电磁场，为处于发射区域内的非接触式 IC 卡提供能量；接收器部分提供解调和解码电路，用于兼容 ISO/IEC 14443A 电子标签信号。MF RC500 还支持快速 CRYPTOI 加密算法，用于验证 MIFARE 系列产品。MF RC500 的并行接口可直接连接到任何 8 位微处理器上，给读卡器的设计提供了极大的灵活性。

1. MF RC500 芯片的特性

MF RC500 的内部包括并行微控制器双向接头、FIFO 缓冲区、中断、数据处理单元、状态控制单元、安全和密码控制单元、模拟电路接口及天线接口。MF RC500 的外部接口包括数据总线、地址总线、控制总线(包含读写信号和中断等)和电源等。

MF RC500 的并行微控制器接口自动检测连接的 8 位并行接口的类型。它包含一个易用的双向 FIFO 缓冲区和一个可配置的中断输出，具有 64 个字节的先进先出(FIFO)队列，可以和微控制器之间高速传输数据；可以连接各种 MCU，为用户使用提供了很大的灵活性，即使采用成本非常低的器件，也能满足高速非接触式通信的要求。

数据处理部分执行数据的并行—串行转换，支持 CRC 校验和奇偶校验。MF RC500 以完全透明的模式进行操作，因而支持 ISO/IEC 14443A 的所有层。状态和控制部分允许对器件进行配置以适应环境的影响，并将性能调节到最佳状态。当与 MIFARE Standard 和 MIFARE 通信时，需要使用高速 CRYPTOI 流密码单元和一个可靠的非易失性密钥存储器。

模拟电路包含一个具有阻抗非常低的桥驱动器输出的发送部分，这使得最大操作距离可达 100 mm，接收器可以检测到并解码非常弱的应答信号。片内的模拟单元带有一定的天线驱动能力，能够将数字信号处理单元的数据信息调制并发送到天线中。读卡器发送给射频卡的数据在调制前采用米勒编码，而在射频卡到读卡器的数据采用曼彻斯特编码。

由 MF RC500 芯片构成的读写器如图 7-7 所示。

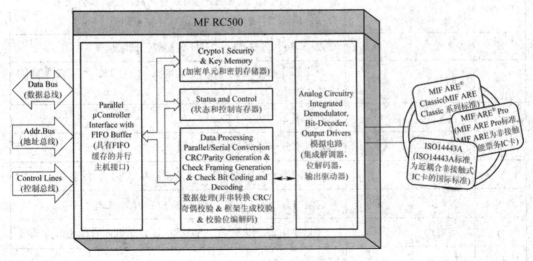

图 7-7　MF RC500 芯片方框图

2. MF RC500 芯片引脚的功能

MF RC500 芯片如图 7-8 所示。MF RC500 芯片的主要引脚如图 7-9 所示。MF RC500 芯片引脚的功能如表 7-2 所示。

图 7-8　MF RC500 芯片　　　　　　　　图 7-9　MF RC500 芯片引脚

表 7-2　MF RC500 芯片引脚功能

引脚号	引脚名	类型	功 能 描 述
1	XIN	输入(I)	晶振输入端, 可外接 13.56 MHz 石英晶体, 也可作为外部时钟(13.56 MHz)信号的输入端
2	IRQ	输出(O)	中断请求输出端
3	MFIN	I	MIFARE 接口输入端, 可接收带有副载波调制的曼彻斯特码或曼彻斯特码串行数据流
4	MFOUT	O	MIFARE 接口输出端, 用于输出来自芯片接收通道的带有副载波调制的曼彻斯特码或曼彻斯特码流, 也可以输出来自芯片发送通道的串行数据 NRZ 码或修正密勒码流
5	TX1	O	发送端 1, 发送 13.56 MHz 载波或已调制载波
6	TVDD	电源	发送部分电源正端, 输入 5 V 电压, 作为 TX1 和 TX2 驱动输出级电源电压
7	TX2	O	发送端 2, 功能同 TX1
8	TVSS	电源	发送部分电源地端
9	NCS	I	片选, 用于选择和激活芯片的微控制器接口, 低电平有效
10	NWR	I	选通写数据(D0～D7), 进入芯片寄存器, 低电平有效
11	NRD	I	读选通端, 选通来自芯片寄存器的读数据(D0～D7), 低电平有效
12	DVSS	电源	数字地

续表

引脚号	引脚名	类型	功 能 描 述
13～20	D0～D7	I/O	8 位双向数据线
21	A0	I	地址线 0，芯片寄存器地址的第 0 位
22	A1	I	地址线 1，芯片寄存器地址的第 1 位
23	A2	I	地址线 2，芯片寄存器地址的第 2 位
24	ALE	I	地址锁存使能，锁存 AD0～AD5 至内部地址锁存器
25	DVDD	电源	数字电源正端，5 V
26	AVDD	电源	模拟电源正端，5 V
27	AUX	O	辅助输出端，可提供有关测试信号输出
28	AVSS	电源	模拟地
29	RX	I	接收信号输入，天线电路接收到 PICC 负载调制信号后送入芯片的输入端
30	VMID	电源	内部基准电压输出端，该引脚需接 100 nF 电容至地
31	RST	I	Reset 和低功耗端，引脚为高电平时芯片处于低功耗状态，下跳变时为复位状态
32	XOUT	O	晶振输出端

7.2.3 超高频 RFID 读写芯片

目前市面上主流的 UHF 频段的集成收发芯片主要有 Phychips 的 PR9000、奥威公司的 AS3992 和 Impinj 公司的 R2000 三款。这三款芯片的主要参数对比如表 7-3 所示。

表 7-3 三款超高频芯片参数比较

主要参数	PR9000	AS3992	R2000
工作频率	840～960 MHz	840～960 MHz	840～960 MHz
发射功率	−13～10 dBm	0～20dBm	−19～17 dBm
调制方式	DSB / PR-ASK	SSB / DSB / PR-ASK	SSB / DSB / PR-ASK
支持协议	ISO 18000−6C、EPC Gen II	ISO 18000−6A/B/C EPC Gen II	ISO 18000−6B/C EPC Gen II
功率消耗	400 mW，0 dBm	—	110mW，17 dBm
封装	48 Pin-QFN	64 Pin-QFN	64 Pin-QFN
灵敏度	−60 dBm	−76 dBm	−84 dBm

由表 7-3 可知，三款集成射频收发芯片适用频率、调制方式以及支持协议基本相同，主要在发射功率与接收灵敏度方面有较大差异。其中 R2000 芯片的接收灵敏度最小。R2000 芯片内部基本结构如图 7-10 所示，PR9000 芯片的结构如图 7-11 所示。

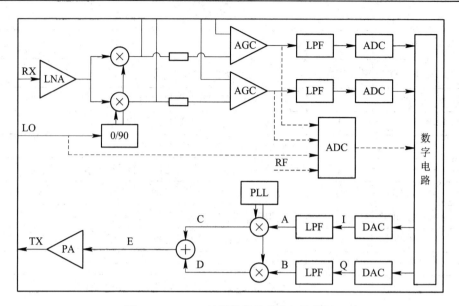

图 7-10　R2000 射频收发芯片内部结构图

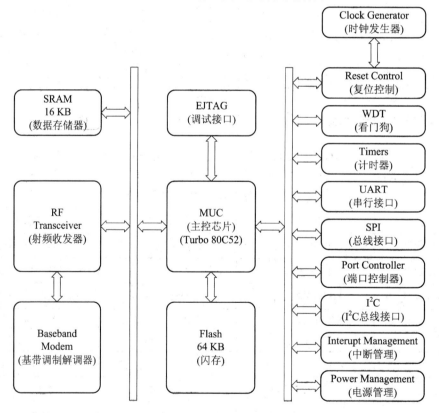

图 7-11　PR9000 结构图

7.2.4　微波 RFID 读写芯片

微波 RFID 系统主要都是有源 RFID 系统。由于其传输所需的能量较多，使得标签单靠读写器辐射获取能量无法满足自身工作需要，因此标签自身应具备电源系统。微波 RFID 系统主要适用 2.4 GHz 和 5.8 GHz 两个频段。2.4 GHz 系统主要用于人员管理、电子箱锁、车辆管理等应用领域。而 5.8 GHz 系统则比较特殊，这个频段目前只被专用于电子不停车收费(ETC)应用领域。本小节主要介绍微波 RFID 读写芯片在 ETC 中的应用。

　　BK5822 是世界上首颗符合中国不停车电子收费国家标准 GB/T 20851.1—2007 和 GB/T 20851.2—2007 的 CMOS SOC 芯片，支持 OBU(车载设备)，采用 ASK 调制方式。BK5822 集成了完整的射频收发和调制解调功能，而且帧的处理也被完全嵌入，仅使用一个非常简单的 MCU 就可以完成一个完整的 OBU。BK5822 还集成了唤醒电路，能够提供在 13 μA 的功耗条件下唤醒 OBU 的功能。BK5822 仅需要少量的外部器件，在灵敏度超过国际要求的基础上，工作功耗极低，非常适合低成本的快速开发和应用。BK5822 可以同时接收 5.83 GHz 和 5.84 GHz 两个频段的信号，并能够主动选择功率大的信号作为有用信道。

　　其中，BK5822 芯片如图 7-12 所示，其内部的系统框图如图 7-13 所示。下面结合图 7-13 对各功能模块进行简要的描述。

图 7-12　BK5822 芯片

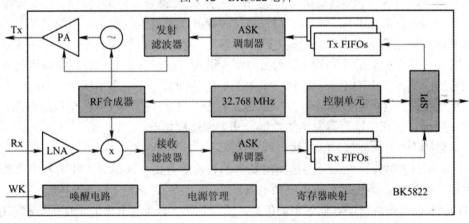

图 7-13　BK5822 内部的系统框图

　　(1) 发射模块。对于 BK5822 的发射，有四种常用的工作模式，分别为发射单载波信号、发射正常 Burst 信号、发射 PN9 连续信号、发射全 "0" 数据信号。发射正常 Burst 信号时用户只需向发射的 FIFO 中直接写入所需要发射的数据，BK5822 检测到 FIFO 中有数据后，打开发射相关电路，将数据调制到载波上，发送出去，数据发送结束后，发射相关电路关闭，进入待机状态。其他三种工作模式用于测试模式，完成射频性能的测试。发射的调制深度是可调的，由数据调制前的 Ramp 决定；发射功率也是可调控的，通过相应寄存器的设置来实现，功率的调节范围可达到 22 dB。

(2) 接收模块。接收机采用低中频结构，在下变频后的 Rx Filter 是一个中间频率在 5MHz 的带通滤波器。当使 BK5822 进入接收状态，并且 BK5822 接收到数据包结束标志后，便自动将 Rx 关闭，同时中断引脚发出接收中断，BK5822 进入待机状态，直到 FIFO 里面的数据被读空，或者清除接收中断后，接收机才重新打开以等待接收数据。如果 BK5822 没有接收到数据包结束标志，将一直处于接收状态，此时如果要退出接收状态进入待机状态，则需要通过相应寄存器设置强制关闭接收模块。为了对 BK5822 接收的信号进行更好的解调和解码，BK5822 内部集成了一个 AGC(自动增益控制)来实现接收链路增益的自动调节。

(3) 唤醒模块。BK5822 对 14 kHz 方波进行检测，检测到 N 个方波后，BK5822 给出唤醒中断信号。这里的 N 可由用户设定，范围是 1～16。BK5822 内部集成了带通的鉴频器，实现对 10～20 kHz 范围内的方波产生唤醒中断的作用，大大减小了误唤醒的概率。

7.3　读写器的设计

7.3.1　读写器的设计方案

非接触式 IC 卡读写器把射频识别技术作为中心，主要利用专门的读写处理芯片，是读/写操作的核心元件，它的功能包括调制解调、产生射频信号、防碰撞机制和安全管理。其内部构造包括射频区和接口区，射频区直接与天线连接，包含调制解调器和电源供电电路；接口区有连接单片机的端口，还具备与射频区相连的收/发器、数据缓冲器、防碰撞模块和控制单元。它作为核心模块与智能 IC 卡完成无线通信，同时还作为读写器读写 MIFARE 卡的信息的重要接口芯片。它在运行时向外部不停地发射出一组固定频率的电磁波，MIFARE 卡里面的 LC 串联谐振电路频率和读写器的发射频率一样，这样在 MIFARE 卡接近时，有了电磁波的激励和 LC 谐振电路的谐振，使电容器充电充足。电容另外一个接口连着一个单向导电的电子泵，把它里面的电荷传到另一个电容中保存。当已经充电达到固定电压值时，这个电容就成为为 MIFARE 卡上的其余电路供应工作电压的电源，发射卡内数据或接收、存储读写器发出的数据。其工作过程如下：

(1) 读卡模块将载波信号经天线向外发送。

(2) 卡片到达射频区域后，将读写器发射的载波信号由里面的天线和电容构成的谐振回路读取，射频接口模块把它变成电源电压以及复位信号，激活 MIFARE 卡。

(3) 存取控制模块调制存储器中的信息，发到载波上，通过卡上的天线传给读卡模块。

(4) 读卡模块把接收到的信号进行解调、解码，让单片机处理。

(5) 为不同的应用进行相应的管理和控制。

7.3.2　读写器的硬件设计

1. 硬件系统概述

整个系统由微控制器、射频芯片、天线接口、显示模块、声光报警模块以及电源等组成。读写器的硬件结构图如图 7-14 所示。

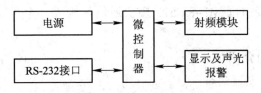

图 7-14 读写器的硬件结构图

1) 微控制器

微控制器采用宏晶科技的 STC89C52 单片机，主单片机是宏晶科技生产的 12 时钟/机器周期(12T)的单片机。作为新一代 8051 单片机，它的速度快、功耗低、抗干扰能力强，指令代码兼容 8051，并且该型号单片机还提供通过串口直接下载用户程序的功能，且开发成本低，所以该系统可以更好实现更多的功能。

2) RFID 射频芯片

由于 RFID 市场的快速发展，好多 IC 芯片的制造商都加入到 RFID 读卡芯片的开发队伍当中。在多种可选择的芯片中，我们挑选下面这款应用普遍的 MF-RC522RFID 读写芯片进行介绍。

作为早期加入 RFID 芯片行业的国际半导体公司，NXP 公司(原飞利浦半导体公司)的射频读写芯片产品齐全。其中 MF-RC522 芯片便是该公司研发的一种非接触式读写卡芯片，其优点是低电压、低成本、体积小。它采用超前的调制解调的理念，整体融合了在 13.56 MHz 下所有种类的被动、非接触式通信形式和协议，可以支持 ISO 14443A 的多层运用。其中，发送器部分可驱动读写器天线和 ISO 14443A/MIFARE 卡以及应答机的通信，不需要另外的电路。解调和解码电路由接收器部分供应，坚固有效，用来处理兼容 ISO 14443A 的应答信号。数字电路部分处理完整的 ISO 14443A 帧并进行错误检测(奇偶校验与 CRC 校验)。它还同时支持快速 Crypto1 加密算法来验证 MIFARE 系列产品。MF-RC522 支持 MIFARE 更高速的非接触式通信，双向数据传输速率高达 424 kb/s，并根据不同用户的不同需求，选择 SPI、IIC 和 UART 接口，减少了连接，缩小了 PCB 板体积，降低了成本。因为 MF-RC522 可以满足设计要求，并且应用范围广泛，资料齐全，所以采用 MF-RC522 作为射频接口芯片。

3) 显示模块

显示模块可使用液晶显示屏显示各种信息，具有更人性化和更加完美的显示功能，信息更加清晰，成本也不高。数码管不能形象地显示消费和充值的一些选项，故人们多采用液晶显示屏。

4) 键盘模块的选择

目前大都选用独立式按键，因为独立式按键电路的配置灵活，软件容易编写。但其缺点也很明显，每个按键需要占用一根口线，若按键较多，资源浪费将比较严重。所以这个方式适合按键较少、操作速率要求高的场所。

2. 硬件总体方案确定

依据上面的阐述，系统设计方案如下：系统以宏晶科技公司的 STC89C52 单片机作为微控制器，MF-RC522 芯片作为射频卡读/写模块，采用 LCD12864 显示及独立按键，而且用 SPI 总线接口同 MF-RC522 模块通信，构成一个可进行消费充值显示的读写器系统。

3. 硬件资源及接口介绍

1) STC89C52 微控制器的特点

STC89C52RC 单片机是新一代高速、低功耗、超强抗干扰的单片机，指令代码完全兼容传统 8051 单片机，12 时钟/机器周期和 6 时钟/机器周期可以任意选择。其主要特性如下：

(1) 增强型 8051 单片机，6 时钟/机器周期和 12 时钟/机器周期可以任意选择，指令代码完全兼容传统 8051。

(2) 工作电压：5.5～3.3 V(5 V 单片机)/3.8～2.0 V(3 V 单片机)。

(3) 工作频率范围：0～40 MHz，相当于普通 8051 的 0～80 MHz，实际工作频率可达 48 MHz。

(4) 用户应用程序空间为 8 KB、片上集成 512 B 的 RAM。

(5) 通用 I/O 口(32 个)，复位后为：P1/P2/P3/P4 是准双向口、弱上拉，P0 口是漏极开路输出，作为总线扩展用时，不用加上拉电阻，作为 I/O 口用时，需加上拉电阻。

(6) ISP(在系统可编程)/IAP(在应用可编程)，无需专用编程器，无需专用仿真器，可通过串口(RxD/P3.0，TxD/P3.1)直接下载用户程序，数秒即可完成一片下载。

(7) 具有 EEPROM 功能和看门狗功能。

(8) 共 3 个 16 位定时器/计数器，即定时器 T0、T1、T2。

(9) 外部中断 4 路，下降沿中断或低电平触发电路，Power Down 模式可由外部中断低电平触发中断方式唤醒。

(10) 通用异步串行口(UART)，还可用定时器软件实现多个 UART。

(11) 工作温度范围：−40℃～+85℃(工业级) / 0℃～75℃(商业级)。

STC89C52RC 单片机的工作模式如下：

(1) 掉电模式：典型功耗小于 0.1 μA，由外部中断唤醒，中断返回后，继续执行原程序。

(2) 空闲模式：典型功耗为 2 mA。

(3) 正常工作模式：典型功耗为 4～7 mA。

(4) 掉电模式可由外部中断唤醒，适用于水表、气表等电池供电系统及便携设备。

2) RC522 射频接口芯片

Philips 公司的 MF-RC522 芯片主要用于 13.56 MHz，是非接触、高集成的 IC 读卡芯片。该 IC 读卡芯片具有调制和解调功能。MF-RC522 发送模块支持 ISO 14443A /MIFARE 协议。MF-RC522 的内部发送器部分可驱动读写器天线与 ISO 14443A/MIFARE 卡和读写器的通信，无需其他的电路。接收器部分提供一个功能强大和高效的解调和译码电路，用来处理兼容 ISO 14443 A/MIFARE 的卡和读写器的信号。数字电路部分处理完整的 ISO 14443A 帧和错误检测(奇偶校验与 CRC 校验)。MF-RC522 支持 MIFARE Classic 器件。MF-RC522 支持 MIFARE 更高速的非接触式通信，双向数据传输速率高达 424 kb/s。

MF-RC522 芯片的内部电路由并行接口与控制电路、FIFO(先进先出)缓存器、MIFARE

Classic 单元、状态机与寄存器、数据处理电路、模拟电路(调制、解调与输出驱动电路)、电源管理、中断控制等部分组成。MF-RC522 芯片式样如图 7-15 所示。

图 7-15　MF-RC522 式样

4. 硬件连接

1) STC89C52 微控制器的小系统

STC89C52 微控制器拥有灵巧的 8 位 CPU 和在线可编程 FLASH，其最小系统包含电源电路、时钟电路、复位电路和多种外设接口，能够满足系统方案的需求。

2) 微控制器 STC89C52 与 MF-RC522 的连接

MF-RC522 支持可直接相连的各种微控制器接口类型，如 SPI、I^2C 和串行 UART。MF-RC522 可复位其接口，并可对执行了上电或硬复位的当前微控制器接口的类型进行自动检测。它通过复位阶段后控制管脚上的逻辑电平来识别微控制器接口。每种接口有固定管脚的连接组合。下面列出了三种连接方式。

(1) UART 接口连接方式。

MF-RC522 内部 UART 接口兼容 RS-232 串行接口。默认的传输速率为 9.6 kb/s，也可以通过向 SerialSpeedReg 寄存器写入一个新的数值来改变传输速率。SerialSpeedReg 寄存器中的位 BR_TO 和位 BR_T1 定义的因数用来设置传输速率。UART 接口硬件配置如图 7-16 所示。

RX 线与 TX 线和微控制器连接采用交叉连接，即微控制器的 TX 线连接 MF-RC522 的 RX，微控制器的 RX 线连接 MF-RC522 的 TX。

(2) IIC 接口连接方式。

MF-RC522 支持 IIC 总线接口，IIC 接口操作遵循 IIC 接口规范。在标准、快速和高速模式下，MF-RC522 可用作从接收器或从发送器。其 IIC 接口硬件如图 7-17 所示。

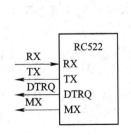

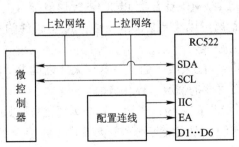

图 7-16　UART 接口硬件配置图　　　　　图 7-17　IIC 接口硬件配置图

SDA 是双向数据线,通过一个电流源或者上拉电阻连接到正电压上,SCL 是时钟线,也是通过一个电流源或者上拉电阻连接到正电压上。不传输数据时,SDA 和 SCL 都保持高电平。MF-RC522 有一个三态输出级执行线与功能。标准模式下 IIC 总线的传输速率为 100 kb/s,快速模式下为 400 kb/s,高速模式下高达 3.4 Mb/s。

(3) SPI 接口连接方式。

SPI 接口可处理高达 10 Mb/s 的数据速率。在与主机微控制器通信时,MF-RC522 用作从机,接收寄存器设置的外部微控制器的数据以及发送和接收 RF 接口相关的通信数据。MF-RC522 与微控制器之间通过 SPI 连接,其电路图如图 7-18 所示。

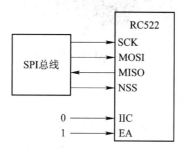

图 7-18　SPI 接口硬件配置图

在 SPI 通信中 MF-RC522 模块用作从机。SPI 时钟 SCK 由主机产生。数据通过 MOSI 线从主机传输到从机,同时通过 MISO 线从 MF-RC522 发回到主机。NSS 是 SPI 片选引脚线。MF-RC522 要求额外的 2 个引脚 IIC 和 EA 分别固定接低电平和高电平。这 2 个引脚不参与 SPI 总线传输,只起设定 MF-RC522 数字界面采用 SPI 接口的作用。另外,片选信号必须保证在写入数据流期间为低电平,而在无数据流写入时则为高电平,不能一直将 NSS 置为低电平。MOSI 和 MISO 传输每个字节时都是高位在前。MOSI 上的数据在时钟的上升沿保持不变,在时钟的下降沿改变。MISO 也与之类似,在时钟的下降沿 MISO 的数据由 MF-RC522 来提供,在时钟的上升沿数据保持不变。

3) MF-RC522 天线电路

RFID 系统的作用距离和读写器天线的尺寸、匹配电路的性能以及周围环境有关。读写器天线的尺寸可以如下考虑:当作用距离为 10 cm 时,根据天线最佳几何尺寸的选择公式,如果读写器采用圆形天线,那么天线的半径应为 10 cm;如果采用长方形或方形的天线,则可以以圆形天线所围面积为参考进行修正。

(1) 天线电路的基本模式和选择原则是:MF-RC522 芯片是用于设计与 ISO/IEC 14443 TYPEA、MIFARE 类 PICC 进行信息交互的读写器基站芯片,它不加接外部放大器时的作用距离可以达到 10 cm。由于应用条件的不同,天线电路的模式有两大类,其匹配电路也有差异。

① 直接匹配天线:当读写器与天线之间的距离很短时采用此种模式,如手持式读写器、室内读写器的情况。

② 50 Ω 匹配天线:当读写器与天线之间的距离较长时,常采用这种模式。此时天线要用同轴电缆或双绞线与功率放大器输出连接,因此需要有匹配电路。采用这种模式,读写器与天线之间的距离可以达到 10 cm。

这两种模式的选择原则及需要的相关支持如图 7-19 所示。

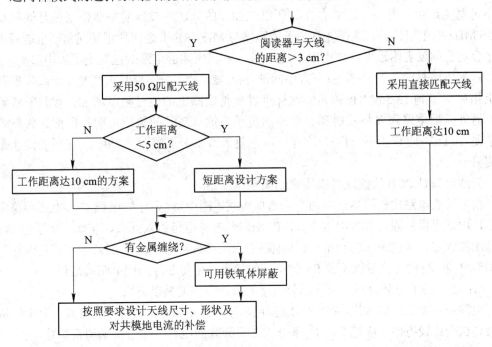

图 7-19　天线选择流程

(2) MF-RC522 天线电路如图 7-20 所示。

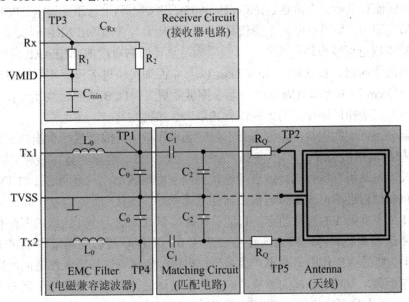

图 7-20　MF-RC522 天线原理图

13.56 MHz 读写器天线电路包括两大部分，如图 7-20 所示，其中黄色区域(浅灰色区域)(上部)是信号接收电路；下面的蓝、绿、棕色区域(深灰色区域)是信号发射电路。下面分别介绍两部分电路。发射电路部分可细分为 EMC 滤波电路(左下部分)、谐振与阻抗匹配电路(中下部分)、线圈/天线(右下部分)三部分。EMC 滤波电路主要是由 LC 低通滤波电路组成低通滤波器，RC522 芯片经由 Tx1 和 Tx2 送出的天线信号频率主要是 13.56 MHz，但是不可避免地也会有高次谐波存在。所以该部分的低通滤波器的主要作用就是滤除高于 13.56 MHz 的无用信号。这样既有利于读写器与 MIFARE 卡之间的正常通信，也能减少天线部分对空间或者附近电路的电磁干扰。(注：本段所述的电路颜色在电子版中可见。)

　　匹配电路是图 7-20 中棕色(下方中间部分)区域，此部分主要是调整整个天线发射部分的谐振频率点到 13.56 MHz 附近，这样可以使得线圈上的信号幅度增加，有利于磁场辐射。另外匹配电路还要将发射部分电路的电阻与读卡芯片的输出电阻相匹配，典型的电阻值是 50 Ω(不同芯片不一样)。这样可以使得天线部分获得最大功率，有利于读卡距离的提升。

　　天线可以是 PCB 线圈或者铜线绕制线圈。

　　信号接收电路比较简单，由四个元器件构成，图中黄色(上方)区域 C_{min} 电容可稳定读卡芯片内部提供的固定参考电压 V_{min}，R_1 则将此参考电压引入到 Rx 引脚，为芯片的接收信号添加固定直流电平，C_{Rx} 则从发生电路引入反馈信号与 V_{min} 叠加后送入芯片内部。通过调节 R_2 和 R_1 的比值可以调节 Rx 脚信号的幅度，使得芯片的读卡距离最佳。

　　(3) 以上图中电路为例，天线部分电路的设计应该遵循以下原则：

　　电路形式要做一些改进，在电感 L_0 左侧串联 0 Ω 电阻，将来断开电阻接入分析仪进行观察调试会比较方便。应把 C_0、C_2 都分成 2 只并联的电容，便于将来调整参数。

　　(4) PCB 设计注意事项：整个发射部分电路一定要注意对称设计，从 Tx1 和 Tx2 出来的两路信号的走线长度应尽量做到一致。两个电感应该用 0805(封装类型)及以上尺寸的封装类型，以保证有足够的电流通过(680 nH /0805)，否则不利于远距离读卡。PCB 线圈的长宽视具体情况而定，如果电路板不受模具限制可设计为与普通 MIFARE 卡长宽一致，如果线圈大小受限制也可减小线圈面积。一般原则是设计为与所读的 MIFARE 卡大小一致最好；线圈的圈数问题，长宽在 3 cm × 3 cm 以上 4 圈即可，过多反而不好调整参数。如果是在 3 cm × 3 cm 以下可以将圈数增加至 6 圈或者更多；PCB 线圈走线宽度在 0.5～1 mm 之间，间距与线宽相同即可，另外线圈拐角以圆弧过渡最好。

　　线圈部分不可大面积敷铜，否则会引起磁场涡流效应造成能量严重损耗。要注意线圈作用范围内(线圈周围全部空间)不可有大面积的金属元件、金属物体、金属镀膜物等。

　　整个发射电路所有器件的接地必须连接到同一根地线上并且返回芯片的 TVSS 引脚，且天线电路器件附近不可大面积覆铜，器件之间以导线连接。

　　MIFARE 卡上天线的尺寸固定，只能设计读写器天线的大小。天线的匹配程度、品质因数和功率通过调整参考电路的元件参数来调节。周围环境影响因素中金属干扰最为严重，金属干扰将导致操作距离减小，数据传输出错。金属与读写器天线之间的距离应大于有效的操作距离，为减小金属的影响，应使用铁氧体进行屏蔽。最好使金属与天线的距离大于 10 cm，最小也要为 3 cm，而且使用紧贴的铁氧体屏蔽。

　　另外，设计天线时为天线增加屏蔽可以有效抑制干扰，比如天线设计使用 4 层 PCB 板，在两个中间层布一天线线圈，在顶层和底层对应中间层线圈的地方布上一圈屏蔽地，当然这一圈屏蔽地本身不能闭合。调整天线的最好方法还是直接用 MIFARE 卡或标签试验，边调节元件参数边测试读写距离，直到满足设计要求为止，经常实践，对天线电路的习性就心中有数了。

4) 声光提示电路设计

读写器在读卡时需要声光提示，电路中三极管 V1、电阻 R5、蜂鸣器 Buz1 构成声音提示电路，由单片机的 P1.0 口控制，在 P1.0 口输出低电平时，Buz1 蜂鸣；发光二极管 VD1、电阻 R4 构成光提示电路，由单片机的 P1.7 口控制，在 P1.7 口输出低电平时，VD1 点亮。其电路原理如图 7-21 所示。

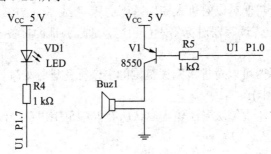

图 7-21　声光报警原理图

5) 液晶显示屏

液晶显示本书暂不讨论，有兴趣的读者可自行查阅有关文献资料。

6) 电源

该电源设计为 5 V 的 USB 供电，方便使用，可以直接使用一般的手机充电器插口，但是 RC522 射频模块使用 3.3 V 直流电源，在电路中采用 AMS1117-3.3 降压模块给其供电。AMS1117-3.3 是一种输出电压为 3.3 V 的正向低压降压稳压器，适用于高效率线性稳压器、开关电源稳压器、电池充电器、活跃的小型计算机系统接口、终端笔记本电脑的电源管理等需要电池供电的仪器。其电路图如图 7-22 所示。

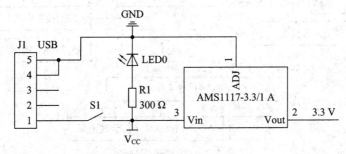

图 7-22　阅读器电源原理图

7.3.3　读写器的软件设计

上一节确定了 RFID 读写器硬件方案，设计了各模块与各接口的电路，并选择了 SPI 连接方式作为主控模块与射频模块的接口连接，本节将在硬件方案基础上完成 RFID 读写器总体软件方案的实现，将详细介绍各软件模块，并着重讨论防碰撞算法与安全通信协议。

该系统的主要功能为实现高频段 13.56 MHz 的智能 RFID 读写器，当 MIFARE 卡进入读写器识别范围时，读写器进行读卡，当多个卡同时进入读写器识别范围时，读写器启动防碰撞算法，将 MIFARE 卡信息一一读出，并将 MIFARE 卡信息通过 RS-232 接口返回到上位机软件或者通过串口调试助手显示在上位机上，便于分析读写器读卡的结果。具体过程如下：

(1) **识读标签**。对进入射频范围的标签(或 MIFARE 卡)进行识读，并通过串口将标签信息上传到上位机。

(2) **智能验证**。读写器可以对进入识别范围的标签(或 MIFARE 卡)进行智能选择，即当标签进入识别范围后，读写器对标签进行预读，通过验证的标签才可以通过认证，继续进行识读。

(3) **防碰撞**。读写器可以对进入阅读范围的多个标签进行处理，通过防碰撞算法读取所有标签(或 MIFARE 卡)。

(4) **防漏读**。通过轮询算法多次轮询确认所有射频范围内已经没有未读标签。

1. 系统程序结构

分析射频识别系统的特点，很容易看出，射频识别系统是一种实时系统，在读写器软件结构上可以分为两部分：主程序和中断程序。主程序一般一直处于自检状态和等待上位机发来的命令，同时向上位机返回数据。若收到正确的命令，则进行对应的操作，一般为启动 RFID 读卡流程；若没有收到命令，则继续进行自检。RFID 读写器系统一般为多中断系统，本系统中，SPI 通信接口的中断优先级别要高于 RS-232 接口的中断级别，LED 显示接口的中断级别为最低，按此顺序来处理命令。其系统流程框图如图 7-23 所示。

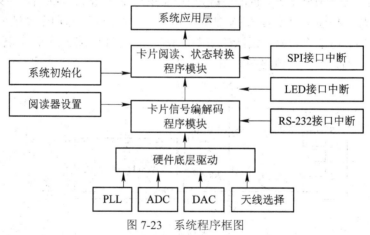

图 7-23　系统程序框图

图 7-23 为 RFID 读写器程序模块结构，由于射频识别系统对上下行信号的精确度和同步性要求很高，因此对 MIFARE 卡底层程序的设计显得尤为重要。上层模块负责调用底层模块功能，编码模块的上层程序模块负责读单卡操作、读多卡操作、唤醒卡、休眠卡等。

2. 主程序流程图

系统上电后，初始化主控板与射频模块及接口。然后发送标签识别命令，如果没有响应，则继续发送标签识别命令，直到有标签响应。标签响应后会判断是否发生了多标签碰撞问题，如果没有碰撞，则直接对标签操作，然后返回结果。如果发生碰撞，则运行多标签防碰撞算法，直到所有的标签全部读出，返回数据。其主要函数模块包括：

(1) 标签验证模块，通过二次校验机制，对数据库存在的标签进行识读，如果为非数据库标签，则直接丢弃处理。

(2) 防碰撞模块，如果发现有多个标签同时进入识读范围，则运行防碰撞算法，逐一识别出标签，然后返回数据。

(3) 防漏读，主要通过简单的二次查询来查询是否还有标签，如果没有标签则返回数据，如果发现新的标签，则继续识读新的标签。

主程序流程图如图 7-24 所示。

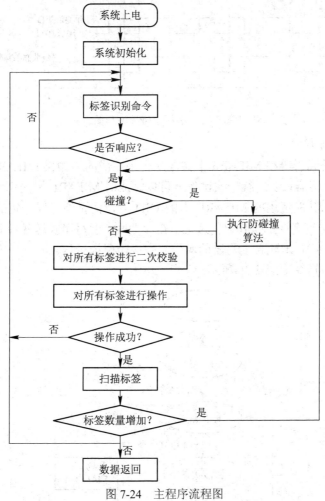

图 7-24　主程序流程图

3. 软件主要模块详细设计

当有多张 MIFARE 卡进入 RFID 读写器的识别范围时，ISO/IEC 14443A 协议要求读写器能够识别出碰撞的发生。所以如果有多张 MIFARE 卡同时进入读写器的识别区域时，读写器不应该读取多张 MIFARE 卡合成的波形信号。因此可以用不同形式的编码方式来表示二进制信号的 0 和 1。为了检测出多张卡同时访问时发生碰撞的位置，可以采用曼彻斯特(Manchester)编码，Manchester 编码的位置用电平的改变来标记。正常情况下，在每个周期内电平都会跳变一次，在半个周期的正边沿表示 1，在半个周期的负边沿表示 0。当同时有两个以上 MIFARE 卡进入识读范围时，由于每张 MIFARE 卡有唯一的卡号(UID)，所以肯定会出现某一位上有不同的值的情况，于是正负边沿正好发生抵消现象，在一个周期内，读写器识别到的信号没有跳变的发生，这样的信号读写器无法识别，于是读写器就可以认为在这一位上发生了碰撞。

多标签碰撞波形如图 7-25 所示。

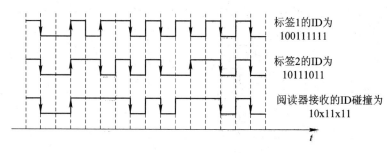

标签1的ID为
100111111

标签2的ID为
10111011

阅读器接收的ID碰撞为
10x11x11

图 7-25 多标签碰撞波形图

1) 防碰撞程序设计

防碰撞过程是读写器和 MIFARE 卡共同配合来完成的，如果 MIFARE 卡的 UID 是提前已知的，那么读写器只要进行一次操作就可以完成对 MIFARE 卡的识别。不过事实上读写器并不知道进入其能量场的 MIFARE 卡的 UID 号，而是通过以一定的顺序对进入其范围的 MIFARE 卡进行有序的操作来完成的。在此期间，读写器发送各种命令来对 MIFARE 卡进行操作，MIFARE 卡配合读写器的操作来完成防碰撞过程。

标签的状态与指令如图 7-26 所示。

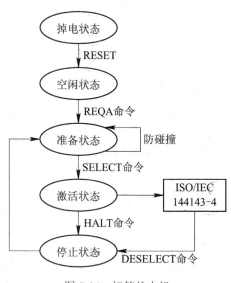

图 7-26 标签状态机

2) 标签操作指令

REQA 命令：用于检测识度范围内的 MIFARE 卡。

ANTICOLLISION 命令：用于防碰撞过程。

SELECT 指令：当有 4 个字节的 UID 数据出现在 ANTICOLLISION 命令中时就变成了 SELECT 命令。

HALT 命令：当一个标签完成了识读过程后，为了避免它进入下一次循环，读写器发送此命令来将标签置于休眠状态，此状态只有 WakeUp 命令才可唤醒。

3) 防碰撞算法原理与执行过程

利用以上状态机与操作命令可以设计出防碰撞算法。读写器发送 REQA 命令，检测进入识读范围的 RFID 标签或符合 ISO/IEC 14443A 标准的卡会进入准备状态，接着读写器发送 ANTICOLLISION 命令，接收到命令的卡会同时返回 MIFARE 卡的 UID，于是这个时候就发生了碰撞，读写器根据上面 Manchester 编码的特点，找到第一次发生碰撞的位置，读写器再次发送 ANTICOLLISION 命令，不过只向在上一步检测出发生碰撞的 MIFARE 卡发送命令，即向第一位发生碰撞的 MIFARE 卡发送命令。

MIFARE 卡接收到命令后向读写器返回 UID，如果这些返回 UID 的 MIFARE 卡再次发生碰撞，则重复上面的操作。如果不再发生碰撞，读写器发送命令校验 MIFARE 卡，通过二次校验之后标签被选中，将其 UID 发送给读写器。读写器检查 UID 的完整性，如果不完整，则此标签重新回到防碰撞算法中并重新进行识别；如果 MIFARE 卡的 UID 是完整的，则将其置于激活状态，等待进一步应用的调用。

从以上防碰撞算法可以看出，基于 ISO/IEC 14443A 标准设计的防碰撞算法原理，其实是将一张 MIFARE 卡选出来后，将其状态设置为激活状态，通信完毕后将标签置于休眠状态，防止它进入下一次碰撞，通过这种方法来将 MIFARE 卡一张张识读出来。不难看出，其实在此标准下，读写器不是识别到进入其阅读区域的所有 MIFARE 卡后同时对 MIFARE 卡进行阅读，而是每个 MIFARE 卡按顺序一张张被识读出来的，所以这种基于位编码的标签对时序的要求很严格，单独使用一个定时器来监督 MIFARE 卡 UID 的传输，如果在规定的时序操作内没有完成 MIFARE 卡操作，则放弃这次操作，将这张卡重新放入下一次碰撞中。

4) 防漏读与识读率

高频读写器的防漏读措施一般是通过算法流程的特殊操作来实现的。在防碰撞流程中已经进行过多次循环来读取每张 MIFARE 卡，本系统是在程序设计总流程上增加了二次或者多次查询机制，即在防碰撞算法完毕后，所有的标签都已经进入休眠状态，这时读写器再次发送 REQA 命令来查询识读范围内是否还有 MIFARE 卡响应，如果还有 MIFARE 卡则继续启动读卡流程，如果查不到有新的 MIFARE 卡的响应，则不再查询，进入下一步操作。

5) 二次校检机制

从上述防碰撞流程可以发现，未发生碰撞时，读写器会发送一个特殊的 ANTICOLLISION 命令来验证 MIFARE 卡，命令中一般包含 4 个字节的 UID，后面会附带校验码；MIFARE 卡在接收到此命令后会与自身的 UID 比较，如果相等则通过校验返回 MIFARE 卡的 UID。这是一种简单的校验机制，但是这个机制对于标签的验证起到了很关键的作用。

事实上，一般的 RFID 标签和读写器都是为特定用途而设计的，后台都有一个标签查询表和一个信息表来存放相应标签所对应的物品信息。RFID 读写器的功能也是针对特定的应用来设计的，这样必须对标签进行二次校验来提高识读效率，同时省去不必要的操作。

在一般情况下，所有 13.56 MHz 的读写器都可以读标签，所有的标签也都可以被读写器读取信息，这样不仅会有各种安全隐患，同时也对读写器的资源造成了浪费，并降低了读取效率。

采用二次校验机制，当标签进入某个读写器的射频范围后，读写器首先对其 ID 进行校验，即 RFID 读写器会去标签信息表中查找标签的 ID。如果没有找到相匹配的标签 ID，则对此标签做丢弃处理；如果密钥查询表中存在此标签 ID，则继续对其进行识读。

4. 读写器功能模块的划分

根据读写器的功能及性能需求，将读写器软件按照功能划分为七个模块：通信模块、寻卡模块、防碰撞模块、UID 认证模块、与 PC 串口通信模块和系统状态机管理模块。读写器软件功能模块的划分如图 7-27 所示。

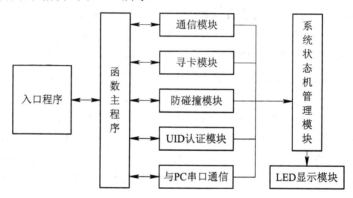

图 7-27　软件功能模块的划分

1) 入口程序

(1) 程序功能。主程序主要是完成一些初始化信息，包括对基带模块外围硬件接口、与射频模块通信接口 SPI、上位机通信端口、射频收发模块等模块的初始化；之后开始发送扫描标签命令，同时监听标签并进行相应的处理。

(2) 函数接口。此模块用到的接口函数有初始化基带模块引脚，包括蜂鸣器控制与指示灯控制等。

RS-232 接口的初始化模块主要用来监听系统读卡数据，然后将读卡数据传送到上位机，显示到上位机软件上；液晶控制模块主要用于监听读卡返回结果，并将读卡数据显示到液晶屏上；初始化射频模块的 SPI 接口与基带模块的 SPI 接口用于向射频模块发送指令和接受射频模块的读卡数据；初始化射频模块的各项功能包括定时器、天线、FIFO 等，设置通信模式，使读写器工作在 ISO/IEC 14443A 模式下，同时基带模块向射频模块发送 REQA 指令，使读写器处于寻卡状态，一旦有 MIFARE 卡响应，则进入下一步处理。

2) 通信模块

(1) 程序功能。在主程序完成一系列初始化工作之后，射频模块便开始寻卡操作，一旦查询到识读范围内存在 MIFARE 卡，则马上对其进行识读，并通过读写射频模块程序和 SPI 接口将数据返回到基带模块。如果有多张卡同时进入识读范围，则启动防碰撞程序来对多卡进行识读。本模块的具体逻辑流程图如图 7-28 所示。

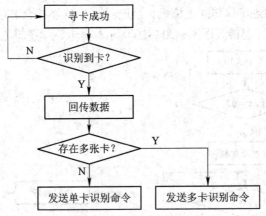

图 7-28　通信模块流程图

(2) 函数接口。此模块用到的函数包括 SPI 通信的数据收发、FIFO 缓存区操作函数等。其中 SPI 通信的数据收发主要通过 SPI 接口读写 RC522 寄存器。FIFO 缓存区的操作主要是清空 FIFO 区域、读回 FIFO 缓存区的数据。

3) 寻卡模块

在基带控制模块向射频模块发送 REQA 寻卡命令后，射频模块开始扫描，一旦扫描到有 MIFARE 卡的存在，会先判断它的状态，如果是处于休眠状态的 MIFARE 卡，说明是已经读过的 MIFARE 卡，忽略此卡；反之则对其进行下一步读卡操作。

寻卡模块的逻辑流程图如图 7-29 所示。

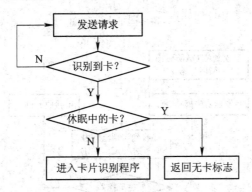

图 7-29　寻卡模块流程图

寻卡函数的功能是查询读写器射频区域内是否有标签存在。在函数中设置寻卡模式的参数，如果是初次寻卡，不管 MIFARE 卡是处于休眠状态还是读卡状态都将对其进行读卡操作；反之防碰撞算法流程中本系统读完的 MIFARE 卡将置于休眠状态，不再进入读卡操作。

4) 防碰撞模块

寻卡成功之后，系统会判别返回的 MIFARE 卡的 UID 信息，如果是一串完整的 UID，则证明是单卡，对其进行下一步单卡识读操作即可；如果返回的 UID 检测到有叠加位的存在，则说明存在多卡，发生了碰撞，然后启动防碰撞算法来识读 MIFARE 卡。

单卡的识读比较简单，通过向 MIFARE 卡发送识读命令，并且对寄存器进行操作，检查 MIFARE 卡 UID 信息的完整性，既可得到 MIFARE 卡的 UID，随后对得到的 UID 进行校验，通过校验的 UID 可以通过串口传回上位机。当返回的 UID 不符合 ISO/IEC 14443A 标准时，则做丢弃处理。单卡识读逻辑流程图如图 7-30 所示。多卡识读逻辑流程图如图 7-31 所示。

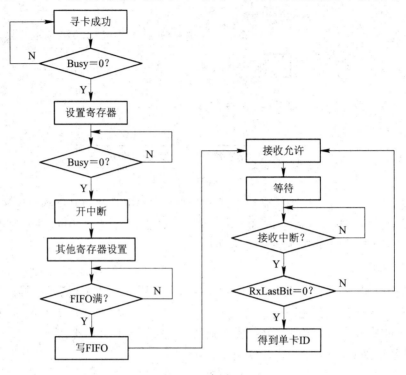

图 7-30　读单卡流程图

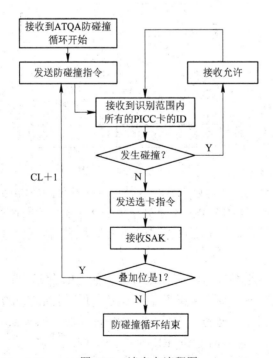

图 7-31　读多卡流程图

5) UID 认证模块

UID 的认证是 MIFARE 卡安全通信的保障，普通应用中，使用密钥对 MIFARE 卡的通信过程进行加密解密，并对 MIFARE 卡进行认证，即可达到安全需求，同时需引入二次校验机制。由于 RFID 读写器一般都是根据特定功能设计的，所以对不再系统密钥登记表中的 MIFARE 卡做丢弃处理。系统密钥登记表是包括 MIFARE 卡 ID 和 MetaID 密钥的一张表。密钥查询表可以用在二次校验机制中。

UID 认证逻辑流程图如图 7-32 所示。

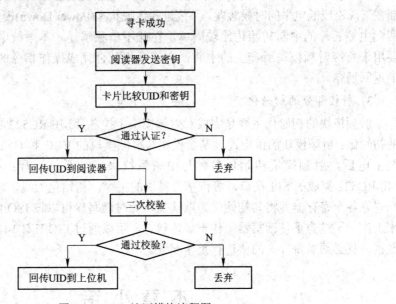

图 7-32　UID 认证模块流程图

5. 读写器底层程序设计

此读写器与上位机的通信接口采用 RS-232 串口进行通信。RS-232 串口通信采用"1 位起始位 + 8 位数据位 + 1 位标志位 + 1 位停止位"的数据结构进行通信。RS-232 串口通信已经非常成熟，其操作指令简单，例程很多，本书不再详细介绍。

主控程序通过 ISO/IEC 14443A 协议与标签进行通信，并发送指令实现对标签各种状态的操作。标签响应读写器指令，将数据返回给读写器，读写器收到数据后，在检验标签返回数据的完整性后，通过 RS-232 串口向上位机发送标签信息，同时激活蜂鸣器提示读标签成功。

6. 基带模块的初始化

基带模块的初始化主要包括对通用输入输出口(GPIO)、定时器、通用异步收发器和中断控制器等部分设置的初始化。

1) 定时器的初始化

STC89C52 除了有定时器/计数器 0 和定时器/计数器 1 之外，还增加了一个定时器/计数器 2。定时器/计数器 2 的控制和状态位位于 T2CON 和 T2MOD。定时器 2 是一个 16 位定时/计数器。通过设置特殊功能寄存器 T2CON 中的 CIT2 位，可将其作为定时器或计数器。定时器 2 有三种操作模式：捕获、自动重新装载(递增或递减计数)和波特率发生器，这三种模式由 T2CON 中的位进行选择。

2) 中断的初始化

RFID 读写器主程序通过中断来实现通信操作，接口的通信大多也通过中断来实现。其通信接口包括：与上位机通信的 RS-232 串口，与液晶屏通信的液晶接口，基带模块与射频模块通信的 SPI 接口，以及蜂鸣器和指示灯的驱动等。处理好系统的中断，可以有效提高系统整体效率。

主控芯片 STC89C52 具有丰富的中断资源，包括定时器中断、4 路外部中断等。4 路中断在下降沿或低电平的时候触发。系统进入休眠状态(Power Down)模式后，可由外部中断唤醒。主控芯片的中断初始化比较简单，在此不单独阐述。本系统中，主控芯片的中断主要用来响应射频模块所产生的中断，它们互相配合完成操作指令的发送和读取数据指令的返回通信。

3) 射频部分的初始化

射频模块的初始化主要是完成对射频模块主控芯片 MF-RC522 的配置和与各接口模块的初始化。射频模块的供电通过基带模块与射频模块的 VCC 和 GND 端口对接来实现，系统上电后，射频模块初始化时钟与中断系统来驱动系统运行；初始化射频主控芯片 MF-RC522 集成的 SPI 接口，等待基带模块的指令，初始化天线，向空间发射射频信号。配置好各个寄存器并将其初始化为默认值，此时读写器可以按 ISO/IEC 14443-TypeA 模式来工作。不过为了使读写器工作于最佳状态，可以通过 ISO/IEC 14443-TypeA 协议来传输数据，且必须对寄存器的值进行重新配置。

本 章 小 结

本章主要介绍了 RFID 读写器的设计。读写器是 RFID 技术的核心，读写器的基本功能是触发作为数据载体的电子标签，与电子标签建立通信联系。电子标签与读写器非接触通信的一系列任务均由读写器处理，同时读写器在应用软件的控制下，实现读写器在系统网络中的运行。本章主要介绍了符合 MIFARE 技术的 13.56 MHz 高频读写器设计，主要包括硬件设计和软件设计。

在硬件设计部分，本章着重介绍了微处理器和射频模块的选型。选择 STC89S52 作为微处理器、MF-RC522 作为主控芯片。天线设计是 13.56 MHz RFID 技术的关键技术之一，本章介绍了基于 MF-RC530 芯片的直接匹配天线和 50 Ω 匹配天线的设计方法。软件部分主要介绍了寻卡、防碰撞、UID 认证的流程图。

习 题 7

7.1　RFID 技术中的读写器的常用射频芯片有哪些？

7.2　MIFARE 技术中 S50 系列卡片内存是怎么分布的？

7.3　MF-RC522 芯片支持 RFID 的哪个标准？它有什么功能？

7.4 MF-RC522 芯片内部寄存器是怎么划分的？

7.5 如何使用 IRQ 引脚产生所需的中断信号？

7.6 MF-RC522 芯片与微控制器之间的连接有哪几种方式？分别怎么连接？

7.7 读写器软件设计部分包含哪些流程？

7.8 防碰撞流程图是什么样的？

7.9 编写一个寻卡程序。

7.10 读写器与上位机之间的连接方式是什么？如何实现？

第八章　RFID 的应用案例

近年来，RFID 技术已有一些重大进展与许多成功案例。越来越多的用户使用 RFID 解决特定的问题或改善特定方案，包含硬件部分的标签、天线、读写器，以及软件应用系统。本章主要介绍门禁控制系统、溯源系统和仓储管理系统这三个 RFID 应用案例。

8.1　RFID 门禁控制系统

8.1.1　门禁控制系统发展背景

传统的机械门锁仅仅是单纯的机械装置，无论结构设计多么合理，材料多么坚固，人们总能通过各种手段把它打开。在出入人员很多的通道(办公大楼、酒店客房)，钥匙的管理很麻烦，若发生钥匙丢失或人员更换，则都要把锁和钥匙一起更换。为了解决这些问题，就出现了电子磁卡锁与电子密码锁，这两种锁的出现从一定程度上提高了人们对出入口通道的管理程度，使通道管理进入了电子时代。但随着这两种电子锁的不断应用，它们本身的缺陷就逐渐暴露，磁卡锁的问题是信息容易复制，接触卡与读卡机之间磨损大，故障率高，安全系数低。密码锁的问题是密码容易泄露，又无从查起，安全系数很低。同时这个时期的产品由于大多采用读卡部分(密码输入)与控制部分合在一起安装在门外，很容易被人在室外打开锁。这个时期的门禁系统还停留在早期不成熟阶段，因此当时的门禁系统通常被称为电子锁，应用也不广泛。

最近几年随着感应卡技术、生物识别技术的发展，门禁系统得到了飞跃式的发展，进入了成熟期，出现了感应卡式门禁系统、指纹门禁系统、虹膜门禁系统、面部识别门禁系统、乱序键盘门禁系统等各种技术的系统，它们在安全性、方便性、易管理性等方面都各有特长。门禁系统的应用领域也越来越广，其中基于 RFID 技术的门禁系统是比较常见的。

RFID 门禁系统作为一项先进的高技术防范手段，具有隐蔽性和及时性，在科研、工业、博物馆、酒店、商场、医疗监护、银行和监狱等领域，得到越来越广泛的应用。门禁系统作为安保自动化管理的一个重要组成部分，越来越引起人们的关注，采用无障碍快速通道来实现人员进出管理，更是一种非常先进的管理方式。无障碍快速通道是专门为日益增长的安全需要而特别设计的高科技产品，可以防止未经授权的人员进入，为受限制的区域提供快速进出条件下的安全保障。

1. 门禁系统简介

门禁系统没有物理障碍，利用 RFID 检测人员通过和运行的方向，方便人员快速通行，同时又防止未授权人员的非法通行，无需刷卡，实现了真正的快速通行，通行速度可达

3 人/秒。门禁系统具备防尾随功能，可及时识别尾随在合法人员后面试图进入通道的非授权人员，并在监控中心发出声光报警，如有需要还可以同时把非法通过人员的照片抓拍下来，以备日后查证。门禁系统从一个方向刷卡且人员只能按刷卡对应的方向进入，防止内部人员为外来人员放行，可有效防止在通道端刷卡，而非法人员从另一端闯入。门禁系统具备防钻功能，防止非法人员从通道底部钻入。门禁系统可实现在高档写字楼、工厂、机场、实验室等快速进出场合下的安全管制。使用 RFID 门禁系统，管理人员坐在监控电脑前就可以了解整个公司人员的进出情况，根据电脑的实时监控功能，判断是否要到现场进行观察，同时可对人员进出情况、报警事件等信息进行游览察看、打印或存档。此外，RFID 感应卡不易复制、安全可靠、寿命长，非接触读卡方式可以使卡的机械磨损减少到零。

2. 门禁系统的国内外发展状况及趋势

1) 门禁系统国外状况

目前，欧美门禁系统市场已开始进入成熟阶段，其产业分工明确，催生出了一批专业的门禁系统公司，负责门禁系统中不同设备的开发和生产，如美国的 HID 公司、德国的 Destele 公司。由于市场的不断成熟发展，人们在感受到门禁系统带来的便利性和实用性后，可以自行购买零部件组装成一套完整的门禁系统。从目前门禁系统的发展趋势和运用前景来看，磁卡和接触式门禁系统开始逐渐退出市场，非接触式门禁系统以它优越的性能和广泛的运用领域开始主导门禁系统市场。RFID 卡在国外很早就得到重视并且开始大量投入研究，特别是在美国和欧洲国家，而国内在近几年才开始 RFID 卡方面的研究使用。当今世界上 RFID 卡主流产品采用的是飞利浦(Philips)公司的 MIFARE 技术，其已经被指定为国际标准 ISO/IEC 14443 Type A 标准。欧洲及其他发展中国家的一些 RFID 卡、读写器制造商都以 MIFARE 技术为标准进行设计生产。

2) 门禁系统国内状况

我国本土厂商(如爱迪尔、华本、芯微等)已经成功研发了指纹识别芯片。国内对门禁系统的研究已经从认识研究阶段发展到自主研究阶段。而在系统的结构方面，国内门禁系统的核心(控制器)大多由国外企业开发研制。国内大部分厂家对门禁系统的研究仍然处于仿制阶段，没有对门禁系统核心技术进行自主研究开发。

3) 近年国内门禁发展新需求

对于 RFID 门禁系统在一些特定场所(需远距离感应或开放式通道管理)的应用(如会议签到系统、大人流量考勤、学生的出入管理)，其人员通常具有相当的身份或特殊性，如果采用近距离持卡刷卡进出模式在距离和可实施性上就完全不可取，其原有的 RFID 系统已经远远不能满足应用需求。

4) 门禁系统发展趋势分析

RFID 卡的发展趋势为可读写的大容量 IC 卡，这类卡可以实现一卡通系统。与之相比，指纹等要求高安全性的门禁系统只适用于一些特定的场合。借此技术发展趋势，国内门禁系统厂商对其产品在新领域的应用也提出了新的解决方案。一些开放式通道已实现门禁验证安全管理(会议签到、公园/地铁出入口验证)，实现了大流量人流的快速通过、快速计数、快速考勤、快速验证。基于全国/全世界连锁企业，基于 LAN/WAN 网络的异地化管理、数据共享门禁管理系统等，这些都是门禁系统发展的趋势。

3. 门禁系统的特点

门禁系统具有以下特点：

(1) 具有对通道出入控制、保安防盗和报警等多种功能。

(2) 使用寿命长。RFID 卡和读写器无需机械接触即可工作，从而避免了因机械磨损而导致的故障，大大延长了使用寿命。

(3) 方便内部员工或者住户出入，同时杜绝外来人员随意进出，既方便内部管理，又增强了内部的安保。RFID 卡使用非常简单，不需固定方向和位置，决不会有黑暗中找不到锁孔的烦恼。

(4) 门禁管理系统在智能建筑中是安保自动化的一部分，可为用户提供一个高效的工作环境，从而提高了安全管理的质量。

(5) 安全可靠。每张卡片在出厂时都写有唯一的不可更改的编号，卡片和读写器均不可复制，且防水、防磁、抗干扰。若卡片不慎丢失，不需再劳神费力换锁，只需在控制器或系统软件上将卡片信息删除便可万无一失，确保了系统的安全性和可靠性。

(6) 一卡多用。机械锁每扇门至少必须配一把钥匙，而 RFID 卡可以一张卡开多个门，只要随身带一张卡，便可通行任意通道，再也不用带很多沉甸甸的钥匙。

8.1.2　RFID 门禁控制系统的设计

1. RFID 门禁系统的设计

1) 设计原则

建设智能化大厦的工作属于百年大计，必须经得起时间的考验。整个门禁系统既要处于技术的尖端，又要符合实际的需要。因此，门禁系统的设计应遵循下列原则：

(1) 系统的实用性。

门禁系统的功能应符合实际需要，不能华而不实，如果片面追求系统的超前性，势必造成投资过大，离实际需求偏离太远，系统的实用性是首先应遵循的第一原则。

(2) 系统的易操作性。

系统的前端产品和系统的软件应具有良好的可学习性和可操作性，特别是可操作性，应使具备电脑初级操作水平的管理人员，通过简单的培训就能掌握系统的操作要领，达到独立完成值班任务的水平。

(3) 系统的实时性。

为了防止门禁系统中任何一个子系统出现差错或停机影响到整个系统的运行，门禁系统的各子系统应尽可能设计成不停机系统，以保证整个系统正常运行。

(4) 系统的完整性。

一个完整的门禁系统是建筑物整体形象的重要标志，功能完善、设备齐全、管理方便是设计门禁系统应考虑的因素。

(5) 系统的安全性。

门禁系统在保证所有设备及配件性能安全可靠的同时，还应符合国内、国际的相关安全标准。另外，系统安全性还应体现在信息传输及使用过程中确保不易被截获和窃取。

(6) 系统的可扩展性。

门禁系统的技术在不断向前发展，用户需求也在发生变化，因此门禁系统的设计与实施应考虑到将来可扩展的实际需要。系统设计时，可以对系统的功能进行合理配置，并且这种配置可以按照需求进行改变。系统可灵活增减或更新各个子系统，保持门禁系统的技术处于领先地位。系统软件可以进行实时更新，并提供免费的软件升级服务。

(7) 系统的易维护性。

门禁系统在运行过程中的维护应尽量简单易行，使系统的运行真正做到开电即可工作，并且维护无需使用过多的专用工具。从计算机的配置到系统的配置都要充分仔细地考虑到系统可靠性，在做到系统故障率最低的同时，也要考虑到在意想不到的问题发生时，要保证数据的方便保存和快速恢复，并且保证紧急时能迅速打开通道。整个系统的维护应采用在线方式，不会因为部分设备的维护而停止所有设备的正常运作。

(8) 系统的稳定性。

系统所采用的产品，应该是经历长时间市场应用的成熟产品，该产品应在国内有许多成功案例。

(9) 系统投资的最佳效果。

作为面向 21 世纪的建筑，智能化系统首先要具有先进性，以适应未来发展的需要。因此设计的思路必须超前，选用的系统设备和软件必须是目前国内比较先进的。

门禁系统在设计时要考虑到目前国内的实际应用水平，实现合理的投资，得到最佳的效果。这主要体现在三个方面，在满足客户要求和系统可靠性的前提下，初期的投资要尽可能少；系统运行后，保养和维护的费用要少，系统在未来进行搬迁或改造升级时，只需要少量资金便可达成。

2) 设计依据

门禁系统的主要设计依据如下：

《安全防范工程程序与要求》GT/T75—94；

《高层民用建筑设计防火规范》JGJ/T16—92；

《电气装置安装工程施工及验收规范》G8J32—82；

《国际综合布线标准》ISO/IEC 11801；

《民用建筑电气设计规范》JGJ/T 16—92；

《中华人民共和国安全防范行业标准》GA/T74—94；

《中华人民共和国公共安全行业标准》GA/T70—94；

《监控系统工程技术规范》GB/50198—94。

2. RFID 门禁系统的分类

1) 按照门禁系统的设计原理分类

(1) 独立一体机。这种门禁系统的控制器自带读写器，优点是价格便宜，便于安装；缺点是部分控制线必须露在门外，通过时需要卡片或密码开门，安全性较差。

(2) 控制器与读写器是分体的。此种门禁系统控制器安装在室内，只有读写器输入线露在室外，其他所有控制线均在室内，而读写器传递的是数字信号。因此，若无有效卡片或密码，任何人都无法进门。这种类型的门禁系统比独立一体机贵，安全性有很大的提高，是门禁系统的首选。

2) 按照门禁系统读卡器的连接类型分类

门禁控制器与读写器分开的方式中，又有单机型控制器和网络型控制器之分。

(1) 单机型控制器。此类型的门禁系统适用于小系统或安装位置集中的单位，通常采用 RS-485 通信方式。其优点是投资小，通信线路专用；其缺点是一旦安装好就不能随意无意地更换管理中心的位置，不易实现网络控制和异地控制。

(2) 网络型控制器。此类产品的通信方式采用的是网络常见的 TCP/IP 协议。其优点是控制器与管理中心是通过局域网传递数据的，管理中心位置可以随时变更，不需要重新布线安装，很容易实现网络控制和异地控制，适用于大系统或安装位置分散的系统；其缺点是系统通信部分的稳定性依赖于局域网的稳定性。

3) 按照门禁系统的进出识别方式分类

(1) 密码识别。此类门禁系统通过检验输入密码是否正确来识别进出权限。其优点是操作方便，无须携带卡片且成本低；其缺点是同时只能容纳三组密码，容易泄漏，安全性很差且只能单向控制和无进出记录。

(2) 磁卡卡片识别。此类门禁系统通过读卡或读卡加密码方式来识别进出权限。其优点是成本较低，安全性一般，可连接计算机且有开门记录；其缺点是卡片是接触式的，设备会有磨损，使用寿命较短，卡片容易复制，不易双向控制，且容易因外界磁场丢失使卡片无效。

(3) RFID 射频卡识别。此类门禁系统通过无接触的射频识别技术识别进出权限。其优点是卡片与读写器间是非接触方式，开门方便安全且寿命较长；安全性高，可联机使用，有开门记录，可以实现双向控制，卡片很难被复制。

8.1.3　RFID 门禁系统的组成

RFID 门禁系统主要由身份识别单元、处理与控制单元、电锁与执行单元、传感与报警单元、线路及通信单元和管理与设置单元组成。

1. 身份识别单元

身份识别单元是门禁系统的重要组成部分，起到对通行人员的身份进行识别和确认的作用。实现身份识别的方式和种类很多，主要有卡证类身份识别方式、密码类识别方式、生物识别类身份识别方式以及复合类身份识别方式。生物特征识别主要包括指纹、掌型、眼底纹、面部、语音特征、签字等的识别；人员编码识别包括普通键盘、乱序键盘、条码卡、磁卡、IC 卡、感应卡的识别；物品特征识别包括金属物、磁性物、爆炸物、放射物、特殊化学物等的识别。

2. 处理与控制单元

处理与控制单元通常是指门禁系统的控制器。门禁控制器是门禁系统的中枢，就像人体的大脑一样，里面存储了大量相关人员的卡号、密码等信息，这些资料的重要程度是显而易见的。另外，门禁控制器还负担着运行和处理的各种任务，对各种各样的出入请求做出判断和响应。门禁控制器由运算单元、存储单元、输入单元、输出单元、通信单元等组成。门禁控制器是门禁系统的核心部分，也是门禁系统最重要的部分。

1) 安全性

影响门禁控制器的安全性的因素很多，通常表现在以下几个方面：

(1) 控制器的分布。控制器必须放置在专门的弱电间或设备间内集中管理，控制器与读写器之间具有远距离信号传输的能力，尽量不要使用通用的 Wiegand 协议，因为 Wiegand 协议只能传输几十米的距离，这样就要求门禁控制器必须与读写器就近放置，非常不利于控制器的管理和安全保障。设计良好的控制器与读写器之间的距离应不小于 1200 米，控制器与控制器之间的距离也应不小于 1200 米。

(2) 控制器的防破坏措施。控制器机箱必须具有一定的防砸、防撬、防爆、防火、防腐蚀的能力，尽可能阻止各种非法破坏事件的发生。

(3) 控制器的电源供应。控制器内部必须带有 UPS 系统，在外部电源无法供电时，至少能够让门禁控制器继续工作几个小时，以防止有人切断电源从而导致门禁瘫痪事件的发生。

(4) 控制器的报警能力。控制器必须具有各种即时报警的能力，如电源、UPS 等各种设备的故障提示，机箱被打开的警告信息，以及通信或线路故障报警、提醒等。

(5) 开关量信号的处理。门禁控制器最好不要使用开关量信号，门禁系统中有许多信号会以开关量的方式输出，例如门磁信号和出门按钮信号等，由于开关量信号只有短路和开路两种状态，所以很容易遭到利用和破坏，会大大降低门禁系统整体的安全性。能够将开关量信号加以转换传输才能提高安全性，如转换成 TTL 电平信号或数字量信号等。

2) 稳定性与可靠性

影响门禁控制器的稳定性和可靠性的因素也非常多，通常表现在以下几个方面：

(1) 设计结构。门禁控制器的整体结构设计是非常重要的，设计良好的门禁系统将尽量避免使用插槽式的扩展板，以防止长时间使用而氧化引起接触不良；使用可靠的接插件，可方便接线并且牢固可靠；元器件的分布和线路走向合理，可减少干扰，同时增强抗干扰能力；机箱布局合理，可增强整体的散热效果。门禁控制器是一个特殊的控制设备，不应该一味追求使用最新的技术和元件。控制器的处理速度不是越快就越好，也不是门数越集中就越好，而是必须强调稳定性和可靠性，够用且稳定的门禁控制器才是好的控制器。

(2) 电源部分。电源是门禁控制器中非常重要的部分，提供给元器件稳定、干净的工作电压是稳定性的必要前提，但 220 V 的市电经常不稳定，可能存在电压过低、过高、波动、浪涌等现象，这就需要电源具有良好的滤波和稳压能力。此外电源还需要有很强的抗干扰能力(干扰包括高频感应信号、雷击等)。控制器内部的不间断电源也是很必要的，并且不间断电源必须放置在控制器机箱的内部，保证不能轻易被切断或破坏。

(3) 控制器的程序设计。相当多的门禁控制器在执行一些高级功能或与其他弱电子系统实现联动时，是完全依赖计算机及软件来实现的，由于计算机是非常不稳定的，这可能意味着一旦计算机发生故障则会导致整个系统失灵或瘫痪。所以设计良好的门禁系统中所有的逻辑判断和各种高级功能的应用，必须依赖门禁控制器的硬件系统来完成，也就是说必须由控制器的程序来实现，只有这样，门禁系统才是最可靠的，并且也有最快的系统响应速度，而且不会随着系统的不断扩大而降低整个门禁系统的响应速度和性能。

(4) 继电器的容量。门禁控制器的输出是由继电器控制的。控制器工作时，继电器要频繁地开合，而每次开合时都有一个瞬时电流通过。如果继电器容量太小，瞬时电流有可能超过继电器的容量，很快会损坏继电器。一般情况继电器容量应大于电锁峰值电流 3 倍以上。另外继电器的输出端通常是接电锁等大电流的电感性设备，瞬间的电路通断会产生反馈电流的冲击，所以输出端宜有压敏电阻或者反向二极管等元器件予以保护。

(5) 控制器的保护。门禁控制器的元器件的工作电压一般为 5 V，如果电压超过 5 V 就会损坏元器件，而使控制器不能工作。这就要求控制器的所有输入、输出口都有动态电压保护，以免外界可能的大电压加载到控制器上而损坏元器件。另外控制器的读写器输入电路还需要具有防错接和防浪涌的保护措施，良好的保护可以使得即使电源接在读写器数据端都不会烧坏电路，通过防浪涌动态电压保护可以避免因为读写器质量问题影响到控制器的正常运行。

3. 电锁与执行单元

电锁与执行单元包括各种电子锁具、挡车器等控制设备，这些设备应具有动作灵敏、执行可靠及良好的防潮、防腐性能，并具有足够的机械强度和防破坏的能力。电子锁具的型号和种类非常之多，按工作原理的差异，具体可以分为电插锁、磁力锁、阴极锁、阳极锁和剪力锁等，可以满足各种木门、玻璃门、金属门的安装需要。每种电子锁具都有自己的特点，在安全性、方便性和可靠性上也各有差异，需要根据具体的实际情况来选择合适的电子锁具。

4. 控制执行机构

出入口控制执行机构执行从出入口管理子系统发来的控制命令，在出入口作出相应的动作，实现出入口控制系统的拒绝与放行操作。常见的如电控锁、挡车器、报警指示装置等被控设备，以及电动门等控制对象。

5. 传感与报警单元

传感与报警单元部分包括各种传感器、探测器和按钮等设备，应具有一定的防机械性创伤措施。门禁系统中最常用的就是门磁和出门按钮，这些设备全部都采用开关量输出信号，设计良好的门禁系统可以将门磁报警信号与出门按钮信号进行加密或转换，如转换成 TTL 电平信号或数字量信号。同时门禁系统还可以监测出以下报警状态：短路、安全、开路、请求退出、噪声、干扰、屏蔽、设备断路、防拆等，可防止人为对开关量报警信号的屏蔽和破坏，以提高门禁系统的安全性。另外门禁系统还应该对报警线路具有实时检测能力(无论系统是在撤除还是在布防的状态下)。

6. 线路及通信单元

门禁控制器应该可以支持多种联网的通信方式，如 RS-232、RS-485 或 TCP/IP 等，在不同的情况下使用各种联网方式，以实现全国甚至于全球范围内的系统联网。为了门禁系统整体安全性的考虑，通信必须能够以加密的方式传输，加密位数一般不少于 64 位。

7. 管理与设置单元

管理与设置单元主要指门禁系统的管理软件，管理软件可以运行在 Windows XP 和 Windows 10 等环境中，支持服务器/客户端的工作模式，并且可以对不同的用户进行可操作功能的授权和管理。管理软件应该使用 Microsoft 公司的 SQL 等大型数据库，具有良好的可开发性和集成能力。管理软件应该具有设备管理、人事信息管理、证章打印、用户授权、操作员权限管理、报警信息管理、事件浏览、电子地图等功能。

管理子系统是出入口控制系统的管理与控制中心，其具体功能如下：

(1) 它是出入口控制系统人机界面，负责接收从出入口识别装置发来的目标身份等信息，指挥、驱动出入口控制执行机构的动作。

(2) 出入目标的授权管理(对目标的出入行为能力进行设定)，如出入目标的访问级别、出入目标某时可出入某个出入口、出入目标可出入的次数等。

(3) 出入目标的出入行为鉴别及核准。把从识别子系统传来的信息与预先存储、设定的信息进行比较、判断，对符合出入授权的出入行为予以放行。

(4) 出入事件、操作事件、报警事件等的记录、存储及报表的生成。事件通常采用 4W 的格式，见图 8-1。

图 8-1　4W 管理系统

(5) 系统操作员的授权管理。设定操作员级别管理，使不同级别的操作员对系统有不同的操作能力，还有操作员登录核准管理等。

(6) 出入口控制方式的设定及系统维护，如单/多识别方式选择、输出控制信号设定等。

另外还有出入口的非法侵入检测、系统故障的报警处理等功能，包括扩展的管理功能及与其他控制及管理系统的连接，如考勤、寻更等功能，与防盗报警、视频监控、消防等系统的联动。

8.2　RFID 技术在溯源系统中的应用

8.2.1　RFID 技术在动物饲养中的应用

1. 背景分析

近年来，疯牛病、结核病等恶性食源性公共卫生危机在全球范围内频繁发生，高致病性禽流感、尼帕病等烈性人畜共患病在一些国家和地区反复发生和流行，对人类健康和经济社会协调发展造成严重威胁。动物卫生及动物产品安全问题成为各国政府、食品企业及消费者高度关注的焦点问题。各国都努力建立动物标识与可追溯管理体系，以规范畜禽养殖行为，有效预防和控制重大动物疫病，提高动物卫生监管水平，保障动物产品质量安全。使用 RFID 技术的动物标识及可追溯体系是人们采取的重要措施之一。

动物标识及可追溯体系是指对动物个体或群体进行标识，对有关饲养、屠宰加工等场所进行登记，对动物的饲养、运输、屠宰及动物产品的加工、储藏、运输、销售等环节相关信息进行记录，从而实现在发生疫情或出现质量安全事件时，能对动物饲养及动物产品生产、加工、销售等不同环节可能存在的问题进行有效追踪和溯源，对出现的问题能及时加以解决。

2003 年，"非典"的全面爆发给我国带来了巨大的损失，越来越多的因动物而引起的食品安全和公共安全问题也受到全社会的广泛关注。

2006 年 12 月，中华人民共和国国家质量监督检验检疫总局、中国国家标准化管理委员会发布了一项基于 RFID 技术的被称为动物"身份证"的标准《动物射频识别代码结构》(GB/T20563—2006)，并于 2006 年 12 月 1 日开始实施。国家动物代码是动物个体(包括家禽家畜、家养宠物、动物园动物、实验室动物等)身份的唯一标识代码。为了满足动物性食品的安全性和动物疾病的预警及控制等社会生活安全的需要，对每一个动物的信息进行登记并进行终生的跟踪和管理是十分必要的。国家动物代码作为动物个体信息在不同部门之间可以共享和交换，每一个国家动物代码都唯一对应着一只具体动物个体的相关信息，是实现动物个体在流通过程中的跟踪与追溯的重要基础保障。国家动物代码的使用保证了动物在流通过程中动物信息的可靠性，它对维护国家安全和公民的生命财产安全提供了保障，便于管理部门系统、准确地对动物个体进行管理。

RFID 面向动物识别追溯产品是基于国家标准《动物射频识别代码结构》(GB/T20563—2006)开发的动物标识及可追溯系统，它主要应用于对动物的饲养、运输、屠宰等环节进行跟踪监控，当爆发疫情时，可对动物进行追溯；卫生部门通过该系统能够对可能感染疾病的动物进行追溯，以决定其归属关系以及历史踪迹。同时该系统能对动物从出生到屠宰提供即时、详细、可靠的数据。

2. 原理及设计依据

RFID 系统利用了超高频(UHF)的 RFID 技术，其技术优点在于电子标签是一种非接触式的自动识别技术，它通过射频信号自动识别目标对象并获取相关数据，识别工作无须人工干预，可工作于各种恶劣环境。而超高频的 RFID 技术具有较远的读写距离，能够在比较远的距离上识别高速运动中的动物体，并可同时识别多个标签，操作快捷方便。

畜牧业 RFID 追溯系统电子标签采用的是符合国际标准的 ISO 18000-6C 协议的 EPC 标签，其中 EPC 区数据编码依据国标(《动物射频识别代码结构》(GB/T20563—2006))，并且结合 EPC 标签的特色组成了如图 8-2 所示的编码格式。

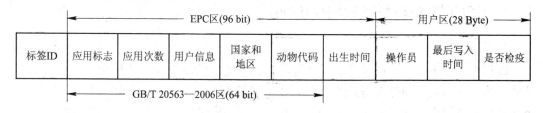

图 8-2　追溯系统标签格式

3. 主要特点

(1) 全自动识别。系统实现了动物身份编码，使得检疫人员只需通过系统手持设备就能很轻易地获得某个动物的成长、疾病、检疫状况。

(2) 高效的可追溯性。系统对动物的整个生命周期进行全程的跟踪，并对每个环节进行记录，同时将数据集中备份在信息管理中心，如发生事件，系统将自动对事件动物来源进行查找，方便管理人员进行分析。

(3) 方便性。系统全电子化的数据集中管理，使得大量的数据查找工作由服务器来完成，节省了大量的人力和时间，使得对事件的反应得以提速。

(4) 安全性。本系统采用希瑞福公司新一代 RFID 电子标签，该电子标签是专为动物而设计的，识别响应时间快，平均故障发生率低，可以确保标签识别环节的安全性、及时性及稳定性，另外采用高性能及高容错的系统服务器，这样可以确保服务器的高稳定性、安全性及网络的传输速度，从而实现系统的实时传输，保证了信息的及时性。

(5) 提高管理水平。系统可实现集中管理、分布式控制；规范疫情的监督管理，减少各个不必要的环节，使得突发事件第一时间可以到达管理高层，使得事件可以得到及时的处理。

(6) 系统的可扩展性。考虑到将来的发展趋势及信息化建设的推动，设计上能够方便地实现系统的扩充。

4. 结构及组成

动物追溯系统主要分为三级体系，分别为管理中心、控制中心、检疫子站。系统结构和组成如图 8-3 所示。

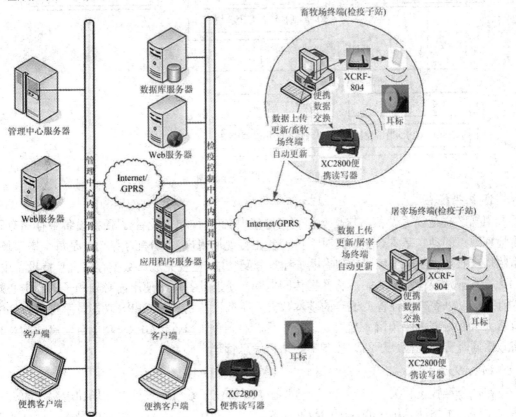

图 8-3　追溯系统拓补图

5. 主要组成功能介绍

动物追溯系统整体结构分为三级体制，信息管理中心在系统中具有唯一性，主要建立在畜牧业主管单位；控制中心可有多个，一般建立在各个地区或市检疫局；检疫子站多与系统终端在一起，建立在各个畜牧生产终端。比如新疆地区：信息管理中心建立在畜牧厅防疫检疫部门的动物防监总站，控制中心建立在畜牧厅防疫检疫部门的地区或市检疫局，检疫子站则建立在各养殖场和屠宰厂。系统配置独立的便携终端，其目的是便于工作人员使用。

系统主要功能介绍如图 8-4 所示。

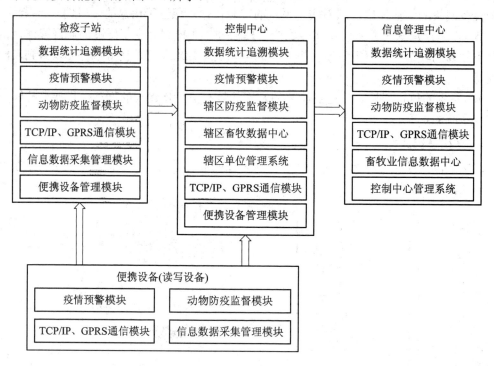

图 8-4　追溯系统组成图

1) 便携终端

便携终端是读写设备，它是一种便携检疫设备(简称便携设备)。便携设备中存储有即将检疫地点的动物基本数据，同时手持设备还有现场用户 ID 分配(用户 ID 是每个屠宰场、畜牧场或农场主的系统编号)、动物电子标签分配功能,检疫完成后数据存储在手持设备中,回到检疫子站或检疫中心站后将数据传回电脑。便携设备每次使用前必须和子站或中心站进行通信，以获得前往检疫地点的基本数据。便携设备还具有 GPRS 功能，手持机软件中有重大事件报警模块预留，当启动该模块后，遇到重大事件，GPRS 功能自动启动，及时将数据同时传回到检疫子站、控制中心站、信息管理中心。

2) 检疫子

在每个畜牧场和屠宰场建立一个检疫子站，检疫子站可以根据畜牧场和屠宰场的大小建立不同的子站计算机中心，子站能够完成动物电子标签的分配、数据的录入，检疫数据的录入，疾病的上报等功能，同时还拥有和手持设备进行数据通信的能力。

3) 控制中心

在每个地区建立一个实验室、一个无线接收系统和一个计算机控制中心(可有多个)。计算机控制中心负责接收检疫子站传输的各种数据信息(比如牛只的出生、疾病、生长状况等)。控制中心对数据进行分类、筛选和综合分析，具有用户 ID 分配(用户 ID 是每个屠宰场、畜牧场或农场主的系统编号)、动物电子标签分配，以及数据存储、显示、记录、打印、统计功能，并实现与该地区卫生局信息中心联网。

控制中心保存有所辖地区的所有要检疫动物的信息，每个子站的数据同步传输给中心站，中心站定时传输分析后的数据给管理中心。遇到重大情况中心站将同步传输数据给管理中心。

4) 信息管理中心

信息管理中心由卫生部相关部门组成，是本系统的决策中心(在系统中具有唯一性)，主要从检测中心站获得检测信息并进行分析、调研，及时做出管理决策，做到对动物疾病疫情早发现、早预报、早处理，同时加强动物从出生到屠宰的管理。

6. 系统管理内容

(1) 建立身份性管理，给动物及其产品建立身份标识。

系统对每只动物都置有电子标识，该标识具有 16 位有效数字，即有 1000 兆亿以上的不重复数据，因此对每只动物的状况可逐一获得，不会混淆、不会重复、不会更改，确保被管理对象的各项数据、指标绝对准确可靠。对乳肉产品的追踪做到溯源到户，甚至具体到每只动物。

(2) 建立可控性管理，建立动物的精密喂养数据库。

采用本系统后，由于对每个单位的每只动物的饮食、运动、健康状态能 24 小时全天候自动控制，并可在计算机中设定健康预警，所以任何疫情及普通的疫情均能被自动认出，并能及时地进行确认与处理，其可控程度极高。养殖企业能方便地利用计算机获得宏观的或个性的存栏、出栏、疫情等状况，并对此做出准确选择。一旦出现问题，即可追溯至各个企业，甚至每一只具体的动物，便于对问题及时采取措施。政府或企业、集团对饲养物的控制变化一目了然，企业、集团本身或散户配置系统后，动物的成长状况、健康状况均都自动进入监管系统，无法隐瞒。

(3) 建立经济性管理，优化动物市场日常管理系统。

系统可根据牲畜状况自动调节饲料配给。例如肉牛发育期间应增大饲料量，成品后应及时出栏，多存一天造成大量浪费，系统能准确地提醒管理员，并自动调剂饲料的种类与数量，以便降低饲养成本。

(4) 建立信息化管理系统，方便管理。

采用本系统后，将牲畜的饲养企业和政府防疫部门、兽医部门、饲料供应部门、肉品供销部门、进出口公司及科研院校等联系起来，可共享信息、及时控制。

(5) 建立标准化与国际化管理，促进动物进入国际市场。

采用该系统后，可以将企业集团与散户全部纳入标准化管理体系，使各地各企业均能根据不同的畜种和国际上对畜产品的要求及时调整生产状态，实施最佳饲养管理措施。

7. 牛场应用 RFID 管理系统产生的效益

(1) RFID 肉牛养殖管理系统提高了牛场的管理水平，大大提高生产效益。

使用 RFID 管理系统后，为肉牛的识别与控制提供了现代化管理牧场的方法，从饲养到最终上市进行可跟踪管理，对牛的喂养和生长情况进行准确的记录，同时便于牛入棚的管理，防止疾病的发生，节约饲养成本，提高养殖的效益；实现了饲养企业的实时、完整的数据自动采集，降低了生产损耗，提高了劳动生产效率，增加了养殖效益。

(2) 提高肉牛及产品的回溯性，可对其疫病进行控制，形成完善的疫病防控体系。

由于近期接连不断的食品安全事件的发生，消费者对食品安全的反映强烈，必须重视并重建已经严重落后的牲畜、食品公共安全体系。因此从源头开始控制管理是最科学的做法。给肉牛等高价值动物实施身份证管理，建立从出生、饲养、运输、屠宰直至最终进入流通领域的全程卫生防疫监控体系势在必行。

(3) 提高对肉产品的安全与卫生管理水平，健全中国食品卫生防疫体系，为牛肉产品进入国际市场提供保障。

RFID 肉牛养殖管理系统应用于肉牛的自动识别与控制，实现了对每批和每头牛的各种信息的采集，包括饲养管理、健康状况以至屠宰中的卫生检验检疫合格情况、重量、膘厚等信息的收集和生产加工规程的可视化管理。同时，也解决了屠宰加工企业在加工和销售过程中胴体识别的追踪与追溯，对畜牧业食品安全与卫生管理，以及中国的肉食品进入国际市场等，都具有非常重要的现实意义和社会价值。

8.2.2　食品溯源系统应用案例

1. 社会背景

民以食为天，食以安为先。近年来，食品安全事件频繁发生，不仅造成了巨大的经济损失，也严重危害了人们的身体健康，如生产销售假冒伪劣、有毒有害产品，通过地下再加工包装废物上市等。食品中毒事件频频发生，工业盐中毒、细菌中毒、农残中毒等防不胜防，例如：市面上不少五常大米掺假，草莓乙草胺致癌风波，走私"僵尸肉"流入餐桌，含大量丙烯酰胺的黑糖食品。为了能够有效应对食品药品安全问题所造成的风险，企业及监管部门对于食品溯源的要求程度越来越高，进一步加强对食品、餐饮卫生等行业的监管力度，不断提高公众在饮食方面的安全意识，促进社会和谐稳定，是社会发展的必然要求。

2. 面临问题

对现代食品工业而言，从生产到销售，经历了加工、运输、存储等多个环节，任何一个环节有漏洞都有可能使食品处于不安全的状态。产品生产、物流、经销、检疫检测等各环节相对独立，每一环节往往只能有效查看其上下游接口环节的操作信息，难以做到信息流整体的监察管理；产品生产、物流信息、检疫检测信息等均有太多人工参与，各操作环节均容易产生错误或出现虚假信息，且各个不相关环节间很难做到信息核实，影响产品整体管理及信息查询；在信息传递方面，无法将监察管理信息传递到普通市民手中，不能真正在产品安全卫生上做到安心、放心、舒心。

3. 方案概述

应用物联网域名的 RFID 食品溯源系统可以实现一物一码，单品全球唯一身份证。系统以"物联网域名"为标准，实现"一物一码"，为单个产品建立唯一身份标识，准确记录从原料管理、生产、加工、流通、仓储到销售的全过程信息。通过移动终端、电脑等交互手段查询数据载体所对应云端数据信息的查询方式，为消费者提供透明的产品信息，为政府部门提供监督、管理、支持和决策的依据，为企业建立高效便捷的流通体系。

4. 方案介绍

这里以农产品食品溯源为例，介绍一下 RFID 技术的应用。

1) 农场管理

对于本批农产品，将从肥料到种植人、采摘人等的一系列信息通过电子标签记录到 RFID 食品溯源系统中，记录的食品安全数据作为食品溯源数据库中的原始数据。

2) 加工厂管理

将厂家接收本批次农产品的入库时间、加工时间、操作员、加工方式等一系列信息记录到食品安全数据库中。

3) 运输过程管理

在流通过程中，在运输车辆或存放容器间集中布置多种传感器及读写设备，做到实时记录该批次食品环境信息，安装在车上的 RFID 读写器每隔一段时间会读取车内食品的电子标签信息，连同 RFID 传感器信息发送至 RFID 食品溯源系统当中。

4) 仓库信息管理

当食品运输到物流仓库中后，安装在仓库中的 RFID 读写器会详细记录入库信息，同时按照一定时间间隔读取标签信息和记录环境信息并将数据发送到食品溯源系统中。

5) RFID 仓库管理

依据记录的环境信息，全新的 RFID 食品质量评估体系将发挥无可比拟的作用，它可依靠以往数据判断过期食品，确定发货顺序，并预估可能会出现霉烂等情况的食品，为管理者提供数据依据。依据环境信息进行判断，将改变传统的"先进先出"的仓库管理法则，可更有效与更有针对性地对仓库中的食品进行发货管理。

6) 终端销售管理

食品一旦变质，评估系统也会实时改变评估结果，提示零售商及时将产品撤下货架。通过前面的一系列管理方式，消费者可以轻松地查阅到自己所选购的产品的原料产地、生产者、生产日期，同时还可以依据评估体系对食品进行认证，享受"放心食品"。

7) 食品溯源功能

一旦发生意外紧急事故，依据运用物联网域名的 RFID 食品溯源系统实现的"一物一码"为单个产品建立的唯一身份标识，就可以找到每件食品的最终消费者，还可以查询到流通或生产过程中的问题，这也是国际上食品溯源系统的发展趋势。

5. 应用场景

追溯系统基于移动互联网、物联网和云计算技术，对农产品种植信息、种植环境信息、物流信息实施全程监控，以种植过程控制为核心。在食品供应链体系中，食品可追溯系统的应用不仅能够如实记录、有效传递和正确识别各个关键环节的食品质量安全信息，而且能够在出现食品质量安全问题时有效进行溯源，及时召回问题食品，从而保证整个食品供应链的安全性，实现从农田到餐桌的食品安全可追溯信息化管理。

8.2.3 植物培育系统应用案例

1. 案例背景

台湾省针对蝴蝶兰的育种及栽培技术研发不遗余力，并发展适合台湾本土气候环境的现代化智能温室，建立周年开花栽培体系，开发外销市场，使台湾蝴蝶兰在国际市场上占有一席之地，种植面积及产量不断提升，目前以外销日本与美国为主。近年来，台湾面临中国大陆地区及东南亚国家的低价威胁，高价市场又面临荷兰竞争，为了提高国际竞争力及开拓外销市场，如何改善品质、提高效率与降低生产成本成为蝴蝶兰产业永续发展的研究主题。

2. RFID 在蝴蝶兰产业中的应用

蝴蝶兰产业属于接力式生产产业，瓶苗生产阶段长达 1 年半，从 1.5 寸小苗成长到 3.5 寸大苗也长达 1 年。这两个阶段的种苗繁殖、营养液使用与病虫害等都会影响蝴蝶兰的育成率。低育成率是目前蝴蝶兰成本居高不下的主因。若能通过 RFID 技术结合 PDA 工作日志，自动进行生产记录、种苗繁殖、病虫害管理与移动管理等，将能协助提高育成率，增加从业者收益。

一般蝴蝶兰温室约一万平方米，从小苗到大苗有数万株，组织培养瓶苗室内的瓶苗也有相同状况。其数量与位置管理不仅相当耗费人力与时间，精准度也不高。如果把 RFID 快速读取技术用于盘点管理，将能提高盘点管理效率并节省人力盘点成本。目前多数蝴蝶兰种植者无法即时提供给客户精准生产进度、库存及出货时间，主要的问题就是盘点费时与育成率低，如果能把蝴蝶兰的生产与销售作为基础，结合 RFID 技术相关应用，将能提高育成率与盘点效率，进而提高订单交付期与出货数量的准确度，提升客户满意度，增加种植者收益。

RFID 除应用于内部生产管理之外，还能用于供应链，对于外销物流作业将有创新服务的价值。EPC(Electronic Product Code，产品电子码)是一个运用 RFID 技术，进行实体物件辨别的共通性编码原则。此构想是 MIT(美国麻省理工学院)结合全球主要零售商研发出来的 RFID 技术的创新应用。EPC 与 RFID 科技的结合可使物品在不同体系的供应链中实现动向追踪自动化，提升供应链管理效率。然而，要拓展 RFID 技术并运用到企业内的封闭系统，进而有益于整个供应链，需要一套标准化的方法来搜寻和分享关于 EPC 的资料，这就是 EPC global Network 的角色。EPC global Network 由既有的网际网路的架构创造了一个低成本的标准化服务，帮助交易伙伴们搜寻和每个 EPC 关联的资料。若蝴蝶兰种植者能与运输业及国外蝴蝶兰产商合作，利用 EPC global Network 国际标准的网络架构进行上下游的信息交换，则可提高整个产业供应链的透明度，进而强化中国台湾省与其他地区的商业关系，使双方成为密不可分的合作伙伴。

3. 全程控管蝴蝶兰生产管理

将无线射频辨识技术应用于蝴蝶兰生产管理的情境规划及概念验证,验证结果发现导入 RFID 技术到蝴蝶兰价值链管理体系之中,全程控管组织培养及温室栽培过程与资料追溯,可提高供应链信息的透明度,增加资料收集的速度和正确性,利用现场即时收集的资料,作为立即改善作业流程的依据,提升管理效率与附加价值,可有效提高台湾蝴蝶兰的竞争力。

1) 构建生产管理系统及 RFID 沟通平台

(1) 作业程序及生产管控流程盘点。

一般种植者的生产模式可分为"接单生产"与"大量生产"。接单生产的模式为有订单时才开始计划生产。大量生产的模式为种植者自己依据市场状况预测生产数量,即开始计划组织生产。

(2) 生产过程记录软件及资料库的开发。

针对盘点的作业程序及生产管控流程,设计生产过程记录,定时或程式化动态读取 RFID 标签识别码,准确掌握种苗数量,进行继代及换盆过程记录,即由读取 RFID 标签上的 EPC 码来进行关系链追踪管理,并建立追溯资料库。

(3) 系统及中介软件的开发。

可配合生产履历记录流程及资料库架构,完成系统及中介软件的开发。

2) RFID 组织培养室及温室生产流程管理的应用

针对植物组织培养过程设计开发瓶苗标签,配合培育架自动化读取管理系统,将其综合应用在兰花苗株管理上。由架上 RFID 读取器定时或程式化动态读取瓶苗上标签,准确掌握架上各种瓶苗的数量,方便业者进行库存管理。瓶苗继代过程的记录可由读取瓶苗标签上的 EPC 码来进行关系链追踪管理。

进入温室作业后,也可利用标签对处于瓶苗阶段或出瓶后盆苗阶段的蝴蝶兰进行培育及出货管理。针对温室作业开发标签,便于盘点与日常管理作业。同样地,可由 RFID 技术来达到生产履历追踪的目标。

3) RFID 出货作业

种植者应积极发挥种苗育种的优势,并加强与各国蝴蝶兰种植者联手培育以形成完整的产业供应链。以作业流程中的"封箱"与"出货"两次的 RFID 读取作为不同类型的 EPC 事件,包括"封箱"作业的 Object Event 应用情境与"出货"作业的 Transaction Event 应用情境,并由蝴蝶兰生产管理系统上传资料至 EPC global Network 网络架构。本次应用仅证明种苗生产端的 EPC 事件可应用 EPC global Network 网络架构上传资料。

8.3　RFID 技术在物流仓储系统中的应用

8.3.1　物流的社会背景及发展状态

传统仓储物流在很大程度上需要花费大量的人力、物力进行货物管理,现在利用 RFID

技术就可以很好地管理货物进出仓库的各个环节，比如对货物进库、分类、分配货架、出库等的数量、品名、规格、来源地、配送地、生产厂家等详细内容的记录管理，并且可以以很少的人力、物力，以最方便快捷的方式得到这些信息。现代物流广泛运用的是条形码技术，虽然其智能化程度比以前大大提高，但仍需要耗费大量的人力物力。如果将 RFID 系统与现行的条码系统相结合，可有效解决与仓库及货物流动有关的信息管理，不但可增加一天内处理货物的件数，还可以查看这些货物的一切流动信息。将条形码与 RFID 技术相结合，也是 RFID 在现阶段应用的一种方式。可以将条形码贴在物品上，射频电子标签贴在存放物品的托盘或叉车上，电子标签存放托盘或叉车上所有物品的信息，读写器则安置在仓库的进出口。每当物品进库时，读写器自动识别电子标签上面的物品信息，并将信息存储到与之相连的管理系统中；当物品出库时，同样由读写器自动识别物品信息，并传送到管理系统，由系统对信息进行出库处理。

仓储管理是物流供应链中非常重要的一个环节，准确而高效的仓储管理是整个物流供应链整体效率提高的前提和基础，如何提高仓储物流的效率和准确性是当前急需解决的一个问题。本节就射频识别技术应当如何应用于仓储物流中，根据现阶段条形码使用的普遍性和射频识别技术的不完善，提出了一些合理的建议。2002 年颁布的国际标准 ISO/IEC 15693-2，针对 RFID 技术在物流应用中的问题，提出了统一的标准。对于 RFID 如何进行物流跟踪，如何实现远距离物品自动识别，是目前广大 RFID 供应商需要思考和解决的问题。

在国外 RFID 技术已被广泛应用于工业自动化、商业自动化、军事国防、安保门禁以及交通物流等领域，诸如汽车、火车等交通监控，高速公路自动收费系统，物品管理，流水线生产自动化，门禁系统，金融交易，仓储管理，畜牧管理，车辆防盗等。当前 RFID 技术在我国的应用正处于起步阶段。2001 年 7 月上海市虹桥国际机场组合式电子不停车收费系统(ETC)试验开通，该项目被国家经贸委和交通部确定为"高等级公路电子收费系统技术开发和产业化创新"项目的示范工程。目前，北京已在其所有的公交、地铁、城铁系统采用 IC 卡记票方式；2005 年我国大范围更换和推广居民二代身份证。这些应用都采用了射频识别技术，这只是 RFID 在目前广泛应用的一小部分。

在物流信息系统中位置管理非常重要，无论是静态的还是动态的位置，通过 RFID 技术，可对货物的静态位置和动态位置进行很好的管理。与信息系统及 RFID 手持终端配合，可以在入库上架环节自动完成库存数量登记、仓位更新等作业，避免人工错误。出货时可以判别是否取货、是否拿错货；在出货验收过程中 RFID 读写器可以一次读取多个标签，极大地提高物品拣选正确率及出货验收速度；用在移库移仓、盘点等操作中，尤其能避免错误，提高效率。RFID 技术将彻底解决物流管理中信息采集的自动化问题。贴在单个商品、包装箱或托盘上的 RFID 标签，可以提供供应链管理中产品流和信息流的双向通信，并通过互联网传输从标签采集到的数据。同条形码技术相比，RFID 技术可以大大削减用来获取产品信息的人工成本，使供应链许多环节操作自动化。

8.3.2 仓储物流概述

货物的集散地主要是仓库，它除了存储货物，还发挥着收集、分配、记录货物的一切信息等功能，可以说仓库是物流环节的一个重要的组成部分，它总是出现在物流各环节的结合部，例如采购与生产之间，生产的粗加工与精加工之间，不同运输方式转换之间，等等。准确而高效的仓储管理是整个物流供应链整体效率提高的前提和基础，如何提高仓储的准确性和效率是当前物流应该急需解决的问题。物流包括仓储、运输、流通加工、装卸搬运、包装、信息处理等环节，其中仓储是物流中不可缺少的一环，在整个物流过程中发挥着重要作用。仓储是生产中原材料、半成品、成品的缓冲池，为生产的持续稳定进行提供保障，实现生产和运输的经济性。同时，仓储可以克服生产者和消费者之间的时间和空间差异，支持企业的物流策略，提高客户服务水平，并降低物流成本。可以说离开了仓库的支持，就不可能有高效率低成本的物流服务。

物流是一个很大的概念，而仓储也是物流中一个很大的组成部分，离开了仓储，物流的各环节就不会很好地衔接，当然离开了物流就没有仓储这个概念了，可以说两者是总与分的关系、是整体与局部的关系，也可以说两者是相互连接、相辅相成的。

仓储的一般业务程序包括签订仓储合同，验收货物、办理入库手续，货物保管，货物出库，仓储管理的内容，订货、交货、进货，交货时的检验，仓库内的保管，装卸作业，场所管理，备货作业等。产品在仓储中的组合、妥善配载和流通包装、成组等活动就是为了提高装卸效率，充分利用运输工具，从而降低运输成本。合理和准确的仓储活动会减少商品的换装、流动，减少作业次数，采取机械化和自动化的仓储作业，有利于降低仓储作业成本。优良的仓储管理，能对商品实施有效的保管和养护，并进行准确的数量控制，从而大大减少仓储的风险。

1. 仓储管理中的先进技术

现代仓储管理在利用现代科技上主要使用的是条形码、POS 技术。条形码是迄今为止最经济、实用的一种自动识别技术。它具有输入速度快、可靠性高、采集信息量大、灵活实用等优点，另外条形码标签易于制作，对设备和材料没有特殊要求，识别设备操作容易，不需要特殊培训，且设备也相对便宜。POS 技术也是类似于条形码技术的另一种仓储管理现代化先进技术，这两种技术在现代仓储物流中是比较普遍的，但是其具有的缺点也是不容忽视的，这些缺点使 RFID 技术在现代仓储物流中具有很大的潜在作用。

2. RFID 技术特点

RFID 技术在现在或者在将与科技时代紧密接轨的将来，最终将取代条形码、POS。下面就重点介绍 RFID 在现代及将来运用到仓储物流中的各种主要技术特点。

RFID 射频标识关键技术的特点主要包括以下几个方面：

(1) **射频技术**。RFID 的使用需要小型高效的天线设计技术。RFID 模块是先进的射频技术和 IC 卡技术相结合的产物，对于射频卡的设计，首先需解决无源设计，需由读写器向射频卡发送一组固定频率的电磁波，通过卡内电子器件产生芯片工作所需直流电压；其次是卡内需有经特殊设计的天线，并埋装在卡内或相应的设备上，而且必须保证有良好的抗干扰性能和设有"防碰撞"电路。

(2) **低功耗技术**。无论是有源方式还是无源方式设计的 RFID 模块，最基本的要求是具备低功耗的特点，以提高卡片的寿命和扩大应用场合。降低功耗与保证一定的有效通信距离同等重要。因此卡内芯片一般都采用非常苛刻的低功耗工艺和高效节能技术，如电路设计中采用"休眠模式"设计技术。RFID 模块采用低功耗设计，甚至是无源设计(不需要外部电源或电池供电)，无源工作时的电源能量由 MIFARE 卡读写器天线发送无线电载波信号耦合到 MIFARE 卡的天线上而产生电能，一般可达 2 V 以上，在读写器提供的一定磁场强度的作用下，RFID 模块应能够不间断地工作。

(3) **防冲撞技术**。RFID 射频卡由于采用无线方式进行通信，在读写器有效通信范围内，可能存在多个标签(射频卡)，这就需要读写器具有防冲撞处理的能力。当有多张 RFID 射频 MIFARE 卡处在读写器的天线的工作范围之内时，读写器的防冲撞模块的防冲撞功能将被启动。在防冲撞处理程序的控制下，MIFARE 卡读写器将会与每一张卡进行通信，并取得每一张卡的标签号(UID)，因为每一张 RFID 射频卡都具有唯一的标签号。

(4) **封装技术**。由于 RFID 射频 IC 卡中需要埋装天线、芯片和其他特殊部件，为确保 MIFARE 卡的大小、厚度、柔韧性和高温高压工艺中芯片电路的安全性，需要特殊的封装技术和专门设备。

(5) **安全技术**。由于采用无线射频技术，卡与读写器之间的通信更加方便，但这也对 RFID 射频卡与 RFID 读写器之间的通信安全技术提出了更高的要求。另外在安全性方面，还要提供卡用芯片的物理安全技术和 MIFARE 卡制造的安全技术，这几方面技术的实现才能构成 RFID 卡强大的安全体系。

3. RFID 系统的组成

一个典型的 RFID 系统由射频电子标签(Tag)、读出器或读写器(Reader)以及应用系统(包括连接线路)三部分组成。RFID 系统的数据传输严格按照"主从原则"进行。发出指令的方向为应用系统→读写器→电子标签，返回应答的方向则相反。电子标签中一般保存有特定格式的电子数据，在实际应用中，电子标签附着在待识别物体的表面。读写器又称为读出装置，可无接触地读取并识别电子标签中所保存的电子数据，然后通过计算机及计算机网络实现对物体识别信息的采集、处理及远程传送等管理功能。

4. RFID 技术在仓储中的运用

现行的仓储物流，大部分采用条形码作为仓储管理智能化的方式，虽然其智能化程度比以前大大提高，但仍需要耗费大量的人力物力投入到仓储物流中。

1) 现代物流的主要操作流程

(1) 配送车辆将需要配送的货物集中运送到仓库区，并按照预先定制好的位置摆放，采用"先进先出"的原则进行出入库。

(2) 运送车辆开往库区储存区后由人工或者叉车等搬运工具卸载车上物品。

(3) 搬运工具将货物运送至提前按规定设置的区域并存放好，区域按照地区、发货公司、订货公司、货物品质、货物类别等不同进行划分。

(4) 取货时仍然是用普通的搬运工具将零担或托盘货物取出。普通的装车、配送按以上的操作流程进行会出现的结果是在仓库中货物可能堆放杂乱，在存取时需要人为分配，寻找相应的存货地点繁琐，需要花费很大的人力，不智能，效率低。

2) 基于 RFID 技术的仓储物流形式

(1) 生产商出品时会在相应的包装上粘贴本产品的相关信息，比如品名、规格、发往地、质量、生产日期等信息，将集中需要配送的货物打包装车发往库区。

(2) 配送车在库区的停放位置需要事先安排并等待开往货物存储库。

(3) 由叉车下卸货物，当叉车携托盘经过存储口时，由计算机控制的读写器通过经天线发出的无线电波读取货物中的相关信息，并反方向地将其传送至计算机，从显示器上即可看出此批货物应该放置的地点，然后存放货物。

(4) 取货时人工只需要在计算机中查询需要取出的货物，很短的时间就能找到相关的货物，准确、快捷。

整体上无论现代仓储物流还是即将普及的结合 RFID 技术的仓储物流都会遵从"先进先出"原则，货架或者平面堆放区都会设置好。

8.3.3　RFID 仓储管理系统

1. 仓储管理系统(WMS)

仓储管理系统是一个实时的计算机软件系统，它能够按照运作的业务规则和运算法则(algorithms)，对信息、资源、行为、存货和分销运作进行更完美的管理，使其最大化满足有效产出和精确性的要求。

这里所称的"仓储"包括生产和供应领域中各种类型的储存仓库和配送中心，当然包括普通仓库、物流仓库以及货代仓库。仓储管理基本有以下模块：收货处理、上架管理、拣货作业、月台管理、补货管理、库内作业、越库操作、循环盘点、RF 操作、加工管理、矩阵式收费。系统应为仓库和配送中心更快、更准确、更精细的管理提供系统支持。RF-WMS是爱创公司结合自己多年物流行业经验，通过 BARCODE 等自动识别技术和 RF 无线射频技术进一步完善的 WMS 系统，该系统可以在各类企业的仓库、物流、第三方物流及制造部门中运行。同时提供和上层系统(ERP、EAM 等)及下位系统(WCS)的无缝集成。

目前虽然 RFID 技术还没有在仓储管理中普及，但是其能够给仓储管理带来的价值是不可估量的，在整个物流体系中所起到的作用也是业界人士所公认的，利用 RFID 技术能够更加科学化地管理现代仓储物流。

2. 物流中心入库流程分析

现有入库流程如下：

(1) 入库计划录入。将即将送入仓库的所有货物的信息，包括数量、标尺、规格、生产商、零售商、分配信息等都记录到计算机中。

(2) 送货车辆登记。对进入该库区的所有车辆信息进行录入，以更加规范的模式管理车辆。

(3) 理货。清点货物，记录具体货物信息。

(4) 入库。货物移入库内存放，需要进行货物状态、库位管理，以及进行机械调度等。

(5) 完工。货物入库作业完毕。

3. 具有 RFID 系统的物流仓库具体流程

仓库中安装有与计算机及计算机网络相连接的读写器，它将时时刻刻地发射出人工调整的无线波段，通过安装天线在特定的区域内接受并读取与之相匹配的能读取信息的电子标签，这些电子标签附着在货物的表面，天线也安装在货物进出地，一般是在仓库的进出门口，这样可以很好地管理进出仓库的货物。当有与读写器发出的无线信息相匹配的电子标签经过无线电波区域时，读写器就会收到电子标签上的信息，并将货物的名称、数量、规格、重量、货物编码、接收地、发送地等信息传送到计算机及计算机网络中，由具体操作人员按照相关的信息对货物进行仓库位置的安排。如果是立体货架，将根据货架情况和货物放置时间、货物本身状态等进行具体安排。准确、快捷、适宜的操作可以节省很大一段时间和提供更多的空间来安排下一批货物。

8.3.4　沃尔玛案例

1. 沃尔玛简介

沃尔玛公司由美国零售业的传奇人物山姆·沃尔顿先生于 1962 年在阿肯色州成立。经过四十多年的发展，沃尔玛公司已经成为美国最大的私人雇主和世界上最大的连锁零售企业。在 1991 年，沃尔玛年销售额突破 400 亿美元，成为全球大型零售企业之一。据 1994年 5 月美国《财富》杂志公布的全美服务行业分类排行榜，沃尔玛 1993 年销售额高达 673.4亿美元。比上一年增长 118 亿多美元，超过了 1992 年排名第一位的西尔斯(Sears)，雄居全美零售业榜首。1995 年沃尔玛销售额持续增长，并创造了零售业的一项世界纪录，实现年销售额 936 亿美元，在《财富》杂志 95 美国最大企业排行榜上名列第四。2001 年其销售额突破 2000 亿美元，2007 年达 3788 亿美元，2008 年更创世界纪录，实现年销售额 4056亿美元。事实上，沃尔玛的年销售额相当于全美所有百货公司的总和，而且至今仍保持着强劲的发展势头。至今沃尔玛已拥有 2100 多家沃尔玛商店，460 多家山姆会员商店和240 多家沃尔玛购物广场，遍布美国、墨西哥、加拿大、波多黎各、巴西、阿根廷、南非、中国、印尼等处。沃尔玛在短短几十年中能有如此迅猛的发展，不得不说是零售业的一个奇迹。

沃尔玛的实力雄厚，规模庞大，虽然它的创利在全球商界位居第一，但是其花费的管理费用也是不可忽视的，这样的零售业，它的仓储管理是一个非常大的问题，它每天都要面临补给各个地区、连锁店、零售商等货物的问题。

为了解决在仓储物流中存在的需要在数据统计上确保准确性的问题，沃尔玛做了一次RFID 对增进零售店仓储的准确性的调查报告。这次调查主要是对永续盘存(PI)数据的调查。它的调查过程是通过对其旗下的零售店进行物流盘存调查，研究在使用 RFID 之前和之后对企业所带来的根本上的变化。调查后得出了以下结论：有两种类型的 PI 错误，即系统表示出比实际拥有更多的库存，即夸大的 PI；系统记录的 PI 少于实际的数量，即降低的 PI。夸大的 PI 主要来源于偷窃或收银员失误，降低的 PI 主要是由于处理回收或销售中人工的错误，以及来自配送中心或供应商的错误配送。针对这一结果，这项研究只调查降低的 PI。项目中，研究人员把 PI 的准确值分为三类：优秀意味着 PI 与实际库存一致；接近是指 PI 和实际库存的差在两个单元(包装箱)内；不准确是指 PI 和实际库存的差超过两个单元(包装箱)。此项调查最终得到的结果是：RFID 减少了 13%的降低 PI 的"不准确"性(PI 和实际库存的差超过两个单元)。

能够产生这样结果的原因，沃尔玛也已经找到了，大体说来就是每天所需要的商品数量较多，需要大量的时间来清算，而且每天甚至每周都要做，这样所产生的人力、物力消耗就很大，人为地清点难免就会出现这样忽视性的错误。RFID 真的为零售业带来了效益，解决了长期困扰零售商 PI 的问题，一旦利用 RFID 解决了 PI 这个问题，那么它将可以解决困扰零售商的许多问题。

2. 沃尔玛在运用 RFID 之前对仓储管理的操作流程

沃尔玛在改进前的操作流程如图 8-5 所示。从这个简单的流程图可以看出，虽然其操作流程很简单，但是出现的问题却是很大的。对于沃尔玛这样的全球零售商龙头，它所拥有的零售店、连锁店数量巨大，而且分布很广，其仓储的货物将是一个很庞大的数据，仅仅是运用这样的简单操作来得到他们想要的货物统计数据，也将要投入很大的人力、物力，而且得到的数据出现差错的概率很高。沃尔玛不可能花费巨大的精力来完成这样的数据调查工作。从案例中也可以看出，此次沃尔玛所调查的主题是永续盘存(PI)，夸大的 PI 主要来源于偷窃或收银员失误，降低的 PI 主要是由于处理回收或销售中人工的错误，以及来自配送中心或供应商的错误配送。这两种结果都不是沃尔玛想得到的结果，因为无论是哪种结果，它都不能准确地掌握现有仓储的真实量，这对配送和补给都会产生影响。

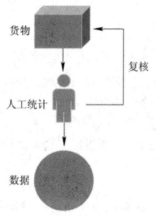

货物

复核

人工统计

数据

图 8-5　改进前的操作流程

基于上面出现的工作量大、数据不准确等问题，沃尔玛采用了当前世界比较流行的 RFID 技术来完成这项艰巨的任务，提高统计的准确性，以便给企业提供更高质量的服务。

3. 沃尔玛运用 RFID 技术以后的操作流程

改造后的流程图如图 8-6 所示，这样的操作流程看似简单，与人工操作没有什么大的变动，但它在节约人力、物力上发挥着不可估量的作用。首先，准确性得到了很大的提高；其次，操作过程简便快捷。在统计数据和信息时，只要是存在于仓储中的货物，控制器通过控制天线发出电磁波，存在于电磁波范围内的货物上的电子标签就会感应到这一信息，然后通过反方向的流程计算机就可以得出相应的数据，这样既减少了人力，也可以很好地防止由于人为的原因使数据不准确。沃尔玛通过这次调查也真正体会到了 RFID 带来的效益。当 PI 错误时，通常是降低的 PI，零售商只能多进货。超需订货最终会导致超额拥有成本、过分减价、增大库存周期以及其他问题。而利用 RFID 来提高 PI 的准确性实际是一个降低持有成本的机会，这样甚至可以带来百万美元的收益。最终得到的 PI 数据显示：利用 RFID 技术，PI 的不准确率降低了 13%。13% 这个数字是非常显著的，如果解决了 PI

不准确性，将可以解决困扰零售商的许多问题。RFID 技术的运用的确给沃尔玛带来了很大的经济效益，提高了仓储准确性。方便快捷是 RFID 带来的最终结果，这也间接地降低了企业仓储管理成本，为企业创造了不可磨灭的价值。

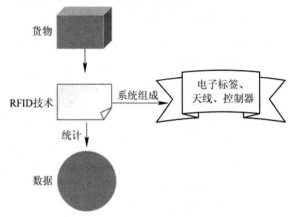

图 8-6　改进后的操作流程

8.3.5　仓储物流管理的改善

RFID 在我国物流仓储上运用的还很少，关键原因是我国的物流业发展比较晚，在很多技术投入方面还比较欠缺，而且发展得没有规律，标准还不统一，问题还很多。

基于上述原因，提出以下几个改善建议：

(1) 加快物流业的发展步伐。

我国物流业还处在起步发展阶段，跟进世界物流发展，就需要尽快完善我国物流业方面的不足，与世界一流企业接轨。

(2) 统一电子标签标准体系。

为什么说要统一我国的电子标签标准体系呢？因为电子标签目前还没有一个真正的统一标准，我国的物流发展本来就比较缓慢，如果我国的电子标签有统一的标准，那么在这一方面就会有一定的优势，未来在电子标签的发展上就有可能领跑世界。

(3) 降低电子标签的成本。

电子标签是一个具有高科技含量的技术，其成本制约着物流业的发展。因此物流应用的重点应放在降低电子标签成本上。

(4) 普及 RFID 技术，鼓励物流业广泛使用。

要想使物流真正迅速发展，应当让所有人都知道电子标签能够给物流带来什么价值，从仓储物流入库流程分析优化的结果来看，基本上手工数据采集、多标签批量读取、运动中数据采集、读取距离等问题都可以通过引入 RFID 技术加以改善，而且还存在进一步优化的可能。同时应该看到的是，要想用好该项技术，一些关键问题的处理是非常重要的。

经过以上工作得出的优化后流程，充分利用 RFID 技术特点，从多个环节上起到了提高工作效率和质量的目的，达到了预期目标。如果大范围采用，效果会更加明显，整个行业经济效益会很可观。

仓储物流中心考虑自身情况及外部环境，采用 RFID 技术，以提高作业效率及质量，达到加强管理、提高服务的目标，对于提升企业形象、拓展业务领域，都将产生深远影响。同时，也希望更多相关厂家也尽快研发性价比更高的 RFID 产品，推动物流业的快速发展。

在仓库里，射频技术最广泛的使用是存取货物与库存盘点，它能用来实现自动化的存货和取货等操作。在整个仓库管理中，将供应链计划系统定制的收货计划、取货计划、装运计划等与射频识别技术相结合，能够高效地完成各种业务操作，如指定堆放区域、上架取货和补货等。这样，增强了作业的准确性和快捷性，提高了服务质量，降低了成本，节省了劳动力和库存空间，同时减少了整个物流中由于商品误置、送错、偷窃、损坏和库存、出货错误等造成的损耗。

RFID 技术的另一个好处在于在库存盘点时降低人力成本。RFID 的设计就是要让商品的登记自动化，盘点时不需要人工检查或扫描条码，更加快速准确，并减少了损耗。RFID 解决方案可提供有关库存情况的准确信息，管理人员可由此快速识别并纠正低效率运作情况，从而实现快速供货，并最大限度地减少储存成本。

现行的仓储物流大部分采用条形码作为仓储管理智能化的方式，虽然其智能化程度比以前大大提高，但是仍需要耗费大量的人力物力投入到仓储物流中。现在如果将 RFID 系统与现行的条形码系统相结合，可有效解决与仓库及货物流动有关的信息管理，不但可增加一天内处理货物的件数，还可以查看这些货物的一切流动信息。将条形码与 RFID 技术相结合，也是 RFID 在现阶段应用的一种方式。可以将条形码贴在物品上，将射频电子标签贴在存放货物的托盘或叉车上，电子标签存放托盘或叉车上所有货品的信息，读写器则安置在仓库的进出口，每当货物进库时，读写器自动识别货物信息，并将其传送到管理系统，由系统对信息进行出库处理。

本 章 小 结

本章主要介绍了 RFID 的具体应用案例。许多行业都运用了射频识别技术。将标签附着在一辆正在生产中的汽车上，可以追踪此车在生产线上的进度。仓库管理使用 RFID 后可以追踪药品所在。射频标签也可以附于牲畜与宠物上，方便对牲畜与宠物的身份识别。射频识别的身份识别卡可以使员工得以进入某些建筑物内的部分空间；汽车上的射频应答器也可以用来征收收费路段与停车场的费用。某些射频标签还可附在衣物、个人财物上，甚至于可以植入人体之内。

本章主要从三个方面介绍了 RFID 的具体应用，第一个案例从门禁系统进行了介绍。第二个案例从溯源方面介绍了 RFID 射频识别技术在农产品以及植物种植方面的具体应用。第三个案例介绍了 RFID 在物流运输、仓储管理方面的具体应用。

习　题　8

8.1　门禁系统经历了哪些技术发展？

8.2　RFID 门禁系统如何分类？

8.3　应用 RFID 技术后，门禁系统主要由哪些部分组成？

8.4   动物饲养中 RFID 应用的原理是什么？

8.5   动物饲养中 EPC 编码的组成是什么？

8.6   食品溯源系统工作的方案流程是什么？

8.7   物流仓储系统在应用了 RFID 技术后改进了什么？

8.8   RFID 技术在物流仓储系统中的技术特点是什么？

8.9   应用 RFID 系统的物流仓储入库的具体流程是什么？

8.10   举例说明 RFID 技术的其他应用案例。

附录 中英文缩写对照表

缩略语	英文全称	中文解释
A		
AT	Active Tag	有源标签或主动标签
ASIC	Application Specific Integrated Circuit	专用集成电路
AEI	Automatic Equipment Identification	自动设备标识
ALE	Application Level Event	应用水平事件
ASK	Amplitude Shift Keying	振幅键控
ALE	Application Level Event	应用层事件
ARM	Admin Runtime Module	管理运行模块
ATQA	Answer To Request	对命令做出应答
C		
CM	Collaborative Multilateral	协作式多边定位算法
COM	Computer Object Model	计算机对象模型
CCMA	Consecutive Collision Bit Mapping Algorithm	连续碰撞位多标签碰撞算法
CRM	Customer Relationship Management	客户关系管理
CEP	Complex Event Processing	复杂事件处理
D		
DAM	Data Access Middleware	数据访问中间件
E		
ET	Electronic Tag	电子标签
EDI	Electronic Data Interchange	电子数据交换
EPCIS	Electronic Product Code Information Service	电子产品代码信息服务
ERP	Enterprise Resources Planning	企业资源规划
EPC	Electronic Product Code	产品电子码
F		
FM0	Bi-Phase Space	双相间隔码编码
FSK	Frequency-Shift Keying	频移键控
FSAPB	FSA With Pilot Frame And Binary Selection	基于引导帧和二叉选择的 FSA 算法

G		
GTIN	Global Trade Item Number	全球贸易项目代码
GLN	Global Location Number	全球位置码
GRAI	Global Returnable Asset Identifier	全球可回收资产标识
GIAI	Global Individual Asset Identifier	全球单个资产标识
GSRN	Global Service Relation Number	全球服务关系代码
GID	General Identifier	通用标识符
H		
HF	High Frequency	高频标签
I		
IFD	Interface Device	接口设备
IrDA	Infrared Data Association	红外线数据标准协会
IRTX	Infrared Transmit	红外传输
IRRX	Infrared Receive	红外接收
ITF	Interrogator Talks First	读写器先激励
J		
JMS	Java Message Services	Java 消息服务
JMX	Java Management Extensions	Java 管理扩展
JRMP	Java Remote Messaging Protocol	Java 远程消息交换协议
JRE	Java Run Environment	Java 运行环境
M		
MOM	Message Oriented Middleware	面向消息中间件
MACs	Message Authentication Codes	消息验证码
N		
NFC	Near Field Communication	近距离无线通信技术
NDIS	Network Driver Interface Standard	网络驱动程序接口标准
NRZ	Non Return Zero	反向不归零
O		
ODJ	Open Data-Link Interface	开放式数据链路接口标准
OS	Operating System	操作系统
OOM	Object Oriented Middleware	面向对象的中间件
ONS	Object Naming Service	对象名解析服务
OOK	On Off Keying	通断键控信号
P		
PROM	Programmable Read Only Memory	可编程只读存储器
PAL	Programmable Array Logic	可编程阵列逻辑
PML	Physical Markup Language	物理标记语言
PPM	Pulse Position Modulation	脉冲位置编码

PIE	Pulse Interval Encoding	脉冲宽度编码
PSK	Phase Shift Keying	相移键控
PCD	Proximity Coupling Device	近距离耦合器
PML	Physical Markup Language	物理标示语言
Q		
PICC	Proximity Integrated Circuit Card	近耦合卡
R		
RFID	Radio Frequency Identification	射频识别
API	Application Program Interface	应用程序接口
RW	Read/Write	可读写
RO	Read Only	只读标签
RF	Radio Frequency	射频
RTF	Reader Talks First	读写器先发言方式
RPC	Remote Procedure Call Protocol	远程过程调用中间件
RS	Reed-Solomon	里德所罗门
RMI	Remote Method Invocation	远程方法调用
S		
SL	Smart Label	智能标签
SSCC	Serial Shipping Container Code	系列货运包装箱代码
SC	Slot Counter	时隙计数器
SOAP	Simple Object Access Protocol	简单对象访问协议
T		
TTF	Tag Talks First	标签先发言方式
U		
UHF	Ultra High Frequency	特高频
USB	Universal Serial Bus	通用串行总线
UDDI	Universal Description, Discovery and Integration	通用服务发现和集成协议
W		
WSN	Wireless Sensor Network	无线传感器网络
WORM	Write Once Read Many	一次写入多次读出
WLAN	Wireless Local Area Networks	无线局域网络
WINMEC	UCLA-Wireless Internet for the Mobile Enterprise Consortium	无线网络移动企业联盟
WSDL	Web Services Description Language	Web 服务描述语言
X		
XML	Extensible Markup Language	扩展型可标记语言

参 考 文 献

[1]　谭民，等. RFID 技术系统工程及应用指南[M]. 北京：机械工业出版社，2007.

[2]　米志强. 射频识别(RFID)技术与应用[M]. 北京：电子工业出版社，2011.

[3]　毛丰江. 智能卡与 RFID 技术[M]. 北京：高等教育出版社，2012.

[4]　闫连山. 物联网(通信)导论[M]. 北京：高等教育出版社，2012.

[5]　唐志凌. 射频识别(RFID)应用技术[M]. 北京：机械工业出版社，2014.

[6]　方龙雄. RFID 技术与应用[M]. 北京：机械工业出版社，2012.

[7]　单承赣，单玉峰，姚磊. 射频识别(RFID)原理与应用版[M]. 2. 北京：电子工业出版
社，2015.

[8]　王新稳，李萍. 微波技术与天线[M]. 北京：电子工业出版社，2003.

[9]　张肃文，陆兆熊. 高频电子线路[M]. 3 版. 北京：高等教育出版社，1997.

[10]　刘禹，关强. RFID 系统测试与应用实务[M]. 北京：电子工业出版社，2010.